私は平和の中で生きたい

声をあげた279人

安保法制違憲訴訟・宮崎原告の陳述書集

鉱脈社

はじめに

２０１５年９月19日、安倍晋三内閣が提出した安保関連法が強行採決によって成立し、２０１６年３月29日に施行されました。

この法律は、これまでの歴代政権が、「集団的自衛権の行使は憲法上許されない」としてきた見解を閣議決定で覆し、集団的自衛権の行使を容認する法律を制定したものでした。明白に違憲であり、「法の支配」「立憲主義」の観点から容認できるものではなく、日本を平和国家から戦争のできる国家へ変貌させるものでした。

そして、２０１６年４月26日、東京地裁と福島地裁いわき支部で安保法制違憲訴訟が提起され、その後、全国各地で訴訟が提起されて、全国22の地裁で25の裁判が係属するに至りました。

宮崎においても、安保法制に反対してきた市民と弁護士らで、２０１６年11月30日に「安保法制違憲訴訟みやざきの会」を発足させ、安保関連法施行１年にあたる２０１７年３月29日に、原告２２５名、訴訟代理人弁護士26名で第一次提訴を行いました。その後、同年12月27日に原告34名の第二次提訴、２０１８年12月25日に原告20名の第三次提訴を行い、合計２７９名が安保法制違憲訴訟の原告となりました。

裁判は、第１回口頭弁論期日が２０１７年７月12日に開かれ、３年半後の２０２１年１月６日の第

14回口頭弁論期日をもって終結し、同年5月26日に第一審判決が出されました。結果は、憲法判断をすることなく原告らの請求を棄却するという不当判決でした。原告らは、福岡高等裁判所宮崎支部に控訴しました。

本書は、安保法制違憲訴訟みやざきの会の第一審が終了したことを機会に、原告らが宮崎地方裁判所に対して提出した１０３通の陳述書をまとめて冊子としたものです。空襲体験、広島や長崎での被爆体験等のある原告を含め、それぞれが何ゆえに安保法制違憲訴訟の原告となったかを、それぞれの思いで記したものです。

その体験や心情には、こころ打たれるもの数多くあります。これらを読めば、誰もが「戦争は絶対に許さない」との思いを新たにし、平和憲法を守り、戦争に向う動きに対して反対しなければならないとの思いを強くするはずです。

本書が、安保関連法を廃案に追い込み、平和憲法を守り、戦争を回避するための「一つのよすが」になることを願ってやみません。

私は平和の中で生きたい

――声をあげた279人

目次

III 戦後のひもじさと民主化・復興への中で育った者として

V

転換する潮流、新たな模索の時代に生まれた者として

※本書掲載の短歌は、大口玲子さんの作品から、
著者の了解を得て収録させていただきました。

私は平和の中で生きたい

――声をあげた２７９人

安保法制違憲訴訟・宮崎原告の陳述書集

I

「軍国少年」から「少国民」として育てられた者として

江田島で見た被爆者の地獄絵図。戦争への疑問から歴史を学び直して

継松　敏夫（綾町在住）

私は1926年（昭和元）宮崎県綾町で生まれ、現在91歳です。

1937年に昭和天皇は、100万という大軍を中国本土の北京、天津、南京、漢江など中国全土へ展開することになる大がかりな侵略戦争を始めました。いわゆる日中戦争です。このため綾から父、兄たちが大勢、赤紙で召集されて戦争に出ていきました。「勝ってくるぞと勇ましく」という軍歌で、日の丸の旗を振り、「万歳」「万歳」と子どももかかわりみんなで戦場に送り出しました。「千人針」を作ってもたせました。働き手がいなくなった綾町は大変でした。トラクターなどない時代。私たち子どもは午前中だけの授業、午後は農家の加勢。おまけに米や麦、からいも等の生産出荷命令は、ますます厳しく増産供出命令に。残された主婦や老人、子どもは必死でした。次の年になると少なからずの戦死者が遺骨となっての帰町でした。日の丸の旗に黒い紙をつけて出迎え、小学校の教室を空けて町葬でした。

1939年には、さらにロシアやモンゴルとの「ノモンハン事件」「張鼓峰事件」などが続きました。そのたびにこの綾町から十数名の戦死者が出ました。

私は綾小学校を終えると、県立宮崎中学校に進学し寮生活になりました。5年制の中学の運動場には武器庫があり、本物の38小銃、機関銃などが保管してあります。1年生から5年生まで交代で使用して週2時間以上正科の軍事訓練を受け、登下校はゲートルを着用しました。財部大佐という六師団からの配属将校の他

に、井上、丸田二人の将校が教官、文字どおり陸軍の予備校でした。

戦争は実に60《パーセント》の兵士が餓死と病死で、その犠牲は１６０万人といわれています。しかし大本営は「敗北」を「玉砕」と言い、「退却」を「転進」などと、国民に嘘の発表を続けました。

１９４３年、旧制中学4年の夏、私は自ら海軍士官への道を選んで、江田島海軍兵学校75期選抜試験を受け、75期生として入校しました。翌年、2学年になると、岩国航空隊横に増設された岩国分校に移り、江田島エ１００１分隊に所属し、１９４５年8月6日午前8時15分、広島原子爆弾の爆発を目撃しました。

江田島は、広島湾に浮かぶ、広島市から15《キロ》離れた島でしたので、青白い閃光と百雷の如き大音響と、すさまじい「地響き」を受け、校庭の木の枝が折れたり、二階の窓ガラスが落ちて割れたりしました。古鷹山から広島市を望むと、全市を走った赤い炎、もくもくと立ち上る巨大な入道雲……そして２５００《メートル》上空はキノコの頭状に変化……さらにその上空1万《メートル》に薄く光る二条のＢ29の航跡雲……70年経っても私の目に焼き付いています。

初めて知った「原子爆弾」の原理と実際。この日の午後、江田島海軍病院には真っ黒く赤茶けたヤケドでほとんど裸のご婦人、子どもら大勢が大発艇やランチ、漁船で搬送されてきました。髪の毛も焼け、腕、頭、背中、手足が赤黒く焼けただれた大勢の被爆者が海軍病院に運ばれてきましたが、海軍兵学校専用だったため、そんなに大きい病院ではなかったので、ほとんどの患者が病院の庭に寝かされたまま、何の治療も受けることもなく、水を求める声にもかなえてやることなく、ほとんどが夕方までに亡くなったのです。

私のいたエ１００１分隊はこの江田島海軍病院の下にあったので、75期生最上級の私たちはすぐに駆けつけ、少しだが救援に努めました。私が抱きかかえた男の人は左肘から先が切れていたが、焼けて血は出ていませんでした。「家の下敷きになっていたところを引っぱり出してもらった……」と低い声で言ったが、顔にはガラスがいっぱいささっていて、それを取ってやることもできないまま夕方息を引き取りました。

全員が、それはそれは悲惨きわまる姿でした。少し風が吹いたところ、そばに寝かされていた婦人の髪の毛がふっと飛びました。頭が完全に黒く焼かれていて、顔や背中にはたくさんのガラスもささっていました。私は母を思いました。ほとんど半袖、しかもモンペも焼かれ、裸体の母でした。次の日も、宇品から運ばれてきたがどこの誰かも歳がいくつかも何もわからないままに死んでいき、裏山を掘って埋められたのです。


私は、国民を守るべき軍隊が「被爆者に背を向けて天皇の命令を守り逃げた」ことに大きな疑問を持ち続けることになりました。そして自ら進んで軍人に志願した私が生きて帰り、無理やり家族も仕事も何もかも捨てさせて侵略戦争に引っぱり出されて征《い》った私の叔父二人、従兄弟二人、さらに父の従兄弟二人の計六人の身内が戦争から帰らなかったという現実。これらは日に日に私の疑問をふくらませていきました。

私は改めて近現代史を学び直し、「15年も続いたあの戦争は一体何だったのか」疑問を解明すべく必死で学び直したとき、あの戦争に命をかけて反対した真の愛国者のいたことを知り、そしてあの戦争で大儲けをした「死の商人」のいたことも知りました。原爆が、いかに大勢の人々を殺すか、いかにたくさんの建物を壊すか……まさに「人体実験」をしたことなどを知りました。

そして１９４６年（昭和21）11月３日、新しい日本国憲法が公布されたとき、私は両手を挙げて「バンザイ」と叫び、「主権が国民に存すること」「政府の行為によって再び戦争の惨禍が起こることのないようにすることを決意」しました。

「軍国少年」として本土決戦に備えての戦いに参加した体験から

臼崎　巌（故人）

私は、1930年（昭和5）生まれで戦争体験者の一人として沈黙は服従と思い、戦争ほど無益で愚かな行為はないことを一人でも多くの国民に知ってもらうため、陳述することにいたしました。

私は1944年、高等国民学校（現中学校）2年14歳で海軍飛行予科練習生として鹿児島の鴨池にあった航空隊に入隊しました。連日の厳しい訓練に堪えることができたのは、日本の勝利を信じ命を惜しまない愛国心に満ちた教育にありました。

1941年の4月から小学校が国民学校に改名されるなど戦争への準備は進められ、同年12月8日、遂に日本は、ハワイの真珠湾を奇襲し太平洋戦争に突入しました。この重大な決断をしたのは、軍部主導の政府であり、その政府は国民に戦争への自覚と士気を高めるため「鬼畜米英、撃ちてし止まん」「欲しがりません。勝つまでは」を合言葉に、国の予算75パーセントを戦争に費やしました。

1億総決起への国づくりは歌謡界にも及び愛を表現した歌はご法度となり、兵隊さんに感謝する軍歌が広く歌われました。国民学校では教育の一環として映画鑑賞があり、無敵日本軍の勇士を見学させ子ども心に兵隊さんへのあこがれを高め、私もその影響を受け予科練を志願しました。

1945年3月下旬、アメリカ軍の空爆で鴨池の訓練基地は大きなダメージを受け使用不能となりました。その日は深夜から、アメリカの機動部隊が太平洋を北上していることを兵舎のスピーカーにより30分毎に緯度で位置を知らせていました。さすがに空軍基地として詳細に動きをキャッチし近づく敵の機動部隊を迎撃すると思っていました。ところが夜明けと同時にアメリカのグラマン攻撃機による空爆は始まり、予科練の訓練基地は破壊され、死傷者も多数出ました。日本の空軍機による迎撃はなくアメリカ空軍の一方的な攻撃に終始し多大な被害を受けました。にもかかわらず、日本の大本営発表は常に「我が国の被害は軽微なり」でした。私は、これに強い不信をいだきました。これからの戦いに不安をもったのもこのときでした。

鴨池から熊本の人吉へ、そして長崎の西海へ移り、それ以降は米軍の九州上陸に備えての特殊訓練でしたが、負けてたまるかの洗脳意識は変わることなく頑張り続けました。

6月には沖縄戦が終わり、日本の国土は連日のように飛来する米軍の空爆によって焦土と化し、8月には広島、長崎に原子爆弾が投下され多数の犠牲者を出し、ようやく戦争は終わりました。

連合軍は敗戦国日本の戦争責任者を犯罪者として処刑しました。戦争は勝者が敗者を裁く、勝てば官軍負ければ賊軍になるのがこれまでの歴史ですが、太平洋戦争は2300万人の命を奪った大事件で、それを扇動し命令を下した責任者は加害者として罪を受けました。ところが日本政府は、犯罪者を戦争犠牲者として靖国神社に合祀し、国の政治責任者も靖国神社に参拝しました。このことに対して戦争責任を曖昧にするものとして多くの国から批判を受けました。

今日、戦争に対する感覚がわからない人たちが、国民の生命を守るとして、またぞろ戦争のできる国づくりを進めることが信じることはできません。

「海を制するものは世界を制す」といわれ、特に日本は四方海に面していて戦力を艦船に費やしました。

戦艦大和、戦艦武蔵は抑止力になるとして当時世界に類をみない「不沈戦艦」として注目され自画自賛しました。大和の建造費は当時1億3780万円で今日に換算すると2800億円の巨額で国民生活に多大な影響を与えたことは間違いありません。大和は広島県の呉港ドックで建造されましたが、期間中は外部から見ることができない高い塀で囲まれ、極秘に建造されました。すべて軍事力が優先する政治体制であったことは明らかです。

その後、「空を制するものは世界を制す」として物量に勝る連合軍は海も空も制して日本は敗戦国となりました。ところが戦後72年経過した今日、安倍自民党は、「国民生活を守る責任政党」を前面に立て一国で国を守ることはできない状況にあるとして集団的自衛権の必要性を訴え、我が国を守ってくれる同盟国を自衛隊が援護するのは当然の義務とし、また、平和憲法を改め戦力を強化し抑止力を高めることが平和に役立つとして、戦争のできる国造りを着々と進めています。

私は戦争体験者として「武力による平和」は世界の平和に結びつくことはないことを知っています。「武力による平和」は戦争の火種となるだけで軍縮こそ平和への道であると信じます。

国際連合は非戦闘員を保護するため、保護対象者を戦争で攻撃することを禁じています。しかし、これまでの戦争でこのことが守られたことを聞いたことはありません。戦争に勝利し相手国に大きなダメージを与えるためには、あらゆる手段を使うことになり、そこには、常識が一切通用しない「無法地帯」が出現し、人間が人間でなくなります。

戦争では自分が生きるためには相手を殺す。しかも多人数殺せば英雄として評価を受けます。日本が中国を侵略したとき、後方からの食糧など支援物はほとんど届くことなく住民から略奪するしか生きていけない状況の中、住民が抵抗すれば殺傷したと、私は先輩から聞きました。「そんなひどいことを」と問うと、「日本兵は恐ろしい印象をもたせないと占領地を治めることはできない」と応えられました。

広島、長崎に投下された原子爆弾、この爆弾を投下すると非戦闘員を含めて多数の犠牲者がでることが分かっているのに原爆は投下されました。人間が人間でなくなる恐ろしい行為であります。

人間が人間でなくなる戦争は、決してしてはなりません。

日本は外交により輸出入で成長した文明国です。食糧の60パーセント、石油・ガスなどのエネルギーの94パーセントが海外から船舶で輸入されていますが、もし、戦争になれば、輸送船は相手国の攻撃でストップします。また、航空機・ミサイル攻撃は、軍事施設に限らず、原子力発電、石油・ガスの備蓄基地、鉄道・道路・コンピューター関連施設などにも及びます。

日常生活で使われている洗濯機・冷蔵庫・空調機器は使えず、自動車も動きません。特に現代のようなコンピューター管理社会では、あらゆる分野に影響を及ぼすことになり日本産業はマヒします。薪や炭で煮炊きをした時代とはすべてが違う時代なのです。相手国と話し合い妥協することでしか、戦争は防ぐことはできません。日本の安全保障が他国から信頼され、平和外交を通じて国を守ることが賢明です。

安全保障関連法は完全な憲法違反であり、憲法を変えて軍拡への道を選ぶ人たちは、戦争を知らない国民生活を守らない無責任な人たちと言えます。

軍国少年の私を救った憲法。反故《ほご》にするのは私の人生の全否定です

瀬口　黎生（宮崎市佐土原町在住）

私は1931年（昭和6）5月2日の生まれです。4歳で父を亡くし、姉二人と母の四人の母子家庭で故郷の延岡で暮らしていました。

私の母は、20歳のとき、東京新大久保の淀橋教会でキリスト教の洗礼を受けていました。延岡に住んでからは船倉にあった教会に通っており、私も日曜学校で岩城牧師に可愛がってもらいました。教会で一人暮らしの牧師さんの所に泊まって、聖書物語などの話を聞いたものです。

ところがキリスト教に対する統制の一環としてプロテスタント各派の合同が行われ、太平洋戦争の始まった翌年、この「ホーリネスの群れ」に属する教会は潰され、牧師は逮捕されて母は教会と信仰の拠りどころを奪われました。母は「天皇を神と認めなかったため」とだけ口をゆがめて言っていました。一種の踏み絵を強制され、信教の自由を奪われたのです。

私は病弱でした。小学校3年生から4年生（昭和15年から16年）のころは週のうち三日ぐらいしか学校に行けませんでした。担任の江藤先生は将来を心配して声楽などを選ぶように勧めていました。1941年4月には学制が変わり、国民学校になります。小学生を「少国民」と呼んで、子どもたちをも国家体制に組み込みます。服装も黄土色の「国防服」が奨励されるとともに、週に一度、裸登校が行われました。12月には太平洋戦争が始まりました。翌年の1942年に海軍の下士官上がりの体育がお得意の先生が担任になりますと、

スパルタ式の教育を受けるようになります。５年生のときのことです。確かにこのころから体は丈夫になりましたが、戦争に向けた教育も強化されました。

１９４４年４月に旧制中学校に入学しますが戦況急を告げるなか、正規の入学試験は省略され口頭試問だけの選抜となりました。しかも英語の授業は敵性国家のものだと、入学半年で軍事教練に振り替えられます。軍事教練の号令調整で声を張り上げることを強制され、嘱望されていたボーイソプラノの声を変声期に潰《つぶ》してしまいました。

その年の暮れには男子中等学校は学業を放棄して、一週間交代で新田原飛行場の建設作業に駆り出されました。飛行場の周りに爆風を避ける通信線用の側溝を掘る作業です。仮設の宿泊施設で、軍用毛布３枚で寒さをしのぎながらの作業でした。

戦争は激化して、Ｂ29による本土空襲が始まり、サイパン島の玉砕が報じられ、１９４５年３月には国民勤労動員令が公布されて、２年生のはじめの４月から学校の授業はなくなりました。３年生から上は軍需工場への動員でしたが、私たちは農家への勤労奉仕に出るか軍事教練です。このようにして学習権は奪われていきました。

このころ、徴兵か軍需工場への徴用で、私の家のように男子のいない家庭は増えていて珍しくなくなっていましたが、そんな家庭も壊されていきました。母と一緒に写真館を経営していた姉の夫は徴用にとられて天草に去りました。また、縁故疎開が始まり東京の叔父の小学４年の甥と幼稚園児の姪を預かったのですが、延岡には屈指の日本窒素化学工業株式会社（旭化成）の工場があり危険が迫っていたので、19歳になったばかりの次姉は母親代わりにこの二人を連れて父の実家のあるえびのへ再疎開しました。

残された母は一人で写真館の仕事をしなければならず、いっぽう隣組の国防婦人会の訓練もあって、とても家事は無理なので母と私は町中を避けて、郊外の農家の一部屋を借りて下宿生活になりました。食糧難を避けるためでもありました。たまに時間ができると、洋楽が好きだった母は、下宿の広間の隅で、音が漏れないように布団をかぶって音量調整のできない蓄音機で「ユーモレスク」や「白鳥」などを聞いていたのを思い出します。その家も一人息子を兵隊にとられて、夫婦と娘一人の家でした。

こうしてそれぞれの家族は、一家団藁《だんらん》の平和な生活を失われ、バラバラになったのです。それでも本土決戦が叫ばれるなか、「欲しがりません勝つまでは」「撃ちてし止まん」と納得したのです。

1945年（昭和20）6月29日深夜に延岡は大空襲を受けました。その日、母は出征する人の家族写真を作るため、町中の店にいました。私は農家の広間で眠っていて、警報のサイレンと同時に焼夷弾爆撃に急襲されます。確か夜中の1時を回っていた時間だと思いますが、けたたましい警報を追うように東の日向灘の方から低空の波状絨毯《じゅうたん》爆撃が始まりました。束になって落ちてくる空気を削るような焼夷弾の落下音はすさまじいものです。

あわててパンツとシャツのまま、庭先の防空壕に飛び込みました。その音と地響きからこの町はずれの家の周りにも降り注いでいます。裸に近い姿ではどうにもなりません。必死の思いで座敷の枕元から戦闘帽、戦時服、巻脚絆《まききゃはん》（ゲートルのことをそう呼んでいました。すべての外来語を排除する思想統制の一環です）と軍靴を壕に運び込みました。やがて壕の入り口が燃え始めたのを機に、近くのさつま芋畑へと逃れました。

近くにある神社の周辺のどの農家も炎をあげています。束になった焼夷弾はザーッという轟音《ごうおん》とともにひらひらと火の付いた紐《ひも》をつけて揺れながら落下してやがて三十数本に分離します。地上に刺さると同時に油脂を噴き上げて周囲に燃え広がるのです。詳述するときりがありません。

下宿の人ともはぐれ、逃げまどううちに町はずれの母校に辿《たど》り着いていました。校門脇の防空壕で野村校長や体育の海老原先生、１年先輩の猪俣さんと落ちあいました。火の回った管理棟の校舎には、若山牧水をはじめ開校以来の記録が残っていたのですが、私たちはどうすることもできないまま、奉安殿の御真影と教育勅語を持って、さらに奥まった山ぎわの水滴のしたたる横穴壕に避難しました。そこから、延岡の町全体が火炎に包まれて黒い煙が上がり、火の粉が荒れ狂ったように流れ、燃え盛るのを互いに呆然《ぼうぜん》と黙って見つめていました。

おそらく空襲そのものは1時間くらいだったのでしょうが、途方もなく長い時間の流れの中にいたように感じました。夜が明けると、焼き払われた町の西端の中学校脇の山の斜面の横穴壕から東の端のベンベルグ工場まで一望で見渡せました。川中の城山も、川北の今山も一望です。

翌日は晴天で初夏の強い日差しの上に、焼け落ちて燻《くすぶ》る家々の余熱が重なって、地獄図の中にいるようでした。母を探しに町に出ると、町中を流れる満々と水をたたえた用水路には廃材に紛れて水中に逃れた人が油脂を被って息絶えているのも見えました。焼夷弾の油脂が燃えながら流れてくるのを避けることができなかったのでしょう。不思議な静寂が広がっていてあまり人影は見られません。ようやく店の地下壕に逃れていた母と出会いました。二人とも着の身着のままで空腹を満たす水も食料もありません。とりあえず、下宿の農家にもどり防空壕の水と食料を手にしました。滑稽なことに軒端に置いていたはずの竹槍すら燃え果てていました。私たちがあまりにも無防備であったことに唖然としたのを覚えています。

その後、鉄道が途絶しており徒歩で都農の親戚を頼り、さらに父の実家のあるえびのに逃れました。敗戦のひと月半前のことです。空襲で延岡の町はほぼ全滅で、記録によると死者１３０人、被災者15万２３２人にのぼる大惨事でした。

このような体験をしながらも、私は、満州事変に始まり日中戦争を経て太平洋戦争といわゆる15年戦争の中で軍国少年として育っていました。1945年（昭和20）8月15日の敗戦の日は14歳で旧制中学校の2年生でしたが、先輩たちと同じようにあと2年もすればいずれ戦場に立ち本土決戦の中で死ぬことになるだろうと考えていました。敗戦の詔勅は、延岡空襲で全てを焼失し命からがら逃れてきたえびのの父の実家で、壊れかかったラジオで聞き取りにくい放送で聞きました。にわかには信じられないものでした。「聖戦」であり、「神州不滅」と信じ込んでいたからです。

実家の周りの斜面は山林で、大阪の師団の兵たちが半地下式の幕舎を作って点在していました。本土決戦に備えて東の日向灘や志布志湾、西の鹿児島県吹上浜への敵前上陸作戦に対応するためだったようです。この指揮所に、幹部候補生あがりの若い指揮官付で40歳前後と思われる老従卒（当時の私の感覚では老兵と感じていました）が毎日水をもらいに登って来ていましたが、戦争の終結を聞いて「これで故郷に帰れますわ」と喜ぶのが当時の私には理解不能でした。

戦後、軍国少年の私の眼を驚きをもって見開かせてくれたのは、まだ新しい歴史教科書もなく、歴史教育そのものが禁じられていた時期に、海軍機関学校の教官だった歴史の先生がそれまでの皇国史とはまったく無縁の石器時代、土器時代、青銅器時代などの史実を淡々と語るのを学んだときでした。真実が隠されていたことと、真実を語りうる人が僅かながらこの日本にいたことに私たちは目のくらむ思いでした。真実と真理を圧殺した教育の怖さを了解し、教育が人間の正当な生の姿をゆがめる怖さを深く自覚しました。

そして、新憲法は私にとってその基本的人権も、9条の戦争放棄も宝であり、希望でした。戦争がどんなものであれ、生きる権利を損ない人類にとって罪悪であることは身に染みています。私はこのごろ手当たり次第に歴史の書物とこの時代を苦しみながら生きた人の記録を読み漁りました。そして歴史に関わる教師になる道を迷うことなく選び今日まで生きてきました。

現在の社会の推移をみますと、昭和初期の軍国主義化の状況を形を変えながら再び繰り返しているように思えてなりません。今、世界に類のない先駆的な平和主義の理想が、憲法をこえた一片の安保法制によって反故にされています。私の人生の全否定です。これは耐え難いことです。

神の正義、人の正義のそれぞれのむらさき深く紫陽花咲けり
水色の横断幕の端を持ち弁護士会館から地裁まで
地裁までわづかな距離を歩みつつ水湛へたる紫陽花を過ぐ
ここに訴状を出しに来たりし三月の寒かりし日のみどり、くすのき

戦時下の差別を生きた障がい者として

小牟田　ユミ子（宮崎市在住）

私は、7人の子の5番目として、1932年（昭和7）鹿児島県知覧町（現南九州市）で出生しました。生後6カ月でポリオに罹り、右足麻痺の障がい者になりました。私が生まれる前年に、満州事変が起こり、生まれてからの15年間、軍国主義の真っ只中で育ちました。

知覧は特攻隊の出撃基地であり、晴れた朝は、1機、2機と特攻機が上空を翼を左右に振り、旋回してから飛び立ちます。私たち家族は外に出て、手を振って見送りました。特攻隊のうら若い男子たちは死んだら軍神〇〇と称えられ、そのことに何の疑問も持ちませんでした。

教育は、すべて神である天皇を頂点に、絶対服従の精神、天皇のため国のため死ぬことが最高の生き方と叩き込まれました。当時は、スパルタ教育が当たり前で、子どもの人権なんてみじんもなく、例えば、私の6年生のときの担任などは、太い竹の鞭《むち》が折れるくらいの力で生徒を打ち、気を失った同級生もいたし、私も授業中しゃべったということで廊下に突き出され、倒れたところを革靴でけられました。

父が「今の女学校にはお前にできることはない、生徒は防空壕掘りや飛行場の整備などに駆り出されている」と言うので、私は小学校の高等科に進みました。しかし、ここでもみじめな思いをしました。空襲が激しくなると授業中でも裏の防空壕に逃げなくてはなりません。走れない私を体の一番大きな生徒が背負って逃げるのです。私は申し訳なくて「私はこの教室で死んでいいから貴女一人で逃げて」と懇願しましたが、決まったことをやめるわけにはいきません。

私は学校に行きたくなくて、Ｂ29が来るなら家を出る前に来てと思う毎日でした。家にいるときは、近くの防空壕に逃げ込みますが、家から防空壕までの間にある畑で米軍機Ｂ29に機銃掃射を受け、私の頭・体のすぐ近くに弾を打ち込まれて、その怖さは言いようのない体験でした。

子どもたちは、大きくなったら、男の子は兵隊さん、女の子は従軍看護婦にと胸を張って言ったものです。それが言えない障がい者の私は、いじめられ、馬鹿にされ、障がいを恥と思い、みじめで悲しい日々を送りました。ドイツでは、ナチ政権下ヒットラーが、ユダヤ人大虐殺の前、戦争に役立たないからと障がい者20万人をガス室で殺したのです。本当に恐ろしいことです。戦争は人間性をすべて失なわせてしまうのです。

戦争中、私の家族は、命を失ったものはいなかったものの、それぞれの立場で不本意な生き方を強いられました。父は女学校の教師をしていましたが、戦争が始まると勉強は中止、防空壕掘りや、知覧には特攻基地があり、その飛行場整備作業に生徒たちを動員させられ、その引率で一緒になって泥にまみれて重労働させられたそうです。現場では米軍の空からの攻撃もあり、機銃掃射で生徒数人が重傷を負い片足を失うなどの犠牲を出したことで、57歳で辞職した父は、戦後もずっと自分を責め続け苦悩を引きずっていました。

長兄（当時19歳）は、師範学校在学中、徴用で長崎の海兵団に編入させられ、次兄（当時17歳）は、旧制中学4年生で予科練に志願、特攻隊として出撃直前に終戦になり、命が助かりました。姉（当時15歳）は、女学校4年生でこれも徴用で、鹿児島市内は危ないので集団で田舎に移動、工場で軍服を縫わせられました。「食べ物が湯のみ一杯のごはんでおなかが空いて空いて、何か食べものを送って」と母への手紙のたびに書いて寄こしました。終戦直後は鹿児島市内に戻ったけれど、毎日、焼跡や遺体の片付けだったそうです。

小学生の私たちは、固い校庭を掘り返して芋畑にしたり、農繁期には近隣の「出征兵士の家」「名誉の戦死者の家」の札が玄関にかかっている家に手伝いに行きました。どこの家でも男性はみな戦争に駆り出され、残った者は老人と子どもばかりでした。私たちが行ってもたいした加勢にはならなかったでしょうが、お礼の蒸かしたサツマイモ等は空腹の子どもたちには楽しみでした。

考えてみると、この子どもたちはみな十歳代です。今よりも体はうんと小さかっただろうに、子どもたちも戦争に総動員されたのでした。

日本の全都市が焼き尽くされ、原爆が落とされ、やっと戦争が終わりました。

こうして、日本で、アジアで、幾百千万人の人々の汗と血といのちを引き換えに戦争は終わり、新しい憲法が生まれました。「戦争は二度としない」それは日本国民の心の底からの思いではなかったでしょうか。

戦前、障がい者として「役に立たない人間」と差別され、いじめられた私は、「新しい憲法」を深い感動をもって受け止めました。私たちは平和の中で個人として尊重されながら生きる権利があるとうたっております。たとえ自衛のためでも、人が人を殺しあい傷つける戦争を私は望みません。

障がい者を大量に生み出す最大の行為が戦争です。この世に不要な命などないのです。私は、戦争そのものがなくなる世界を希求します。私は平和の中で生きたい。その権利を侵されたくありません。

戦争につながるこの安保関連法は、私を不安と恐怖に陥れます。私は、憲法違反の安保関連法案によって傷つけられ、日々不安・恐怖を与えられ続けている苦痛に対し、慰謝料を求めます。

私も障がい者として、国民の一人として、安保関連法案が廃止されるよう声を上げ続けようと思います。裁判所が「安保関連法は『憲法』に違反して無効であること、この安保関連法によって私の権利が侵害されたとして損害を認めること」は、安保関連法廃止に向けての大きな力になると思います。心からお願いします。

少女として戦争を体験し、戦後は平和を守る教育と逆行に抗して生きた者として

山崎　キヌ子（宮崎市在住）

私が小学3年の冬、昭和16年（1941）12月8日に太平洋戦争が始まり、高等科1年の夏、8月15日に敗戦（終戦）となりました。その間、少しもまともな授業はなく、奉仕作業ばかり。表向きは軍国少女に育てられました。

教育勅語や歴代天皇の名前を124代まで暗唱させられました。一番きつかったのは桑の皮はぎでした。山の桑畑で一日中、学級ごとに行います。兵隊さんの服をつくると聞きました。夕方、学校へたどり着いた途端運動場で倒れて、3カ月学校を休みました。最後は配給の米ひとにぎり、あとは南瓜《かぼちゃ》、ジャガイモを食べました。さつまいもは手に入らず、食べられませんでした。

昭和28年4月、宮崎大学を卒業して、中学校の音楽教師になり、教育活動が始まりました。そのころは教師は全員、組合員で、校長たちが役員などをしていました。新卒の者はすぐ先輩教師につかまって、土曜・日曜は組合の仕事をさせられました。

その中で、気に入っているスローガンが二つあります。ひとつは、「教え子を再び戦場に送るな」。これは、女性教師たちの間から生まれたものです。もうひとつは「平和と真実を貫く民主教育の確立」。従って、私は授業で、「原爆を許すまじ」や反戦・平和の歌を歌い、広島・長崎・沖縄のパネル写真集を自費で集め、退職するまでの後半の4校では平和の授業をやってきました。

1975年（昭和50）国連の「国際婦人年」がやってきて、育児休業法が成立。5年間は宮崎県教職員組合の執行委員（女性部長）となり、教育現場を離れました。その後、アカ呼ばわりの右翼とのたたかい、文部省・厚生省・国会への陳情などたたかいの連続でした。ストライキを指導したとのことで、県教委の処分を数々受け、履歴書は赤字だらけ、給料も上がりませんでした。5年後、役員をやめて現場復帰してからは、怖いものはなくなりました。

新田原の航空自衛隊の基地の町、新富町の富田中学校へ赴任し、1985年4月から5年間勤めました。まず、おどろいたのは、校舎・教室が防衛庁（現防衛省）の施設だというラベルが至る所に貼ってあったことです。次に、基地から飛び立つF104の騒音のすごいこと。雨天の日をのぞき、年中、決まった時間に訓練のため飛んでいくので、学校の一日のスケジュールと必ず合致します。

一番に職員朝礼のとき、授業の一時間目、四国の沖で訓練を終え、12時前に戻ってきます。中学校の真上を通るので、この間、教師も生徒も何も言えず無言になってしまいます。彼らも12時から13時までは昼休みなのでその間は静かですが、午後また訓練開始とともに飛び始めます。体育大会の練習で、全校生徒がグラウンドに出て活動中、最大限のボリュームで、マイクで呼び音楽をかけても、F104の音にはかなわず、練習は中断となってしまいます。

私は、音楽科の期末テストでは、必ず音楽を聴いて答える問題を出していました。テープに録音して準備をし、15分ほど音楽を流して、それを聞いて解答させるというものです。テストの前日、私は、新田原基地の司令官へ電話を入れました。名前を名乗り、テストの3日間、音楽を聴いて答える問題があるので、飛ぶならコースを変更してほしい、と伝えました。そのとき、電話口の方に「あなたは誰ですか。名前を教えてください」と問いましたが、最後まで名乗ることはありませんでした。翌日からのテスト中には飛んでこなかったので、無事に終わらせることができました。

教室の窓が防音のために二重になっていましたが、これも見せかけだけで何の効果もありませんでした。反対にそのせいで、教室が狭く、机間巡視ができませんでした。ふつう中学生は元気がよくて生き生きとしているものですが、当時の生徒はなんだか暗くておどおどしているように見えました。その証拠に、私が初めて聞いた始業式での校歌斉唱は、消え入りそうな声でした。生徒たちの心が解放されていないのだと感じました。各学年4クラスもある大きい学校で生徒数も多いのに、大変なことだと思いました。

それから5年間、私のたたかいが続いたのです。新田原基地では、毎年、航空祭が行われます。その日は、単なるお祭りとしか思っていない人たちが県内外からやってきて、国道10号が渋滞していました。次の日の授業のとき、男子生徒が「F104に乗って写真を撮った」と友人たちに話していたので、私は怖くなって、「そんなことは自慢にならない。民間の赤江の空港で写真を撮ったのなら、よかったねと言ってあげるけど、F104は戦争のための道具だから、行ってほしくない」と話しました。

新富町では、テレビの視聴料は半額で、各戸にクーラーを設置してくれるのですが、維持費は自分たちで負担するので使いませんという家が多いのが現状です。新富町に住む知人に電話をすると、「今、飛んできたからダメ、ちょっと待って」と話が中断してしまいます。

2年くらい前に、中学校が新しい校舎になったと聞きました。しかし、あのすごい音に悩まされているのは、少しも変わっていないことと思います。

朝鮮女性と連帯する女性の会は、今はＩ女性会議（旧日本婦人会議）と言い、元従軍慰安婦と言われる方たちの人権復活（歴史の真実を認め、補償をする）のため、同じ女性の立場から、運動を支援するために立ち上げられました。東京に中央本部があり、47都道府県にそれぞれ組織があって、ともに行動してきました。

私は、この活動の中でピョンヤンに3回行きました。1回目は1977年（昭和52）、第4次日教組の訪朝団としてはじめて北朝鮮に行き、朝鮮問題の重要さ、大変さを知りました。2回目は1992年、故三木睦子氏（故三木首相夫人）を名誉団長、参議院議員の故清水澄子氏を団長として、日本から25人、韓国から25人、地元北朝鮮も25人の参加で、「アジアの平和と女性の役割」というテーマで取り組みました。この会の中で、はじめて元「慰安婦」と名乗る方たちの生の告白を聞きました。会の終了後、韓国の仲間を見送るために板門店に行きました。その翌日、時の最高指導者だった金日成氏の招待で、日本の団員がバスで向かいすごい朝鮮料理の昼食をともにしました。お礼に私たちは「北と南の統一をねがう歌」を朝鮮語で歌いました。

3回目は元小泉首相が訪朝した1週間前でした。女性5人で、故清水澄子氏を団長として行きました。「アジアの平和と女性の役割」の2回目の会議は翌年東京に北朝鮮の方たちを招くのに、国交がないため難しかったが水面下での交渉があり元慰安婦の方たちも来日できて、日本で初めての告白をされ、大きくマスコミにも取り上げられました。3回目の会議はその後ソウルで開催されました。

「中学校の歴史教科書に書かれている元慰安婦の記述を削除せよ」では、全国の県市町村議会が大混乱しました。宮崎県議会でもこのことが上程されて、賛成・反対に分かれて紛糾し、まるで討論会かと思われる状況でした。反対派は5人の議員が理路整然と述べるのに対して、賛成派の議員は学習不足のためほとんど話せませんでした。それでも午前2時まで延々と引き延ばされた結果は、採決の結果、賛成者多数で「削除」決定されました。納得できないものでした。

日本会議は8月15日、宮崎神宮の会館に人を集めて講演をしたり映画の上映などをして、とくに若者たちを洗脳しています。国会議員の中山成彬氏が中心になっています。そこで私は、日本会議が編集作成しているビデオ「独立アジアの光」を注文し、仲間で上映し、点検したところ、想像どおりウソだらけのでっち上げ・ヤラセの作品でした。宮崎大学の小沼教授に見てもらって問題点を整理してもらい学習会を開催しました。50席しかなく、満席になりました。

1年後の毎日新聞で真相が判明しましたが、このビデオを見ておかしいと思った記者さんが、現地でこのビデオに登場する人たちに会ってビデオを見せたところ、当人たちは驚いていたそうです。何も知らずに、お金をもらってビデオに登場していたことが分かりました。

ピョンヤンには3度行きましたが、ソウルにはまだ行っていませんでした。韓国の女性監督が「ナヌムの家」の映画を3本つくられ、すべて見ました。海を渡ったすぐ近くに、元「慰安婦」のハルモニたちがいるのが分かって、訪ねることにしました。１９９９年（平成11）夏、現場の小・中学校の教師たちを連れて行きたかったので、夏休みを使って計画をたてました。大阪の在日女性の会にお願いして現地と打ち合わせをしました。①ナヌムの家訪問、②日本大使館前での水曜デモ参加、③韓国挺身隊問題協議会との学習講演会、がメインとなりました。男性教師二人、男子中学生一人、女性市議一人、連帯する会四人、女性教師二人でした。帰って、報告会をしました。その際、感想文をまとめた冊子を作り、販売しました。

報告会に来たり、冊子を読んだ人から、ぜひ行きたいとの申し出があり、２０００年の夏に同じ企画で実施しました。西日本新聞で参加者を募集したところ、県外からも問い合わせが来るほどでした。教師の参加が多くありました。驚いたのは、一般の母親と女子高生が参加したことです。おかげで私たちの取り組みが周りに知られるようになり、あちこち呼ばれて「ビデオ上映と私の話を聴く」というチャンスをたくさんつくってもらって、少しは学習を深めることができたかなと思っています。

このように私の人生は、戦争の体験から戦後は平和を守る取り組みや、女性の立場から日本の戦争責任を明確にし周りに伝える活動、そして戦争を反省せずに歴史の事実をねじ曲げようとする動きに対する抵抗で占められています。私は私が歩んできた道は正しい道だったと思います。そのために苦しい目にもあいましたが、信念がゆらぐことはありませんでした。

今、日本は岐路に立たされています。平和を守り、世界に平和を広めていく国になるのか、仮想敵国への敵愾心《てきがいしん》に煽《あお》られ、自分の国さえよければ他国に攻め入ることも辞さない国に再び戻るのかです。

私たちにはアジアの国々と未来に向けて、憲法の平和主義の後退を許さず、守り育てていく責任があると思います。それは同時に私たち国民ひとりひとりの権利を守り育てていくことでもあります。新安保法制が、これとはまったく逆行するものであることは間違いありません。最近刻々と報道される事故や軍事費の膨張などを見れば火を見るより明らかです。ぼんやりしていて気付いていないだけで、今このときも私たち国民の福祉や利益は損なわれていると思えてなりません。

私は教育者としても、ひとりの女性としても、これまで私が全人生をかけてきた私の魂ともいうべき平和な国の国民であることの誇りや確信を打ち砕かれることに耐えられません。

「軍国主義」のもとで育った時代に戻さないために

田原　敏安（宮崎市在住）

私は１９３３年（昭和８）生まれの85歳です。余生わずかですが、あの「15年戦争」といわれる軍国主義日本で少年時代を生きてきた者として、このたびの安倍政権による安保法制と集団的自衛権を認める閣議決定というとんでもない暴走に怒り心頭に発し、世界に誇れる現憲法９条を孫子の世代へ無傷で手渡すためにも敢えて裁判に訴え、所見を陳述することといたしました。

私の郷土は、宮崎市の西方約10キロの大淀川沿いに位置する自然豊かな農村地帯です。男４人女６人の10人兄弟姉妹の三男坊でわがままな内弁慶の少年として育ち、両親は貧乏な小作農家で終日農作業に追われ、子どもたちの育児は兄や姉と地域の餓鬼大将たちにまかせて、事実上の「放し飼い」の生活でした。戦時中は、「皇国史観」の教育が徹底され「忠君愛国」の精神がすり込まれるなかで、終戦の１９４５年は国民学校６年生でしたが、そのころは国難を救う「神風」を信じて疑わず「海軍予科練習生」に憧れ「特攻隊員」として「天皇のために死を覚悟する」という立派な「軍国少年」に成長（？）していました。

最近、幼稚園の児童たちに「教育勅語」を「暗唱させる」大阪の森友学園の「国政私物化」疑惑が話題と関心を呼んでいますが、こんなふざけた話はありません。戦時中の「教育勅語」の本質は、子どもたちに大声で「唱和させる」ものではなく、「軍人勅諭」と並んで国家が侵略戦争遂行の思想動員の道具として利用したものです。校長先生が、現人神（アラヒトガミ）である天皇に代わって巻き物にしたためた「勅語」を重々しく「読み聞かせる」ものでした。仮に戦時下でこんなことをやらせる学園の経営者や同調者は、「不敬罪」で逮捕、投獄を覚悟しなければなりません。

当時は、神話や天皇家の慶事に依拠した元旦や紀元節・天長節・明治節・新嘗祭といった国の祝祭日とか、卒業式や入学式などの主な学校行事の際に、会場に整列し、「最敬礼」の姿勢で待つ生徒、先生、来賓や父兄の前で紋付と羽織袴または燕尾服で正装された校長先生が白手袋で校庭の一角に設置してある奉安殿の中から天皇・皇后の写真（ご真影）と「勅語」を恭しく持ち出して拝読される畏れ多い儀式の中核を占めていました。

教室での授業中に先生が「畏《かしこ》くも天皇陛下様が…」とか「大元帥陛下におかれては…」と発言されると生徒は反射的に全員起立し、直立不動の姿勢をとるよう強要されていました。それを怠るとビンタか指示棒で処罰されたのです。

このような異常な教育環境のもとで馬鹿正直に「忠君愛国」の心をすり込まれた私は70年余りを経た今も教育勅語のほぼ全文を暗唱できるのです。二度とこのような自由も民主主義もない「上意下達、命令と服従の学園、社会」に戻してはなりません。

太平洋戦争は、１９４１年12月８日のハワイ真珠湾奇襲攻撃で米英との戦端をひらきましたが、半年後の１９４２年６月ミッドウェー沖海戦で日本は４隻の空母を失い戦局はすでに転機を迎えていました。情報統制が厳しく新聞やラジオも一般家庭に普及していない時代でしたが、私は友だちの自宅が特定郵便局でしたのでそこの宿直室がラジオや新聞、雑誌などの貴重な情報源でした。

当時のラジオ放送は、ＮＨＫの前身である事実上の「国営放送局」が唯一あるのみで、終日、大本営発表の「西部軍管区情報」と銘打った、国民の実感とはかけ離れた勇ましい戦果だけを報道し、「わが方の損害は軽微なり」という決まり文句のニュースが流されていました。

しかし1944年（昭和19）以降は、サイパン、グアム、レイテ島へ米軍の侵攻が進み日本の敗色が濃厚となり、10月には神風特攻隊出撃が始まりました。本県出身の永峰さんはその第1陣で出撃されフィリピンの洋上に散華され「軍神」として讃えられた記憶があります。

1945年に入ると3月の東京大空襲をはじめ日本全土の主要都市が米軍の長距離戦略爆撃機B29の無差別爆撃により死者35万人、負傷者42万人、全壊家屋221万戸という未曾有の被害をうけたのです。なかでも広島、長崎に投下された原子爆弾は人類が初めて体験した非人道的な殺戮《さつりく》兵器としての悲惨な実態から、被爆者と反戦平和をめざす自覚的な国民の原水爆禁止運動がこの七十数年、絶えることなく草の根から持続的に発展し、ついに昨年の秋国連で「核兵器禁止条約」が圧倒的多数をもって採択され今日に至っています。しかし、恥ずかしいことですが、唯一被爆国の日本政府は、これに反対し「核抑止力論」にこだわっています。

県内では、3月18日の海軍赤江飛行場への爆撃を皮切りに宮崎市内、延岡市、都城市などあいついで艦載機（グラマン）を含む爆撃で市街地や施設、学校、民家が焼失、死亡者は250人を数えています。私の郷土（旧倉岡村と瓜生野村）でも米軍のターゲットと推測される3地点（農業用水機場、橋梁、寺院）の周辺で民家が被弾し7人と4歳の幼児が死亡、牛1頭が即死しました。

この年は、8月15日の終戦に至るまで学校で授業を受けた記憶はありません。朝登校時に警戒警報のサイレンが鳴ると「山学校」へ逃げ込むか、自宅の菜園内に設置された防空壕へ駆け込む。授業中に警報が鳴ると一斉に校庭の南西に約100㍍《メートル》田圃を挟んで位置する里山へ向けて走る日が多くなり、沖縄本島へ米軍が上陸した4月に入ると、本土決戦に備えた軍の動きも慌《あわ》ただしくなってきました。大淀川の支流の本庄川に架かる県道柳瀬橋の袂《たもと》に陸軍の守備隊が野砲を設置し、学校の校庭で野営する。在郷軍人の銃剣術や国防婦人会の竹槍訓練なども活発となり、勉学に勤《いそ》しむ雰囲気も条件もありませんでした。

私の家族も長兄は海軍通信兵として長崎（大村市）へ入隊しており、長姉は前年の夏結婚しましたが１カ月後には夫に赤紙（召集令状）が届きこの年の３月に戦死の公報があり、未亡人となりました。

４月12日の午後３時ごろ、我が家の裏のお宅が火元で火災が発生し折からの西よりの強風に煽られて大火事となり、私の家ももちろん三十数戸があっという間に焼失しました。そして隣家の叔父一家も類焼しました。しかし、二度目の召集令状が来ていた当時40歳ぐらいの叔父は、火災の翌日の朝、妻と13歳の長男を頭に５人の子どもを残して、未だ残り火がくすぶるなかを後片付けの消防団や地区民の方に見送られて出征しなければなりませんでした。ここに軍国主義が「徴兵制」という非情な手段で戦争へ駆り出した歴史的事実を示しています。私は、今は亡き叔父に代わって「政府は二度と戦争に手を染めるな」と声を大にして訴えたいのです。

私の地区では、毎年地域自治会連合会が遺族と共催で戦没者慰霊祭を実施しています。日中・太平洋戦争での戦没者慰霊碑には、郷土（旧倉岡村、瓜生野村）出身で戦場に散った兵士、軍属の氏名が記されていますが、陸軍１９３人、海軍51人、軍属８人、合計実に２５２人になります。そして年齢は18歳から39歳の青壮年の方ばかりなのです。これを終戦後最初の国勢調査（１９４７年10月１日）のデータ（１４６５世帯）を参照してみますと、実に５世帯に１世帯（17・２％）が遺家族となられております。

以上述べてきましたように、さきの15年戦争は、軍人はもとより国民も含む３１０万人に及ぶ犠牲者を出し、アジア太平洋諸国民の被害は２０００万人を超え、沖縄を含む日本列島が焦土と化すなかでようやく日本政府はポツダム宣言を受諾して８月15日の終戦を迎えました。

日本国民は、これまでの「天皇を主権者とする日本軍国主義の侵略戦争」への反省から、「国民を主権者として戦争を放棄し、戦力を持たないことを憲法に明記」し、戦後の歴史を通じて政府の反動的策動の手を封じ込めてきたところですが、安倍自公政権が５年前に復帰して以来、秘密保護法や戦争法、「共謀罪」法の制定など平和憲法を乱暴に踏みにじる政治を強行してきています。そして今憲法９条を死文化してアメリカに追随し海外で無制限に武力を行使する「戦争する国」への道を開く「明文憲法」を公然と言明する事態に至っています。私は、安倍首相にたいして「国民主権や立憲主義に反する暴走をやめ、憲法99条の憲法尊重、擁護義務を果たせ」とつよく警告したいと思います。

最後に、裁判所が三権分立の原則を踏まえ、主権在民、基本的人権など国民の諸権利の守り手、即ち「法の番人」として明快なる審判をされることを期待して陳述を終わります。

安保法制違憲訴訟みやざきの会
結成総会案内

「憲法」との出会いが、軍国少年の私を変え教師人生を支えてくれた

本田　宏（門川町在住）

私は1934年（昭和9）1月15日、宮崎市に生まれ、紀元2600年の祝賀には、小学校1年生で参加した覚えがあります。太平洋戦争が起こされたときは、富高（現日向市）の国民学校2年生、父の転勤、転職にあわせて転校を重ね、最終的には宮崎大学を卒業して中学校の社会科教師になり、退職後は社会的な活動、地域の活動に参加しております。

二男一女の子どもはいずれも健康、すでに私には7人の孫と7人の曾孫がおり、曾孫の一番上の子はすでに専門学校に通っています。

私はまさに戦中戦後派、徹底した軍国主義的教育の中で、忠勇なる日本国民として小学校6年間を過ごしました。戦争が終わっても町に進駐してくる米兵一人でも殺して自分も死のうなどと思うほど純情な軍国少年だったのです。

私は二男ですが、長兄は旧制中学3年終了後少年飛行兵となり、兵役についてからは、B29との交戦で負傷し、回復後は特攻隊に編入されていました。出撃することなく復員しましたが、一昨年末亡くなるまで寒冷時の傷の痛みを訴えていました。

あの生活苦、空襲におびえる日々、幼いながらも「撃ちてし止まむ」の精神に支えられた日々が敗戦でどんでん返し。復員の兄は自暴自棄で暴れるし、自分は5人の弟妹の食べものの心配を母とともにしなくては

ならなかった戦後。でも、もう空襲はなくなり乏しい食生活の中でも電灯のついた家で暮らせるようになりました。

中学校に入学し、新しい憲法が制定される中でこれまでの価値観は逆転。あの「新しい憲法のはなし」（文部省発行）を読み、教えられたときの興奮は今でも強烈に残っています。

朝鮮戦争を契機にいわゆる「逆コース」がすすめられ、公職追放中の先生が復職、生徒に慕われていた民主的な先生が職場を追われる状況を見、逆コースに胸を痛めた高校時代を経て、戦争のメカニズムを深く学ぶとともに「教え子を再び戦場に送らない」という組合のスローガンを大切に職場実践を重ねました。今70歳を超える教え子たちの同窓会で、「先生の差別のない姿と平和への熱情みたいなものが今でも思い出される」と言われるのは本当に嬉しいことです。

私の中学校時代から80歳を随分過ぎるまでの生活、曲折はあったけれども、まずは平和憲法のもと70年余り戦争に縁のない生活を過ごすことができました。それだけに戦争につながる兆候には機敏に反応するのです。

戦争を知らず、戦争を本当に反省することのできない人々が政治の中枢をにぎり、いろいろ手をかえ品をかえて逆コースをつくってきました。教師という立場から考えても警職法、破防法、勤評、学テ、道徳教育の強行……。着々とこの逆コースは作られてきたと思います。それでも新しい憲法が大きな足かせになってきました。

憲法違反ともいうべき法律が数をたのんで強行されるようになりましたが、「安保法制」はまさに憲法違反、戦争への道を切りひらく法律と言わざるを得ません。

巨大な軍需産業が政治を支え動かす今、国民の眼には届かないけれども、戦争の危機感、もしくは戦争なしには利潤追求のできない軍需資本の動きは、「安保法制」の強行という形で国民に覆い被さってきていると思うのです。「安保法制」はいろいろきれいごとを言っても、結局、アメリカの引きおこす戦争に日本国民を協力させる以外の何ものでもないと私は考えます。ベトナム戦争時の韓国軍の犠牲と暴行は他人事ではありません。

私は平和を脅かすものは決して許さないという信念と行動を貫いてきましたが、そのため、権力から傷つけられることも多々ありました。就職差別、人事上の差別、思想攻撃などです。それらは何とか耐えられるものでした。だが「安保法制」が一人歩きをするならば、とんでもないことが起こります。

私の子や孫そして曾孫まで17人その範囲に限るとしても戦争の心配なく生を全うしていけるのか、「安保法制」の行きつくところには「徴兵制」もあることを思うと子や孫の将来を思い、安心してあの世にいけそうにありません。

私の身近な親族に初孫を得たものがいます。彼が帰省したとき祝いの言葉を言ったところ、その後のメールで「安保法などの動きを見ると孫は生まれてきて良かったのかと心配で素直に喜べません」とあります。

こんなことを親に考えさせるのが「安保法制」だと思います。この法律がある限り私も安心して逝くことができません。一日も早く違憲立法を潰していただきたいと考えます。裁判所が三権分立の基本を大切に公正な判断をしていただけるよう切にお願いしたいと考えています。

戦時下の恐怖を味わい、憲法に救われて生き抜いた者として

日高　脩（宮崎市在住）

私は、１９３４年（昭和９）に現住所で生まれました。幼少から病弱で、父母に心配をかけながら育ちました。小学校２年生のときに太平洋戦争が始まりました。担任の先生が、「大東亜戦争に突入す」と板書して、「神国日本は必ず勝つ」と話されたのを、あざやかに覚えています。当時は、子どもは天皇の赤子として体を鍛え、お国のために命を捧げるよう教えられました。食糧も不足しましたが、さつまいもやかぼちゃを食べて育ちました。

小学校高学年になったとき、現在の宮崎空港のある場所で、学徒動員として滑走路づくりに従事しました。裸足で熱い土砂の上を歩き、飲み水も十分なく、苦しい思いをして働きました。また衣料の足しにする桑の皮はぎにも、汗を流しました。私たちが作った滑走路が特攻基地となった赤江飛行場の滑走路となり、この飛行場から多くの若者が飛び立ち、命を失ったことを知ったのは戦争が終わってからのことでした。

しかし、戦局が悪化し6年生のときに西都市の樫野に疎開しました。宮崎市から佐土原に荷馬車で向かっているとき、グラマンに急襲され、たんぼを通って森に逃げる途中、私たちをねらった機銃掃射の弾丸が「ブスブス」と音をたててたんぼに突きささりました。幸いに九死に一生を得ました。

西都市で疎開生活を送っているとき、8月15日に日本は連合軍に降伏して、太平洋戦争が終わりました。太平洋戦争で私の家に同居していた叔父の長男は、一人息子にもかかわらず、ビルマのブーゲンビルで尊い

命を失いました。第二次世界大戦で日本国民310万人、アジア諸国民2100万人が犠牲になりました。

敗戦後、疎開先の西都市から宮崎市に帰ると市街地は一面焼野原で愕然《がくぜん》としました。幸いわが家は、空襲の戦火を免がれ、その後食糧難に苦しみながら、育ちました。アメリカ軍の進駐のもとで、新しい生活が始まり、軍国主義を一掃し、平和と民主主義を目指す政治が始まりました。

小学校を卒業し、旧制宮崎中学校に入学しましたが、校舎が焼け落ちているので、旧制宮崎工業学校の講堂で授業を受け、学制改革で大宮高校の併設中学校生として、今の西中学校があるところに建設された南校舎に移って学習しました。

わが国では、それまで天皇主権をうたった旧憲法を廃止して、1946年11月3日に国民主権、基本的人権の尊重、戦争放棄を基調とする日本国憲法が公布されました。これを契機に日本の政治体制が変わり、国民は国の主人公となり、国家の名のもと外国と戦争をしたり、国民に兵役の任務を与えることをやめました。

私は、この新憲法を学んで、戦前日本国民を苦難に追い込んだ侵略戦争を憎しみ、平和な日本を築くためにがんばる決意をしました。大学を卒業して教師となり民主教育の確立を目指し、教職員組合の活動にも力を入れました。その後、市議会議員も6期、務めました。この間、アメリカ軍が日本を足場にして朝鮮戦争やベトナム戦争を推し進めてきましたが、私たちはこの暴挙に反対し、日本の平和と安全、国民のくらしと権利を守るために戦ってきました。これは、長男であり一人息子を失った叔父の悲しみ、機銃掃射から逃げたときの恐怖などを、子どもたちに味わわせたくはないという強い気持ちからでした。

ところが、平成27年（2015）9月19日、いわゆる新安保法制法（平和安全法制整備法および国際平和支援法等）が成立しました。この新安保法制法の中心的内容は、①従来政府が一貫して、憲法9条の下で許されないとしてきた集団的自衛権の行使を「存立危機事態」として容認すること、②「重要影響事態」において武力の行使等をする米軍等に対する物品・役務の提供を後方支援活動として広く認めること、③「国際平和共同対処事態」においても諸外国の軍隊等に対する協力支援活動を広く認めること、などの点にあります。

つまり、新安保法制法は、「二度と海外で戦争しない」と誓った憲法の平和原則を根本から破壊し、日本を米国とともに「海外で戦争する国」にひっくり返すものです。「平和安全法」どころか「戦争法」そのものです。こんなものが憲法9条の下で許されていいはずがありません。これまで、私が、子どもたちのために、平和を強く訴えてきたことがすべて失われてしまいます。一日も早く廃止することを要求します。

私は、最後に当裁判所がいわゆる安保法制が日本国憲法に違反しており、日本を戦争の惨禍に巻き込む恐れのあるものであることを認めるよう求めます。

安保法制違憲訴訟みやざきの会結成総会
(2016年11月30日)

12　人の学友の命を奪った　5・11宮崎空襲を体験した者として

池田　千穂子（故人）

　1945年（昭和20）5月11日、宮崎男子師範学校付属国民学校3年生の5時限目の授業は習字でした。空はどんよりと曇りしととしとと雨が降って、昼間だというのに薄暗く教室はまるで夕暮れ時のようでした。手本は「鯉のぼり矢車」。めいめいに墨をすり筆を執って書き始めると間もなく、上級生の教室の方から「警戒警報が出ました。各自仕度をして直ちに下校しなさい」という男の先生の声が聞こえてきました。みな無言で、習字の道具を机の中にしまう音だけがガタガタと響きました。

　私はランドセルを背負い防空頭巾をかぶって、一、二度訓練をしていたように集団下校の所定の場所に行きました。みな走り去った後なのか、そこには同級のKさん、その妹のT子ちゃん、そして私の3人しかいませんでした。道はすぐ右に曲がり、西へ向かうゆるやかな下り坂になります。左手は水田、右は高い生垣に囲まれた住宅。警戒警報だというのに厚い雲の上からはB29の飛行音がさかんに聞こえてきました。私たちは恐怖にかられて坂道を転げるように駆けました。T子ちゃんは4月に1年生になったばかり。姉のKさんが手を引いていましたがどんなに怖かったことでしょう。

　長い下り坂が終わるころ道は丁字路になり、私たちは何一つ遮るものがない広い畑の中の一本道を行かねばなりません。左手は水田、右は麦畑、その先は左右ともサツマイモ畑。子どもの私たちにはそのあたりの生垣や木立の間に身を隠して様子を見るという知恵はなく、ただひたすら家に帰ることしか考えられませんでした。ややためらいがあったもののそのむき出しの一本道を駆け出しました。

するとと間もなく「ギャーン」というB29の低空飛行の音と激しい射撃音が襲い掛かり、とっさに右手の麦畑に飛び込んで身を伏せました。「狙われた！」頭や背中に衝撃を覚悟しました。

ややあって、湿った土の匂いに我に返り「助かったようだ」と思いました。「これからどうしよう」と思いつつも身動きできずにいると「リン、リン、リン、リン」と聞きなれた鈴の音が聞こえてきました。そのころ、近所に二つの鈴をつけた短い釣竿を一本肩に担ぎ、腰には小ぶりの魚籠をくくりつけ、手拭いで頬かむり、鼠色の作務衣《さむえ》の上着だけを着、むきだしのすねにわらじ履きで小走りに駆けて行く初老のおじさんがいたのですが、そのおじさんが駆けていたのでした。

「おじさん、大丈夫ですか」と私は叫びました。「おー、大丈夫だ」よく通るしっかりした声に励まされ「ついて行こう」と思いました。Kさん、T子ちゃんも立ち上がっていました。「行こう！　行ってI先生のとこの防空壕に入れてもらおう！」と私はいいました。おじさんは私たち子どもを気遣う様子もなくぐんぐんと走り去り、すぐに見えなくなりました。イモ畑の間を走るときは本当に怖ろしく「どうかB29が襲ってきませんように」と祈りながら、地に足がつかないような思いで走りました。

ほどなくI先生の家がある住宅地にたどりつきました。私は縁先の防空壕に向かって「おばさん、防空壕に入れてください！」と叫びました。「あ、来たの。さ、入んなさい、入んなさい」と、おばさんは右手で板戸を開けて上半身を乗り出し、私たちを迎え入れてくれました。中には学齢前の兄・妹の二人がこわばった表情で座っていました。そこでどんな会話をしたか記憶にありません。死の恐怖をどうにか免れた安堵感を抱いて無言でうずくまっていたような気がします。

小一時間もたったころトイレを借り、庭にたちました。あのB29の爆音や射撃音が嘘のように静かでした。

どうにか人心地がついたような気分になりました。しばらくしておばさんが「もう大丈夫みたいよ。歩いてかえれるよ」と言いました。私たちは残り半分の通学路をゆっくりと黙って歩きました。意外なことにあの激しい射撃音にも関わらず、畑や民家のたたずまいはいつもと変わりありませんでした。ただ、まったく人影がありませんでした。

　家にたどり着くと、母は驚きとともにほっとした表情で迎えてくれました。母に「I先生のところの防空壕に入れてもらった」と言ったことだけを覚えています。泥だらけの服をどのように着替えたか、母とどんな会話をしたかは記憶にありません。暗くなっていく部屋で、処理しきれないほどの異常な体験に呆然としていたような気がします。やがて父が帰って来ました。「おお、帰ってたか」と言う父に「泥んこで帰って来ましたよ。Iさんの防空壕に入れてもらったそうです」と母は私を見やりながら答えていました。

　実は、私たちを狙ったと思っていた爆撃・銃撃は、そこから直線距離にして数百メートルしか離れていない江平池の土手で下校途中の一団を襲っていたのです。12名が亡くなりました。私のクラスではHさんとYさんが即死、N君が病院に運ばれ翌日亡くなりました。N君は銃弾の破片が胸から腹部に貫通したのだそうです。「痛いとも、苦しいとも一言もいわなかった。偉い子だった」と噂されました。また、同級のMさんは上に被さって庇《かば》ってくれた上級生が即死し、その血を全身に浴びて帰り、ご両親を驚かせたといいます。現場には軍隊が出動し、遺体の欠損した部分はワラで作り、全身を包帯で巻いて棺に納めました。土手の反対側には家内工場がありましたが、夕方屋根の上でネコが騒ぐので家の人が見ると、樋《とい》に子どもの手首がひっかかっていたそうです。

　跡地には、4年生のY君のお母さんが「いとし子の碑」を立てられました。毎年命日には先生やご遺族の方たちが慰霊の集まりをしました。江平池は高度成長期に埋め立てられて小学校が建ち、住宅地になりました。現在の西池地区です。碑は現在の宮崎大学教育文化学部（現教育学部）付属小学校の正門の内側に移され、亡くなった生徒たちの名を刻んだ名碑もたてられました。それを見ると、Hさん、Yさんには5年生の姉がいたようです。また、４年・６年の姉妹も2、３組あったようです。学校帰りに突然二人の子どもを亡くされたご両親の衝撃と悲しみ・絶望感はいかばかりであったでしょうか、計り知れません。

その日をさかいに私たちは学校に行かなくなりました。また、夜毎の空襲も激しさを増しました。夜、警報が出ると父は職場に出かけてしまうので、乳飲み子の妹を抱いた母、二人の弟たちとひしと身を寄せ合って恐怖に耐えました。

間もなく私たち家族は父の郷里の福岡県の片田舎に疎開し、そこで終戦の日を迎えました。祖父、大叔母、母の三人が向き合うように座って、例の「玉音放送」を聞きました。終わると母は私の方を向いて「戦争が終わった」といいました。大人たちはだれも一言も話しませんでしたが、大きな安堵《あんど》感を噛みしめていたに違いありません。私は縁側から庭に降り「戦争が終わってよかった」と思いました。遠くから飛行機の音が聞こえてきました。西の空を見ると、高いところをオモチャのように小さく見える飛行機が2機、前後に少しずれて北から南へと飛んでいました。「飛行機はあんなにも好もしくのどかに飛ぶものなのか」と思いました。初めて見る光景でした。

翌日もよく晴れた日でした。正午を告げるサイレンを聞いたとき、「ああ、本当に戦争は終わったんだ」と思いました。それは断続的な、切迫して急を告げる警報とは異なり、鳴り始めると何秒か平板に続き、緩やかに音程を下げながら消えました。平和という言葉はまだ知りませんでしたが、そのときの私の気分は「平和だなあ」だったといえます。

やがて日本国憲法が公布され「日本は二度と戦争をしない国になった」と知らされどんなにうれしかったことでしょうか。「世界にはスイスというエイセイチュウリツコクがあってどんな戦争にも加担しない。日本もそこと同じ国になった」と聞かされ、日本の格が少し上がったような気がしました。

1945年（昭和20）5月11日の宮崎空襲の体験は、私のこころの奥底に沈んでいて、今につながっています。頭の先から足の先まで包帯で巻かれた学友たちの亡骸《なきがら》は自分と重なり「あれは私だった」との思いはいつまでも消えませんでした。東京大空襲、沖縄の激戦地、ヒロシマ・ナガサキの地獄で無残・無念の死を遂げ、あるいは生き延びても長い間後遺症に苦しめられた人々に比べれば、私の体験など取るに足りないかもしれません。私は五体満足に生きていて曲がりなりにも80年余りの人生を全うしようとしているのですから。しかし、何の罪もない子どもをある日突然死の淵に叩き込んだ戦争の暴虐は同じです。

長ずるにしたがって戦争は国と国、権力と権力とのエゴのぶつかり合いから生ずるものだと知りました。戦争は人間の為す究極の大罪です。それに繋《つな》がる新安保法制は絶対に認めることはできません。

空襲で旧友らを失った私。広島で原爆に遭った父。あの恐怖と悲惨を味わわせない社会を

永野　寛（宮崎市在住）

私は１９３６年（昭和11）に鹿児島市で生まれました。刑務官をしていた父が宮崎刑務所から鹿児島刑務所に転勤になり、その後に私が生まれたのですが、５歳になるまで鹿児島市で育ち、その後福岡に2年住み、さらに長崎諫早に転勤になりました。父は１９４３年に召集されて辞職し、同時に私たち家族は宮崎に転居しました。父は応召後、都城、満州、山口、広島とわずか2年で転々と移動させられたと聞いております。職業軍人ではないものの憲兵隊に所属しておりました。

太平洋戦争末期の１９４５年になると宮崎の上空にも敵機Ｂ29グラマン戦闘機が飛来するようになり、無差別的に爆弾を投下し、多くの人々が犠牲になりました。忘れることのできない同年5月11日当時私は国民小学校3年のときです。私の学んでいた小学校が攻撃されました。ちょうど空襲警報が発せられ、それぞれ我が家に向かって逃げる途中のことです。

あたり一面に爆弾、機銃掃射が繰り返され、煙幕の中を逃げ惑いました。すべての人が恐怖の中にいるのに見知らぬおばさんが手を引いて防空壕の中に導いてくれました。おかげで死を免れました。しかし、同級生３人、上・下級生９人の計12人が直撃弾を受けて死亡しました。学校も全焼しました。次の日からは学校に通うこともなく家で恐怖とともに過ごしました。

また、その後、私の家から１００メートルほど離れた民家の防空壕に爆弾が投下され老人夫婦と娘さん３人が直

撃を受け肉片となり死亡しました。近くには川崎航空機工場やグンゼの絹糸工場があり、それらを目標としたのでしょう。空襲がひどくなり、国富町八代に学童疎開しましたが、親と離れ、慣れない土地でろくな食糧もなくつらい思いをしました。

1945年（昭和20）8月6日午前8時15分広島に原爆が投下され十数万人の人々の生命が奪われました。私の父は当時広島の連隊にいたのですが、たまたま休暇を取り宮崎に帰っていて、前日の夜汽車で帰路につきました。6日の午前7時に広島に到着する予定でしたが、汽車が2時間遅れで到着したそうです。そのため父は原爆の直撃を受けず生命は助かりましたが、広島についたときは、周りは火災、電車は横転、そして人々の無残な焼死体が溢れていたそうです。皮膚が焼けただれふらふらと歩いている姿、「兵隊さん水を下さい」という悲痛な懇願、目の前は言葉に言い表すことのできない惨状だったそうです。

父は、約3カ月ほど放射能の飛び交う中で救助活動や死体の焼却、連隊の片付けなどの仕事をしました。まるで枕木のように死体を積み上げ焼いた経験は悲痛なものだったようです。父は宮崎に帰ってきましたが、気力もなく歯茎からは出血し、文字どおり虚脱状態でした。その痛々しい姿は子どもながら切なく、今でも鮮明に記憶に残っています。

その後約2年間は歩くこともままならず日々床に伏せっていることがほとんどでした。当時は治療法もなく、生命はとりとめましたが身体が自由に動かず、いわば半身不随に近い状態になりました。広島での地獄絵の話は時折父が訥々《とつとつ》と話してくれたものです。話すのもつらい様子でした。

身体が自由にならなくなった父でしたが、私たち家族8人を養うために頑張ってくれました。食べ物が不足し、僅かの米、サツマイモ、カボチャなど食べられるものは何でも食べました。その父も障がいを抱えながら61歳でこの世を去りました。

現在私はサツマイモとカボチャを一切食べません。どうしても戦争当時の惨めな食事を思い出してしまうからです。思い出したくないのです。戦争が終わっても昭和30年代半ばごろまで、私は飛行機のエンジン音を聞くと怯《おび》えていました。私は、直接戦闘行為を体験しているわけではありません。しかし、私は、これらの体験から戦争というものの恐ろしさ、非人間性を嫌というほど知らされました。子どものころの恐怖や惨めな体験は私の心に深く根を下ろし、今の生活信条や思想として私の身体の中に生々しく生き続けています。

私は中学教師を長年してきました。教え子たちに、また、私の娘・息子や5人の孫たちに私の体験した苦痛を味わわせるわけにはいきません。戦争体験を分かりやすく表現した詩や漫画などを折に触れて取り上げ、子どもたちに語ってきました。語る中で勉強もしました。そして、戦時体制が軍部や政府によって作られたもので、国民を黙らせる体制であったことも分かり、怒りを覚えました。それらは、私の魂にしっかり刻みつけられた記憶です。私たちの時代でこのような惨禍は絶対に終わらせなければならないと思い続けて今日まで生きてきました。

地球を何回も破壊するほどの核が世界中にある現代、戦争が起こってしまったら今まで体験した以上の惨禍が生じ、人類の生存は保障できないと思います。

今、いつの間にか、自由に物を言いにくい時代が再び訪れてきたと感じています。安保法制や憲法改正、緊急事態法などをもくろむ今の政権が向かっている先は何なのか、危機感と焦りを感じています。

戦時下では、すべての人間としての尊厳は抑圧されてしまいます。それは戦争体験から嫌というほど分かっていることです。あのような悲惨な体験をして、アジアの人々にも被害を与えて、一度反省して平和国家として出直したはずの日本で、再び戦争のできる国に向かうというのでは、過去苦しんで亡くなった同級生をはじめとする人々にも、将来の世代にも顔向けができないと心の底から思います。今こそ勇気と信念を持って声をあげなければ死んでも死にきれない気持ちです。

安全保障環境が変わったなどと不安を煽り、アメリカに協力して戦争のできる国にしなければ日本の安全は保障できないと人々に思わせ、麻痺させている人たちに心底腹が立ちます。世界で戦争のために悲惨な目にあっている難民や戦争被害を受けた子どもたちのことが報道されると、これまでは可愛そうだと思っても、日本がそれに荷担しているとまでは思いませんでした。でも、安保法制が施行されてからは別です。私たち国民が払った血税が積極的な武力行使に使われ、彼らに被害をもたらすと思うとやりきれません。

これらのことを考えれば考えるほど、憤りや悲しさ、焦り、そしてこの事態をとめられなかった自責の念が私を襲います。

日本国憲法に規定された条項は、憲法に定められた改正手続きを踏まない限り、変えられないもののはずです。憲法9条をどう読めば、日本が直接攻撃されてもいないのに、他国に協力して武力行使ができると言えるのでしょうか。私は法律専門家ではありませんが、素直な日本語は理解できるつもりです。元最高裁長官、元内閣法制局長、憲法学者など法律専門家も皆憲法違反であると言っていたのですから、安保法制は憲法違反であることは間違いないと思います。立派な憲法を持った国民にきちんとした憲法教育もせず、本来憲法を守らなければならない内閣が閣議でどんどん改変していく。日本はこれで本当に法治国家と言えるのか暗澹《あんたん》たる思いです。

国民に事実を知らせない秘密保護法ができ、2020年オリンピックにかこつけテロ等準備罪に名を借りた「共謀罪」も国会に提出されようとしています。

最近埼玉で、反原発団体がレンタカーで経費を参加者全員で割り勘にして福島に視察ツアーを実施したことが、道路運送法4条違反として3人の逮捕者がでています。公安当局の思惑だけで逮捕される事態、時の政権の政策に反対する活動を狙い撃ちにしていると思います。今の日本は、戦前の「治安維持法」に縛られた国家総動員法体制に逆戻りしていくのではないかと心から危惧します。私たちが経験した恐怖を再び繰り返さない社会を求めていかなくてはなりません。

立憲主義を政府や国会に守らせるのは最終的には裁判所の役目と習いました。裁判所までもがそれから逃げるようではこの国は終わりです。

国際情勢に対処していくと言いますが、武力に頼ることを当然のこととする大国の真似をすることではないはずです。日本は、日本国憲法を厳守していくことによって日本独自の対応が可能だし、そうすべきです。私たちは今何の被害も受けていないように見えますが、国民の多くが黙らされていることが重大な被害だと思います。私は毎晩苦しくて情けなくて、仕方がありません。私の孫、ひ孫の世代にどんな日本になっているのか、どんな世界になっているのか心配でたまりません。私が幼いころに経験した戦争の恐ろしさ、悲惨さをまた彼らに味わわせるのかと思うと、身体に鉛を入れられたような、重い気持ちになります。

裁判官のかたには、自分の判断が、世界の人々の戦争被害にも大きな影響を与えるという責任と使命があることを真面目に考え、勇気を出していただきたいと切に願います。

「戦争を起こす国になってはならない」どん底の生活で得た信念です

津守　信弘（宮崎市在住）

私は昭和11年（1936）生まれで81歳になりました。今の東京都江戸川区で生まれ、国民学校1年生のとき、空襲も激しくなる中、母の里（岩手県巻堀村〈現盛岡市〉）に疎開しました。父は軍人で宮崎県児湯郡川南町にあった一部隊長として終戦を迎えました。戦後、食料難の中、部下の人たちのすすめもあり、農業を営むことになりました。畑だけの農業でした。

私は9人兄弟の5番目で、一家11人の生活が始まったのです。家はほとんど父の手で作られた「掘立小屋」。ほとんど窓もなく、昼でも暗い「バラック建て」での生活が始まったのです。農繁期には一家総出で働き、学校は休まなければいけませんでした。雨が降ったときも傘もないので学校を休まなければいけませんでした。何より嫌だったのは家庭訪問で、みすぼらしい我が家に先生が来られることでした。中学生のとき、友だちは弁当を持ってくるのに、私は代用食のさつまいもを持たされ、恥ずかしくて食べられず、そのまま持ち帰りました。父からきびしく叱られました。それ以来、帰る途中、山道に差し掛かった人気のない所に座って食べたことでした。

あとで母に聞かされたことですが「あのどん底生活のころ、もし子どもたちが病気にでもなったら、一家心中も考えた」とのことでした。

そのような苦しい生活の中、私は兄・姉たちの犠牲の上に何とか大学まで行かせてもらい、昭和36年（1

961)、宮崎の小学校の教員になりました。6年生の社会科では憲法の学習もあり、「主権在民」「基本的人権の保障」「平和主義」の三つの柱を教えました。その授業の中で、私は、私自身が経験した戦時中から戦後の苦しい生活の体験を話し、「二度と戦争は繰り返してはならない」と子どもたちに「平和主義」を教えました。

当時、登校日に、1年生から6年生まで、学年に応じた「平和教育」を行ったものです。低学年の児童に対しては、「かわいそうなぞう」という絵本をつかって、人間だけではなく、動物園の動物たちも殺された話を語り、戦争の悲惨さを伝えてきました。高学年の児童に対しては、原爆の被害・実態などを自分で調べて、その悲惨さを伝え、二度と戦争を起こしてはいけないと教えてきました。私は、戦争の悲惨さを伝え、二度と戦争を起こしてはならないという授業を平成9年に退職するまでの36年間、行ってきたのです。

戦争を二度と起こしてはならない、日本が戦争を行う国になってはいけないという思いは、母が「もし子どもたちが病気にでもなったら、一家心中も考えた」というほどのどん底の生活を余儀なくされた私の体験を通じて、私の中で重要な信念となっています。それだけではなく、憲法も保障するその信念を、私は、36年間、責任をもって子どもたちに教えてきたのです。

しかし、今、安倍自公政権が強行した戦争法(安保法制)によって日本は二つの深刻な危険に直面しています。一つは戦後初めて自衛隊が外国人を殺し、自衛隊員から戦死者を出すという危険です。日本の平和と国民の命を危険にさらす戦争法は直ちに廃止させなければなりません。

二つ目の危険は、憲法の枠内で政治を行うという立憲主義を破壊しようとしていることです。憲法を無視し、国民の声を無視した安倍政治の暴走は独裁政治の始まりです。沖縄県民の反対の総意を無視して米軍新基地建設を力づくで押し付ける安倍政権のやり方は独裁政治そのものです。

それだけでなく、安倍首相は、新年早々、年内に改憲案を提出し、国民投票に持ち込む野望を語りました。憲法9条を変えて、日本を「戦争する国」にしようとしています。

世界中で紛争や戦争が起こっているにもかかわらず、日本は第二次世界大戦から72年間、一度も戦争していません。それは、戦後つくられた憲法9条で「戦力をもたない」「戦争しない」と決めたからです。自衛隊はこの9条1項、2項に守られて、戦場で人を殺すことも、殺されることもなく活動してきました。しかし、新たに9条に自衛隊の存在を書き込めば、9条1項、2項は死文化し、自衛隊への活動に縛りがなくなります。新安保法制は戦争法であり、自衛隊を海外で戦争できる自衛隊にしてしまいました。私たち戦争経験者は口々に「戦争の足音が聞こえる」と話しています。

年内に安倍政権を一日も早く退陣させ、日本の政治に立憲主義・民主主義を取り戻さなければならないと思っています。戦争法廃止を求める行動が全国各地で行われる中、私も宮崎山形屋前で毎週金曜日の午後5時からマイクを握って「戦争法廃止」の訴えを行っています。

安倍政権は2017年（平成29）6月の通常国会で「共謀罪」法を数の力で強行させました。「共謀罪」法は7月11日に施行されました。「心の中」を処罰対象にする憲法違反の法案に国民の批判と不信の声が高まりました。国民の多数が「共謀罪」法に納得しておらず、受け入れていません。「共謀罪」法は日本の刑法の大原則と相いれない法律です。

これまでの刑法体系では犯罪の具体的行為があって初めて処罰されることが基本でした。ところが二人以上で「計画」し、うち一人が「実行準備行為をしていた」と捜査機関が判断すれば、全員処罰できるという仕組みです。「計画」を犯罪として立証するには「内心」を捜査せざるを得ません。電話やメール、ＬＩＮ

Eなどの会話を傍受する盗聴の拡大にもつながります。「共謀罪」法は、憲法が保障する思想・良心の自由、表現の自由、通信の秘密を侵害する紛れもない違憲立法です。「テロ対策のため」とか「国際組織犯罪防止条約締結のため」という口実は成り立ちません。

安倍政権は特別秘密保護法（２０１３年〈平成25〉）、安保法制＝戦争法（２０１５年）と違憲立法を次々と強行し、「戦争する国づくり」を加速させてきました。さらに憲法９条改憲に執念を燃やし「国政を私物化」する安倍政権の暴走を許してはならないと思います。秘密保護法も戦争法も「共謀罪」法もすべて廃止しなければなりません。

戦争への道は絶対に阻止しなければならないとの思いから、私は安保法制違憲訴訟の原告として参加しました。日本が戦争を起こす国になってはいけない、これは憲法の理念であり、戦時中、戦後の苦しい体験を通じて私の中で確立された信念です。しかも、私は、その信念を何人もの子どもたちに繰り返し教えてきました。新安保法は、憲法だけでなく、そのような私の信念、私の教えてきたことを覆すものなのです。

裁判所が三権分立の原則を踏まえ、「主権在民」「基本的人権」など国民の諸権利の守り手として、公正な審判を下されることをご期待申し上げます。

「力のバランス」政策は百害あって一利もありません

福島　四郎（宮崎市在住）

私は、昭和11年（1936）9月、男ばかり7人（次兄は4歳の時病死）の4番目に生まれました。父は、長崎高商（今の長崎大学）卒のサラリーマン、母は東京女高師（今の御茶ノ水大）卒の今でいう教育ママ。終戦間際、熊本・植木に疎開し9歳のとき終戦を迎え、福岡市に帰り、中学、高校時代は鹿児島市内に住み、大学時代は福岡市で下宿暮らし。大学卒業後は転勤族で鹿児島、福岡、宮崎、松戸、柏など（いずれも市）を転々とし、定年後は経済研究所、ホームセンター監査役を経て80歳で引退しました。

安保法制の制定・施行により、現実にこのようなことが起こり、危険で問題があると感じています。私はこんな被害を受けています。

平和主義を唱える現憲法は、世界の人々に対しても、後に続く孫たちに対しても誇れるものであります。平和は誰もが希求するものですが、それは、①力の均衡の上に成り立つ。②話し合い（外交）の継続・積み重ねの上に達成できる。の2つの考えに集約されると思います。前者は軍拡競争となり、今年度予算での最先端技術を持つ米国からの武器輸入は約7千億円と10年前の11倍を超える額になり、財政を圧迫し社会保障、社会福祉への支出と二者択一を強いることになっています。

私は、目に見えるような具体的な形での戦争の影響は受けていませんが、例えば2011年（平成23）F35を42機導入することを決定し更に105機追加購入することになるようですが、当初ライセンス生産であった戦闘機導入がF35からは組み立てのみ許されるという具合に条件は厳しくなり、２０２２年からは日本での組み立てすらできなくなると聞きます。これでは国内技術の向上に資するところなく、整備などメンテナンスもすべて米国に依存することになるのです。丸ごと「バイ・アメリカン」というわけです。そもそも事の始まりは、憲法の精神に反して「力のバランス」の上の平和への道を選んだところにあるのでしょうが、財政上も経済的にも百害あって一利もないではありませんか。

私は裁判所に言いたいです。素人ですので的外れかもしれませんが、次の点を申し上げます。

現行の日本国憲法は、世界にも、後世の人たちにも誇れる日本国民の財産ではないでしょうか。それが、一内閣の法制局長官によって解釈が変えられそれに基づいて各種の法律が制定され、憲法が形骸化されています、これでよいのでしょうか。三権分立の観点から、司法はもっと立法や行政部門へのチェック機能を働かせてほしいと思います。

最近、地裁の判決が高裁で覆され最高裁で高裁が支持されるケースが少なくないようです。そしてそれが判例となって以後の判決を半ば永遠に決定づけます。法律の門番である、専門家である皆さんに量刑の差が起こるのは理解できるとしても、有罪が無罪になったり無罪が有罪になったりするのはわかりにくいし、諫早のギロチンの開閉についても真逆の判決が出るのは理解できません。俗称かもしれないのですが裁判所に「下級裁」「上級裁」という上下があるのは理解に苦しみます。

私の空襲体験。家族の戦後体験
――その一端から――

天水　貞照（故人）

私は１９３７年（昭和12）３月21日に宮崎市で生まれ育ちました。市内淀川町に住んでいた時、遊んでいて井戸の中に落ち助けられたり、木炭バスの落とした炭火でやけどをしたこともありました。

１９４３年４月、私は当時宮崎市立第三国民小学校（現在の大淀小学校）に入学しました。その三学期には天神山まで避難訓練をしています。子どもも「少国民」として戦争に協力させられていました。学校から動員されて、田んぼの虫取り、落穂ひろい、桑の枝から皮をはぎ乾燥させて提出し、「兵隊さんの服になる」と聞いていました。

１９４４年夏ごろには米軍の空襲が激しくなり、学校に通えなくなりました。住んでいる大塚町の八幡神社の森が「分校」になり青空天井での勉強でした。しかし、毎日空襲警報が鳴るたびに防空壕へ逃げ込み、勉強どころではありませんでした。小学３年で戦争は終わりましたが、本校に帰れたのは５年生になってからでした。その間は兵舎跡、農協倉庫、公民館などが教室でした。

米軍機に狙われたことが２回あります。１回目は、父と家の軒下に立っていた時、家の前の田んぼを見ていました。飛行機の音は聞こえませんでしたが、突然、機銃射撃でバシイッ、バッバッバッと音がして私たちが立っていた足元の柱石に当たり柱石が欠け、稲がパッパッと切れていきました。操縦士は正確に二人を狙って撃ったのでしょう。ほんの数十㌢外れただけで命拾いをしました。

さらに、弟と大塚町の田中商店に買い物に行く途中で、国道を歩いていたら戦場坂の方から戦闘機の音がして、急降下に変わり振り返るとまっすぐに来ていて大急ぎで橋の下へ飛び込み難を逃れました。パイロットの顔が見えていた気がします。

私の家の１００メートルくらい東にある家の裏山に米軍機が燃料タンクを落としたことがあり、すぐに日本兵が来て回収しました。燃料が空になって捨てたのですが、当時の日本では考えられなかったことでした。当時はすべての金属類は政府に強制的に供出させられていて、火の見やぐらの鐘もお寺の鐘も橋の手すりもなくなりました。通貨も紙だけになりました。

大淀川の堤防下に土でつくられた戦車が並んでいたり、樹木下に藁人形を立たせたりしていましたが、米軍は爆弾を落としませんでした。子ども騙しでは戦争にならなかったのです。

戦時中は物資不足で、すべてのものが配給キップがなければ買えませんでした。いつも食べ物がなく、お腹をすかし、栄養失調で生きていました。食べ盛りの子どもを多く抱えて父母は大変でした。戦後もカライモを盗んで生で食べたり、下宿していた大学生とみかん泥棒にいったり、爆薬で魚をとったりもしました。生きることに懸命だった時代です。母はイモや小麦粉、野菜などで代用食を作ってくれて食べさせてくれていました。ある時は、ランプの灯油が鍋に入り、それを食べなければ食べるものはありませんでした。口の中に痛みを感じながら食べました。

父は大工で、年齢もあって兵隊ではなく軍属として中国・海南島に行っていました。帰国すると赤江（宮崎市）や六野原（国富町）の飛行場つくりに行っていました。戦後も生き74歳で亡くなりました。

母と子どもで山を切り開き、畑にして作物をつくり、食糧確保に懸命で、学校を休んでの畑仕事も当たり前でした。母は苦労の多かった人生でしたが、戦後の平和な時代を１００歳まで生きました。

伯父から聞いたことですが、兵隊で南方（フィリピン）のジャングルを転々と逃げていて捕虜になって戦後数年して生きて帰ってきました。その話では、病気で動けない兵隊は病舎に爆薬を仕掛けて殺し、歩けるものは手りゅう弾を持たされ、「歩けなくなったら自爆せよ」と命令されていました。伯父は歩けなくなり、山を下りて現地の人に頼んで「自分が着ている衣類をやるから」と背負って米軍のいる所まで運んでもらい、捕虜になり生きて私たちの家へ帰ってきました。毎年夏になるとマラリアが発症して、ガタガタ震えが治まらなくて布団の上から押さえていました。元気になってからは炭鉱マンとして働きました。

「裁判官の戦争責任」述べながら八十歳《はちじふ》の人激しく震ふ
「知恵の塩、良心の塩を持て」と言へり元裁判官は裁判官に
裁きは神がくだすものなり法廷にわれは短歌さへ読み上げたるが
法廷にみどりごは泣き眠りたりすこやかに高くいびきを立てて

東京大空襲と集団疎開体験から得た、平和と基本的人権の大切さ

海保　寛（宮崎市在住）

私は東京市下谷区下根岸（現在の東京都台東区根岸）で昭和12年（1937）に生まれました。私が生まれた年に日中戦争が始まりました。昭和15年に国を挙げての紀元2600年の祭典があり、ラジオから「紀元2600年の歌」が繰り返し流れていたので、まだ意味もわからない私も大声で唱っていました。そして、昭和16年12月8日には日米開戦となりました。

私が小学校1年生のとき、既に日本は軍事色一色になっていて、先生は毎日のように私たち一人ひとりに「大きくなったら何になるか」を言わせました。当時の学校は男女が別の組になっていて、私たち男子組の生徒は一人ずつ起立して大声で「お国のために兵隊さんになります」と答えていました。みんな「軍国少年」でしたが、特に、長兄が海軍兵学校に入校した私は鼻高々でした。

ところが、そのころにはラジオから将校の名誉の戦死を報じる葬送行進曲がたびたび流れていました。戦争がどのようになっているのかなどはまったく知らず、ただ大人たちの間で神風特攻隊の勇ましい話や、最後には神風が吹き日本は戦争に勝つという話がされていたので、私も日本は勝つと思っていました。そして、自分も戦闘機に乗っているような気分で、「加藤隼戦闘隊」の歌を大声で唱っていました。

そのうちに、空襲が始まりました。私の家は路地にあり、空襲になると路地に駆け込んで、隣の家の床下に掘った防空壕に潜りました。敵機は不意に現れ、ラジオから「警戒警報発令！　警戒警報発令！　敵機は

鹿島灘上空にあり！」と流れたときには、既に上空に来ていました。近所で男の人は鈴木さんという年配のおじさんしかいませんでした。防空壕に入った隣のおばさんは、「もう来ているのに、警戒警報だってさ！」と、吐き捨てるように言っていました。空襲が頻繁になって、学校は休みになりました。

昭和20年（1945）3月9日夜、「寛！　起きなさい！」という、何時にない母の厳しい声で目を覚ましました。毎晩空襲になるので服を着てゲートルを巻いたまま寝ていた私は直ぐに飛び起き、枕元に置いてある防空頭巾を被りながら、夜なのに部屋の中が明るいのを不思議な気持ちで見ていました。外に出ると、空が今まで見たこともない真っ赤な色に染まっていました。近所の人はみんな空を見上げ、誰も黙っていました。そんな中、凄まじい轟音が近づいてきて、巨大な黒いB29が数機、編隊を組んでゆっくりと飛んで来るのが見えました。どこに逃げてよいのかわからず、みんなただ見ているだけでした。B29は私たちの頭上をとおり、上野の山の方に飛んで行き、山の方からは時どき高射砲の音がしていましたが、何事もないように爆撃機は飛んで行きました。

そのときになって、大人たちの間でまた爆撃機が来て焼夷弾を落とすから逃げなければという話になりましたが、何処《どこ》に逃げたらよいのか誰もわかりません。すると、鈴木のおじさんが皆に、様子を見てくるから帰って来るまでここにいるようにと言って路地を出て行きました。暫くして帰って来たおじさんは、何処へ行っても同じだ、ここにいた方がよいようだと言いました。それで、みんなそこにいることになりました。幸い、その後、B29は来ませんでしたが、私も大人たちと混じって外で不安な夜を明かしました。

昼ごろになって、大人たちが「言問橋の向こうは酷いそうだ」と話しているのを聞きました。この空襲は陸軍記念日を狙ったものだとも話していました。下根岸から言問橋まではそれほど遠くありません。わずかな距離でしたが、私たちは助かりました。

しかし、それからも毎日空襲に怯《おび》え続けました。子どもはこの町内から出てはいけないと言われて何処にも行けませんでしたが、浅草や入谷では死体を大八車で運んでいるとか、上野の森では昨日も首つりがあったという話を聞きました。

——これが私の経験した東京大空襲です。

国民学校初等科児童の集団疎開の閣議決定は東京大空襲の前年（昭和19年）6月30日にあったのですが、小学校低学年の児童は対象になっていなかったようです。小学校5年生であった私のすぐ上の兄はこの年の秋に福島県の猪苗代に集団疎開をしていましたが、私には集団疎開の話はありませんでした。

ところが、東京大空襲の後、急に小学校低学年も疎開することになり、縁故疎開先のない私は昭和20年3月下旬に慌ただしく福島県の坂下に集団疎開することになりました。私は上野駅で母に見送られて夜行列車に乗りました。一緒に集団疎開したのは10人ほどでした。集団疎開がどんなことなのか知らない私たちはみんなで遠足に行くような気分でふざけ合い、笑いながら出発しました。

夜でしたので、私たちはすぐに眠りました。列車がゴトンと大きく揺れて急に止まり、私は目を覚ましました。車内は暗く、列車は停まったままなかなか動きません。みんなも目を覚まし、だんだんと不安になり淋《さび》しい気持ちになってきました。そのとき、誰かが「おかあさん」とつぶやくと、それぞれが「おかあさん」「おかあさん」と言いだし、とうとうみんなが「おかあさん」と大声で泣き出してしまいました。引率の男の先生と保母さんが一生懸命なだめるのですが、泣き止みませんでした。そのうちに、列車がゆっくり動き出し、少し行くと別の線路の貨物列車が赤々と燃えているのが見えました。引率の先生が「宇都宮の車庫が狙われたのだ」と言いました。緊張した私たちは、いつの間にか泣くのを止めていました。

坂下駅に着いたとき、駅前には雪が積もっていました。疎開先は駅前の「昭和館」という旅館でした。そこのおじさんは親元を離れた私たちが可哀想だと精いっぱい世話をしてくれました。時どき淋しくなりましたが、そこでの毎日は何不自由ないものでした。私たちが淋しさのあまり、「線路伝いに歩いて行けばお母さんの所に帰れる」と考えて、出掛けて戻らなかったときも、探して連れ戻し、「お前たちが歩いて行った方は東京とは逆だったよ」と優しく諭してくれました。

そうした生活も一月経たないうちに終わりました。兵隊さんがこの旅館に泊まるので出て行かなければならなくなったのです。昭和館から大分離れたお寺に移りましたが、そのときには縁故疎開先が見つかったとして引き取られていった子が何人かいましたので、お寺に行ったときは6人になっていました。お寺での生活は、炊いたこうりゃん（高粱）少しと薄いみそ汁が朝夕の食事でした。昼はないときの方が多く、時どき小さなガリガリのジャガ芋が二つか三つ出る程度のものでしたので、常に空腹でした。時どきお墓にお参りに来た人が小さなお団子を供えることがありました。私たちはそれをこっそり取って分けて食べました。

疎開中、先生に連れられて坂下の小学校に一度行きましたが、先生から行かなくてよいと言われて、学校には行きませんでした。先生はほとんど私たちの所にはいませんでした。他の疎開先を廻っていたようです。保母さんも忙しく余所《よそ》を廻っていたので、私たちだけでお寺にいました。

よく転んで膝頭を怪我しましたが、傷口が膿んでなかなか治らず、日向で乾かそうとしていると蝿が飛んできて傷口に停まるのを、みんなで見ながら、「くすぐったいか？」などと言って時間を潰していました。夜はお寺の本堂で寝ましたが、空腹と淋しさを紛らわせるため、順番に自分の作り話をしていました。疎開先には本もなかったので、来る前に読んでいた漫画の「冒険ダン吉」をもとにして、話を作るのです。それが一番楽しいことでした。

昭和20年（1945）8月15日の朝、昨夜遅く着いたという先生から、今日のお昼に大事な話があるので集まるようにと言われて、本堂に集まりました。暫くして、先生が奥の住職さんの家の方からやって来て、「戦争に負けた」とぽつりと言いました。私たちは、はじめ何を言われたのかわかりませんでした。黙ったまま本堂から、底抜けに明るい青空を眺めていました。先生が本堂から出て行ってから、みんなで何て言ったのかと聞き合いました。

それから幾日か経ったとき、外で遊んでいた私たちの頭の上をグラマン戦闘機が1機低空で飛んできて、山の向こうに消えて行きました。空はとても澄んでいて疎開先で戦闘機を見るのは初めてでした。

その日の夕方、お寺に帰ってから、私たちの中で一番体の大きかった横山君が私たちと口をきかなくなりました。いつも一緒に仲良くしていた双子の兄弟の布施君も不思議がりました。

私は、迎えに来た兄に連れられて、横山君や布施君より1週間早く疎開先から東京に帰りました。帰ったとき、私の母は、出っ歯で目ばかりぎょろぎょろして痩せこけた姿の私を、誰だろうというような顔をして見ました。

帰ってから、疎開に行く前に住んでいた下根岸一帯が海軍記念日の5月27日に第二次の東京大空襲で焼け野原となり、横山君の家族が皆亡くなったことを知りました。

根岸から近い上野駅の地下道は家を失った人たちや親を失った子どもたちでごった返しになっていました。私は横山君がどうしているのか気になってしかたありませんでしたが、誰も教えてくれませんでした。私の心の中に棘《とげ》となって消えることはありません。

戦後の食料事情はどこでも悪かったと思います。私の地域もひどいものでしたが、疎開先での餓えと比べれば、親のもとで兄姉と一緒にする食事は粗末でも楽しく、空腹といってもまったく違いました。

人は誰でも生きていく基本となる精神を持っていると思います。空襲や集団疎開は私に恐怖と餓えと苦しみを与えました。それらの経験は私のその後の考え方や感じ方の根っこになりました。そして、成長とともに、私はいろいろな本を読み、人の話を聞き、その根っこは少しずつ大きく育っていきました。

中学校2年生の昭和25年（1950）に朝鮮戦争が始まりました。そのときの社会科の先生は陸軍少佐だったと噂のある人でした。その先生の社会科の時間は決まって朝鮮戦争の状況の話で、宿題は新聞に載る朝鮮半島の米英等の国連軍と北朝鮮・中国軍の攻防図を写してくることというものでした。きれいに色鉛筆で描いて来た生徒は、「君は将来マッカーサー元帥のようになる」などと大変褒められていましたが、私は馴染めず、時どき宿題をさぼっていました。

私がベンジャミン・フランクリンの「善い戦争や悪い平和などというものはひとつもあったためしがない」という言葉をいつ、何という本で読んだのか、誰かから聞いたのか、覚えていません。しかし、私はその言葉が切っ掛けで、なぜ戦争は起きるのかを考えるようになり、また、戦争と知識人について関心を持つようになりました。

ナチス・ドイツや大日本帝国の例を挙げるまでもなく、国が戦争を始めるとき真っ先に行うことは、国に迎合しない知識人に対する弾圧・排除です。為政者にとって、そうした知識人はいつか大衆の心を摑《つか》み、反対の狼煙《のろし》を上げ、自分たちの立場を脅かす虞《おそれ》のある危険人物なのです。そこには基本的人権はありません。平和と基本的人権は切り離すことができないものです。

知識人である裁判官も弾圧・排除の対象の例外ではないはずです。ところが、日本のほとんどの裁判官は弾圧・排除する側にいました。私が裁判官の戦争責任の問題を知ったのは昭和37年ごろだと思います。「法学セミナー」に連載された数人の裁判官の話を読み、考えさせられました。私は大学で法律を学びました。憲法は、法制局参事官として日本国憲法の制定過程に関与した佐藤功先生の講義を受けました。講義の中心は憲法の制定過程と第9条が中心でした。

私は憲法の前文がとても格調高く感じました。中でも、「政府の行為によって再び戦争の惨禍が起ることのないようにすることを決意し」という文言と「われらは、全世界の国民が、ひとしく恐怖と欠乏から免れ、平和のうちに生存する権利を有することを確認する」との言葉は、空襲・集団疎開を経験した私の胸にストンと落ちました。そのようにして、私の生きて行く上での精神の小さな根っこも少しずつ大きくなっていきました。

その後、私は裁判官になり主として民事事件を担当しました。昭和45年（1970）東京地裁民事第3部に配属されたとき沖縄復帰訴訟が係属していました。そこで沖縄の抱えている問題を学びました。行政事件や労働事件、会社更生事件を担当したときに、憲法の基本原理から考える先輩裁判官や基本的人権擁護のために尽力する弁護士と出会い、たくさんのものを学び、そうしたことを通して自分の生き方の根を増やし、推測する翼を広げていきました。

戦争のない平和な世の中と基本的人権を守るというのが私の生き方の基本であり、私の精神の柱です。

いわゆる安保法制法が違憲であることは疑いのないことです。このような違憲の法律を、本来憲法を尊重し擁護する義務がある安倍政権の閣僚と安倍政権に同調する国会議員とが国会での十分な審議を殊更除《の》けて、単に数の多数で国会で可決成立させたことは、国民主権の原理を貫くため絶対に必要なものとして国民投票制度を採り入れた憲法改正手続を無視する極悪の独裁政権であり、私には狂気の沙汰としか言いようがありません。このような法律の制定過程と内容は、子どものころに経験した戦争の恐怖と欠乏から芽生え育ててきた私の生き方と精神の根幹を根こそぎにして打ち砕くもので、私には耐えがたいものです。

また、安保法制法はいろいろな条件を付けているとはいえ、専守防衛の範囲を超えて、武器を使用する戦いを認めています。現代の国家間・民族間の関係は複雑であり、また、兵器や武器は多様化し、かつ、高性能化しているので、安保法制法の下では私たち国民が何時《いっ》何処で攻撃され、被害に遭うかわかりません。また、我が国が何時他国の人々に恐怖と欠乏を与えるかもわかりません。それは単なる主観的、抽象的な危惧や不安感ではありません。

太平洋戦争が始まったときに日本の本土があのような凄惨な空襲を受けることをどれだけの人が予測したでしょうか。予測していた者がいるとすれば、それは極《ご》く一部の軍部と政府機関の者でしかなかったでしょう。その他は誰一人として想像した者はいませんでした。そのときに凄まじい空襲の危険を唱える人がいたら、それは特殊な人間の被害妄想、単なる主観的・抽象的危惧に過ぎないと一蹴されたでしょう。しかし、現実に凄まじい本土空襲は起こったのです。

そのような歴史の事実を踏まえるならば、安保法制法の下で私たちが攻撃にさらされ被害に遭う危険は、単なる主観的・抽象的危惧や不安感でないことが容易に理解できるはずです。

私は、私の身近な人ばかりでなく、たとえ安保法制に賛成の人でも、戦争による恐怖と欠乏を経験させたくありません。そのためには、この安保法制法を廃止しなければなりません。

「軍国少年」として体験したあの時代に戻してはなりません

甲斐　誠二（日向市在住）

私は、現在82歳です。宮崎県日向市で生まれ育ち、現在も日向市に住んでおります。日本は、1894年（明治27）の日清戦争からアジア太平洋戦争の終戦まで約50年間、外国に出て行っての戦争を繰り返してきましたが、私は、その真っただ中である1937年（昭和12）の「日中戦争」が勃発した年に生まれました。

私は、1945年の終戦のときは国民学校2年生でした。当時の多くの少年がそうだったように、私もまた軍国少年へと洗脳されていました。今はその軍国少年時代に経験したことを反省し、戦争は絶対させてはいけないとの思いを強くしており、今日の政治状況を危惧しています。

私は、その3年前に幼稚園に入りました。この時期、南方では日本軍が全滅、玉砕しているときなのに「勝った」「勝った」の「うそ」の大本営発表で、知る由もなく通っていました。それが国民学校1年生になったら、毎日のように「空襲警報」の連続です。高等科2年生（現在の中学2年生）を先頭に、時には「軍歌」を歌いながら登校するのですが、途中で「空襲警報」のサイレンがけたたましく響きわたるのです。すぐに高等科生が「5年生以下は帰れ」と指示をし、6年生以上はそのまま登校しました。登校しても授業中に「空襲警報」のサイレンが鳴り響くことがたびたびありました。すぐに地区ごとに中庭に集合して、5年生を先頭に山伝いに帰りました。繰り返される空襲警報と避難で授業は全然進まず、教科書も全部は終わらない状況でした。

このような避難行動にもかかわらず、1年生の私たちは皆泣いたりした記憶はありません。当時の差別語で「支那」「米英鬼畜」をやっつけろの「軍国少年」に洗脳させられていたからでしょう。

私が2年生になった終戦の年には、「空襲警報」はますます頻繁になりました。集団で家に帰ることも危険になり、地区の父母が学校近くに「横穴式の防空壕」を作りそこに避難するようになりました。

それでも危険になったので、地区ごとの「分散学校」となり、神社や公民館を利用し、4年生までの生徒に先生一人の教室になりました。

7月17日には「岩脇駅」に停車している貨物列車に「米軍機グラマン」が襲いかかり襲撃しました。そのとき、低空で旋回する「グラマン」が教室の真横で、飛行兵の顔が一瞬はっきりと見えました。もしも、神社教室が森の陰でなかったら撃たれていただろうと大人が言っていました。

また、隣の富高町には、「富高海軍航空隊」の飛行場があった関係から、特に集中的に爆弾が落とされ、機銃により死者も出ました。

このように、終戦直前の時期は、この日向市でも、だれがいつ死んでもおかしくない状況だったのです。


この時期は沖縄の糸満からの家族疎開者や浦添学童集団疎開生150人の生徒が来ました。沖縄でも空襲に遭い、やっと避難してきた日向でまた空襲に遭うのですから、本当に大変だったろうと思います。

私の父がこの時期、草履をたくさん作っていたので「おっとさん、なんでいっぱい作るとね」と尋ねると、「いつか山の奥に逃げるぞ」という答えが返ってきたことがあります。父は、4月に米軍が沖縄に上陸したことを知っていたのでしょう。私自身、後から知ったことですが、実際に11月1日には米軍による宮崎海岸上陸が計画されていたとのことです。

そのころの家々では、20歳前後の若者はほとんど兵隊に行っていました。時々、戦死者の骨が入っていない「白箱」が妻や子どものもとに帰ってくる、とても悲しく哀れな葬式を子どもながらに何回も見てきました。

それに、役場の人が徴兵の「赤紙」を持って来たときの家族の悲しみの姿や、親戚の人たちの慌ただしかった行動を覚えています。本人や親は、内心いやでもすぐに入隊の準備です。

私の従兄弟も三人徴兵されました。ある日私は村人とその召集された従兄弟を駅まで送りました。「勝ってくるぞと勇ましく」と歌いながら。戦死覚悟の汽車の上の人となった従兄弟はカラ元気の姿で手を振って戦地に行きました。叔母さんは、気丈な様子で息子たちを見送っていましたが、家に帰った叔母さんが小さな納戸の部屋で「死ぬなよ」「死ぬなよ」と泣いていた姿を見ました。その当時、決して人前では見せられない姿でした。そんなことを言うと非国民と言われますから。

それから叔母さんは、毎日のように、息子たちの無事を祈るために神社通いを続けていましたが、結局、従兄弟のうちの二男は、フィリピンで食うや食わずの中で野たれて戦死したようです。

戦死の有様は、終戦直後に聞きました。食い物もない中、蛇やカエルを食べて栄養失調で目はうつろでようやく家にたどり着いて帰って来た従兄弟からです。

山の中を退却するとき、負傷した日本兵の哀れな姿、助けようにも自分に体力がないからそのまま見捨ててきたと。従兄弟は言いました。「戦争は絶対したらいかん」「野たれ死にの兵士は声をしぼるように『おっかさん』と言って息を引き取っていったよ」「負傷した兵士もそのままにして置いて帰った」と。

先の戦争では、家族と別れて戦地に行った陸・海軍兵が、中国戦線、南方戦線、沖縄戦線、シベリア抑留兵など、あらゆる場所で戦死を遂げました。また、沖縄戦や、広島・長崎の原爆、満州帰りの人々、そして全国の都市が焼失した度重なる空襲で、多数の民間人も犠牲になりました。

戦争の犠牲者はもちろんのこと、戦後から今日まで亡くなられた戦争体験者の願いによって制定されたのが「日本平和憲法」であり、その人々の遺言なのです。

今日の有事法は、先の戦争への大反省の上に立つ「日本国憲法の精神」から見てねじ曲げられていると感じます。

私には孫もひ孫もいますが、この子たちの将来が、私たちが経験した戦争時代になることを大変心配しています。あのような悲惨な時代を、子々孫々に味わわせるようなことは、二度とあってはなりません。

最後に日本の戦争の歴史は、日清戦争から約50年間も続けて、最後には多数の戦死者を出して惨敗し、間違った政治に国民も、司法もなすすべもなく、強権政治に引き回された戦争歴史を直視し、これからの時代は、平和に国民のための政治を、誤らせないように執行させるためには、司法、裁判官の重要な任務であると思います。裁判官の英断に期待して陳述とさせていただきます。

戦後教育で憲法に出会い「命の大切さ」をつないできた者として

湯浅　純子（宮崎市在住）

私は、昭和12年（1937）11月22日に、北九州の門司で生まれました。父は、国鉄（現JR）の職員で、転勤族だったものですから、幼いころは、鳥栖、長崎、鹿児島を転々としました。昭和18年から19年にかけて、私がちょうど尋常小学校に上がる年まで、長崎に住んでいました。

当時通った小学校は、途中で転校したのですが、銭座《ぜんざ》尋常小学校と、山里尋常小学校でした。自宅の敷地内に防空壕があり、警報が鳴るたびに家族で避難していたこともよく覚えています。もっとも、当時私はまだ小学校1年生でしたので、戦争のことをよく分かっておらず、防空壕に入るとなると少し冒険のような気分になっていた気がします。また、周囲からは、田舎へ引っ越しなさい、つまり疎開しなさいと言われていたことも覚えています。おそらくできるだけ家族は一緒に過ごすという両親の判断で、疎開はしなかったのだろうと思います。

長崎に住んだのは、結局1年足らずでしたが、その間友人もでき、長崎を離れるときには名残惜しかったものです。しかし、その翌年、長崎に原爆が投下されました。私が当時一緒に遊んだ友人やお世話になった知人の方々がどうなってしまったのか、その後知る術《すべ》もありませんでした。一歩違えば、原爆投下時自分も長崎にいたかもしれません。大人になり、振り返ると、本当に悲しく恐ろしいことであると感じます。

終戦は、鹿児島県の出水市で迎えました。父が国鉄でしたので、徴兵もなく、収入も途切れず、他のご家庭と比べればきっと生活は恵まれていたのだと思います。しかし、それでもこのころはいつも芋を食べていた記憶です。小学校４年生の昭和22年ごろだと思いますが、たしか出水の飛行場の近くまで家族で行き、畑を作って芋を収穫し、それを食べていました。

５人きょうだいでしたが、姉の一人が昭和22年、私が小学校４年生のときに、結核で亡くなりました。当時の医療水準もしかりですが、生活水準、栄養状態からすれば、子どもが結核で亡くなることはめずらしくありませんでした。小学校５年生のときに父の実家がある枕崎市に家族で戻りました。しかし、父はもともと病弱で、単身赴任で家を空けることも多かったので、残った母が父の実家の土地を引き継いで慣れない農業などをしていました。

その後、私は中高生時代を枕崎市で過ごし、看護学校に進学後、宮崎県立病院に看護婦として就職しました。結婚を機に、病院勤務から学校の養護助教諭へと転向し、子どもは３人の娘に恵まれました。

40代になり、子育てもひと段落したので、復職しました。看護学校で16年間教鞭をとっていました。准看護科の担任をしていた際、隔年で沖縄に行っていた修学旅行に先立って自分のクラスの生徒たちに、沖縄の基地問題やひめゆり学徒隊のことを話し、戦争のことについても考えるよう、教え続けてきました。

沖縄の米軍基地の問題、米軍による多くの事故、住民への横暴な言動等があっても、地位協定が壁になっていることに、ずっと問題意識を持ってきました。今の日本の政府は、米国の傘の中で安住しているのが日本の平和に役立ち安保法制もそのためだと思っているようですが、それは大きな間違いだと思います。昨今、米国の動きには、これまで以上に目に余るものがあり、特に最近のイランとの問題を見ていても、米国はいつ戦争を始めるかわからず、まったく信用ならないように感じています。

そのような動きをする米国に対してはもちろんのこと、それに追随している今の日本の政権に対しても、怒り狂うほどの思いがあります。

私は、終戦直後の時代に小中学校で教育を受けた世代です。中学校2年生のとき、授業で、日本国憲法の全文を覚えさせられたことがありました。先生が、この憲法がいかに素晴らしいものか、すごい平和憲法なのだと力説されていたことを今でも鮮明に覚えています。本来、世界に誇れるこの憲法を備えた「戦争をしない日本」を前面に押し出して、世界平和に向けてのリーダーシップをとるべきであるにもかかわらず、今の日本は、この憲法を改正したうえで、「戦争をする日本」へと進んでいるように思えてならず、私たちが受けた教育は一体なんだったのだろうと暗たんたる気持ちになります。

私自身も、看護学校の教鞭をとるなかで、次の世代に対し、命の大切さ、そして自分が教わった平和の理念を自分なりに精いっぱい伝えてきたつもりです。しかし、このままではそれがすべて無意味になってしまいます。この精神的苦痛は、国民の一人である私自身が受けている被害であると思います。

また、大量の戦闘機購入のために莫大な税金が投入されています。日々、税金を払っている私は、直接的な被害者です。しかも、国の財政は借金だらけで、経済が上向く兆しも見えず、将来に向けて多くの借金を抱えている現状をみる限り、大きな経済的不安を感じます。

私は、若いころから、討論会などに自主的に参加してきました。物事を解決するのは、武力ではなく、議論であり、言論であり、知性であるべきと強く思います。裁判所は、政治的な判断を避けることなく、真摯《しんし》に向き合い、法に照らしてこの安保法制を裁いていただきたいと思います。

「被爆者を三度つくらない」。7歳で長崎原爆を体験した者の思いです

田中　芙己子（日南市在住）

私は、長崎に原子爆弾が投下された1945年（昭和20）8月9日当時、満7歳の小学1年生でした。私の家族は、父母と長女の私と妹の4人家族でした。母が長崎駅前で旅館業を営んでおり、そこで生活していました。

1945年になると長崎にもたびたび空襲があり、私たち家族は防空壕に入ったり、山に逃げたりするようになりました。父は県の消防本部に勤務していましたが、8月に入ってから、空中を飛ぶ敵の偵察機等を見て、何か悪いことが起こるような不安に駆られ、母と私たち姉妹を4キロほど離れた道ノ尾の旅館に疎開させました。

8月9日当日は、朝から天気が良く、蒸し暑い日で、飛行機の音もせず、いつもより静かでした。私たち姉妹は久しぶりに外で大いに遊んでいました。午前11時前、母から戻るように言われ、旅館に戻って10分ぐらい経ったころ、原子爆弾が投下されました。

長崎市内中心部から4キロ離れていた旅館の中でも、階段は崩れ落ち、泊り客のうめき声や、「助けて」という叫び声が聞こえていました。でもどうすることもできません。母や妹と一緒に何とか旅館を抜け出し、命からがら外に出ました。周り一面何もなく焼け野原になっていて、一体何が起きたのか分かりませんでした。ちょうど近くに湖があり、母は「いざとなったら家族で湖に入って死のう。覚悟しておこう」と言いま

した。
翌日父を探しに4キロの道を父の勤務先まで歩いて行きました。その途中の光景は今でも忘れることができません。道の両側には山のようになった多数の人の黒焦げの死骸があり、7歳にしてこの世の地獄を見ました。特に忘れられないのは、一人のお母さんが子どもの一人を背中に背負い、一人は胸に抱きかかえ、そのままの姿で亡くなっていた光景です。

とにかく道々怖くて怖くて仕方がありませんでした。尋ね尋ねてやっと父に会うことができ、家族4人全員生き残って手を取り合えたことは奇跡としか言いようがありませんでした。

でも、住む家も焼かれ、食べることもできず、私たち家族は一家で長崎を出ることにしました。列車に乗り、線路が寸断した所は歩き、鉄橋の上を歩いたり、列車に乗り継いだりして、やっとの思いで父の出身地である宮崎県日南市油津に着きました。

その後の父母の苦労は並大抵のものではありませんでした。戦後すぐは食糧難で、持っているものは何でも食べ物に交換していました。母は醤油を作り、それを売って生活を支えました。父は当時の日本パルプ(現在の王子製紙)日南工場で働きましたが、家には風呂がなかったので、私たち家族は会社の風呂で入浴していました。一時会社の業績不振があって、父はノート作りの班を作り、盛り返すのに力を尽くしました。その後も努力して建てた家を火事で焼かれたりといろいろ苦労をしています。

私たち家族は全員被爆者認定をうけています。特に父は若いころから頭髪がなく、自分で「原爆はげ」などと言うことがありました。それでも私たち家族は長い年月、被爆のことはあまり話題にせず、もちろん周囲にも何も言わないでおりました。周りでは被爆を理由に差別を受けたり結婚ができないなどのことがあり、両親は私たち姉妹のためにも気を使っていたのかもしれません。毎年8月になると広島・長崎の被爆のことが話題になりますが、どこかで触れたくない想いがありました。

私が周囲に被爆者であることを明らかにするようになったのは今から20年ほど前のことです。当時宮崎県原爆被害者の会の日南市の役員をしてほしいと言われました。初めて、被爆者であることの重みを突きつけられたのです。逃げてはいけないと思いました。被爆者としての経験を語り継ぎ、核廃絶のための運動をしていく責任を感じ、私は役員を引き受けました。３年前から宮崎県原爆被害者の会の会長を務めています。

私の願いは、「世界平和」「三度被爆者をつくらない」です。

どんな事情があっても核と人類は共存できません。「二度と戦争を繰り返してはいけない、させてはいけない。私たちと同じ苦しみを子どもや孫、後世にさせてはならない。生きたくても生きられなかった人たちのために、恒久平和の実現に向けた活動を続けていく」。そう深く固く決意して、今日までできる限りの取り組みをしてきました。それが世界で唯一被爆を経験し生き残った私たちの使命だと確信しています。

２０１７年（平成29）７月７日国連で核兵器禁止条約が採択されました。条約の前文には私たち「ヒバクシャ」の苦しみを憂慮すると謳われ、私たちの仲間も国連会義に参加しスピーチをしています。条約では「核兵器の威嚇としての使用」も禁止しています。そして、この条約採択に力を発揮したＮＰＯのＩＣＡＮにノーベル平和賞が授与されたことも記憶に新しいことです。ここに至るまで、被爆者団体の血のにじむような努力がありました。大きな前進と受け止めています。２０１７年の10月には宮崎でも被爆者の方44名が亡くなり慰霊祭がありました。被爆者も高齢化しておりますが、私たちは諦めず被爆体験を次の世代に向けて語り継ぐ決意です。

核保有国も日本も核兵器禁止条約交渉に参加せず、条約に反対の立場をとっています。アメリカの核の傘の下にある日本の立場上やむを得ないということがまことしやかに語られます。新安保法制によって日本は「核による威嚇」を積極的に行う仲間になってしまいました。今、私は深い絶望感に襲われています。

新安保法制成立以後、北朝鮮のミサイル発射や核実験は数多くなり、アメリカと北朝鮮は互いに非難しあっています。そして、新安保法制成立施行後、日本ははっきりとアメリカと一緒に北朝鮮を軍事的に威嚇しています。このようなことを繰り返せば、日本は再び戦争の道に否応なく引きずり込まれてしまうのではないかと不安でたまりません。広島・長崎以後、戦争や軍隊で平和を実現することはできないということは、世界の常識になったはずです。私は改めて各国、特に核保有国の人たちに広島・長崎を訪問して原爆被害の実態をよく見てほしいと思います。

戦争の苦しみを二度と味わいたくない、世界中の誰にも味わわせたくないという私たち被爆者の思いは、新安保法制の成立施行によって、日々裏切られ踏みつけにされています。

裁判所は人権の砦《とりで》といわれます。核戦争は最大の人権侵害です。これが三度起こりかねない今の状況は、私たち被爆者にとっては人権侵害そのものです。唯一の被爆国の裁判所にふさわしい判決を心から願っております。

第1次提訴前の裁判所までの行進
（2017年3月29日）

#「生かされて」きた者の一人として、たやすくは屈しません

馬場園　孝次（宮崎市在住）

私は昭和13年（1938）年、大分県佐伯市に生まれました。親の転勤で、太平洋戦争中の昭和20年8月ごろは小倉市（現・北九州市）在住でした。戦後、父の故郷である鹿児島県に移りました。敗戦時は7歳でした。高校を卒業してから、約25年間、国鉄（現JR）に勤め、車掌として働いてきました。

戦中、小倉の空港の近くに住んでいて、兵舎や弾薬庫があったのを覚えています。兵隊さんのお使いでパンを買いに行ったり、弾薬庫の爆発を見たり、B29が撃墜された瞬間も見ました。昭和5年生まれの姉は小倉工廠《こうしょう》に動員されていました。敗戦の8月15日だったのでしょう、近所の大人たちが円陣を作り泣いていた姿は大人になった今でも鮮明によみがえってきます。

8月9日、長崎に原爆が投下され、筆舌に尽くせない多くの犠牲者が出ました。その原爆投下について、社会人になってから、小倉が米軍の当初の投下目標であったことを耳にしました。計画どおりの投下であったら今の自分は存在しなかったかもしれないと思うと、率直に言ってショックでした。当日、たまたま小倉周辺の天候が悪く、第二の候補地であった長崎に投下されたのだと、多くの資料を見て知りました。

この事実を知ってから「焼場にたつ少年」の写真を座右においています。少年がおんぶしている弟は既に命がなく、火葬の順番を待っている写真です。この写真を見るたび、もし小倉だったらと自分と重ねてしまいます。被爆していたかもしれない、あるいは、果たして命はあっただろうかと。被爆したり命を奪われた

人々のことを、戦争だから、運命だからと片付けることはとうていできません。

戦後、軍服を脱いだばかりの先生が日々口を酸っぱくして「民主主義」の大切さを訴えていたことは忘れることができません。大人になり、改めて憲法の歴史等に関心があり、関連するメディアに注目することが多くなりました。私の心に残ったのが、旧ソ連に抑留され帰国船の中で新憲法発布を知り、「もう戦争しなくていいのか」と、周りの人たちと互いにうれし涙を流したと話した品川さん（故元経済同友会幹事）の言葉です。まさに、戦後の日本人の実感ではなかったでしょうか。

最近、日本国憲法改正を主張する人たちも「押しつけ憲法」と言わなくなりつつあります。日本国憲法の基礎にある考え方や草案は国民の中に既にあったことが一般にも知られるようになってきたからだと思います。私の親類縁者があきる野市（東京都）におりますが、明治時代の「五日市憲法」、あるいは戦前鈴木安蔵を中心とする「憲法研究会」等、源流となるものがしっかりあったことははっきりしております。

こうした歴史的事実、経過をみるにつけ、戦争を体験したものにとっては〝生かされてきた〟と思わざるを得ません。同時にどう生きていくかが、おのずと問われます。

私たち戦争を体験し「生かされてきた」者たちは、再び戦争への道につながる過ちを政府に繰り返させない責任があると思います。そして、そのために努力しなければなりません。私も微力ながら、これまで様々な場面で戦争につながる匂いや雰囲気を感じたときに、反対し食い止める活動に参加してきました。

戦争の道に行くとき、その何年も前からたくさんの準備がなされます。私は国鉄労働者として労働組合活動を長年していましたが、それを理由に国によって差別され職を失いました。よくよく考えてみると、労働者の団結権行使に制限が加えられ、何となく社会が息苦しくなり、政治的なことなどに意見が言いにくい世の中になってきた動きと、着々と戦争のできる国になるための法整備の動きは併行して進んできたと思います。新安保法制はその集大成であり、さらには憲法9条2項を空文化させる改憲さえ憲法を守る義務のある総理大臣の口から言われています。

再び戦争ができるようにする準備が法的にも着々と進んでいる今こそ声を上げるべきと思い、私はこの訴訟に参加しました。残る人生、どこから見ても憲法違反の新安保法制をなくすために力を注ぎたいと思っています。

ずっと以前から裁判所は人権の砦《とりで》でした。国鉄労働者の裁判でも国労組合員に対する国の差別的取り扱いは断罪されています。

政府も国会も多数決の横暴で憲法と人権をないがしろにするなら、頼みは司法しかないと思います。私は裁判所が、ごく当たり前にその使命に従って憲法に違反する新安保法制を断罪してくれることを確信し、強く願っております。

最後に、歌人の永田和宏氏の歌を引用させていただきます（「今」でなければ間に合いません）。

「権力にきっと容易く屈するだろう。弱き我ゆえ　今　発言す」

「教え子を再び戦場に送らない」をいま一度、今こそ

菊池　嘉継（宮崎市在住）

私は1938年（昭和13）2月、昔の富高町（現日向市）で生まれました。私は生まれてから日本が敗戦になる小学校2年生になるころまで、富高町の祖父母の屋敷に住んでいました。家のすぐ南には家の門下を通る細島に向かう小道、田んぼと塩見川を挟んで富高飛行場があり、上下に2枚の翼が左右に付いた「赤とんぼ」と呼ばれていた練習機が頻繁に飛んでいました。

七十数年も前のことですから時系列は明確ではありませんが、ある時期は家族と別れて奥地の神門《みかど》小に疎開させられていたこと、屋敷の築山に機関銃が据えられていて若い兵隊さんが家に出入りしていたこと、畑の一角に地面を掘り、土を被せた屋根が地面より盛り上がった防空壕が作られていて、少しの振動でも土がぱらぱらと落ちる、そしていつも黴《かび》臭く薄暗いその穴の中に、空襲警報が鳴るたびに入らされていたこと、家の中も夜は電灯に覆いをかけ明かりが外に漏れないようにしなければならなかったこと、などが記憶にあります。

ある日、多分警戒警報が鳴ったのだと思いますが、防空壕に入るのが嫌で、入り口にいて空を見ていると、北の方角からアメリカの戦闘機が地面すれすれと思えるように低く私の方に飛んで来ると、後ろの飛行場に向かって行きました。すると富高飛行場からも日本の戦闘機が飛び立ち空中戦になりました。私は怖いもの見たさに、防空壕から少し離れた、近くの枇杷《びわ》の木の下で空中戦を見ていました。日本の戦闘機の翼が燃え

ながらひらひらと壊れ落ち、胴体だけで田んぼや海の方に突っ込んで行くのを何機も見ました。後には練習機「赤とんぼ」までも飛び立ち、直ぐにやられて燃えながら落ちていきました。

このことがあった後だと思いますが、上空にはしょっちゅうアメリカのグラマン戦闘機やB29がやって来て、警戒警報よりも早く爆弾を落としたり、機銃掃射をしたりしました。恐怖の毎日でした。ある夜は北の方角の空が広く高く真っ赤になりました。延岡大空襲で、このとき延岡市は市街の大半が焼失し多くの死傷者が出たと伝え聞きました。大人たちは、次は飛行場のある富高がやられるのではと囁《ささや》きあっていました。不安でなりませんでした。

後で分かったことですが、富高飛行場は15～17歳の若い海軍兵士の訓練・育成所であり、後に神風特攻隊の発進基地だったということです。この飛行場で育てられた若者は、将来をすべて絶たれ、ただ戦闘に行くためにのみ育てられたのでした。そして戦闘で命を散らせ、家族を悲嘆の底に陥れたのです。

当時の大学生も学徒動員で戦場に送られ、女学校の生徒も軍需工場で働かされました。若者ばかりではなく、いわゆる銃後の非戦闘員の国民にも残酷な生活が強いられていました。父親や兄弟を戦争に駆り出され、残った家族は家を焼かれ、爆弾や焼夷弾で傷つき・命を奪われたのです。子どもたちは親元を離れる疎開生活を強いられ、家族も離れ離れに暮らすことを余儀なくされましたし、戦災孤児も多数生み出されました。

私の母も、連れ合いを戦争に駆り出され、3人の幼子を抱えながら、病気療養を満足に受けられず2歳の弟を残して、私が10歳のとき、29歳で亡くなりました。その弟も5歳でこの世を去らざるを得ませんでした。戦争が平穏な市民生活を破壊してしまったためです。

このたびの安保法制体制は、戦争によって、以上のような悲惨な生活を再び国民に強いる可能性があります。長崎・広島の悲惨さ以上の残忍な状況を体験させせられる可能性すらあります。ですから、何としても安保法制は廃止すべきだと強く思います。

私は、新安保法制を絶対に許すことができません。なぜなら、この法制の、日本が直接攻撃されなくても、戦闘に加わることができる「集団的自衛権行使」を認めるという基本理念が日本国憲法に違反していると考えるからです。

私は子どものころ、学校で、国の文部省が作成した教科書「あたらしい憲法のはなし」（以下「はなし」と言います）をとおして、新憲法の「国際平和主義」を教わりました。「はなし」には、「（あたらしい）憲法では、前文の中に、これからは、この国際平和主義でやってゆくということを、力強いことばで書いてあります。またこの考えが、あとでのべる戦争の放棄、すなわち、これからは、いっさい、いくさはしないということをきめることになってゆくのであります」と述べています。

さらに、「戦争の放棄」の章では、「よその国と争いごとがおこったとき、決して戦争によって、相手をまかして、じぶんのいいぶんをとおそうとしないということをきめたのです。…略…いくさをしかけることは、けっきょく、じぶんの国をほろぼすようなはめになるからです」として「みなさん、あのおそろしい戦争が、二度とおこらないように、また戦争を二度とおこさないようにいたしましょう」と結んでいます。

このように、国が子どもたち国民に教え伝えた憲法の理念と正反対のことを安保法制は実現しようとしているのです。しかも日本国憲法は世界中の人々からも素晴らしい国際平和主義理念として尊敬されているのです。これが、安保法制の成立によって踏みにじられ、戦争に巻き込まれるのではないかと、不安な日々を過ごしています。特に日本が同盟国としている米国の動きを見るにつけ、その不安・恐怖は一層つのります。

私は現在、年金で生活を立てています。在職中は中学校の教員と教職員組合専従の仕事をしていました。

私の在職中の信条は「教え子を再び戦場に送らない」ことでした。「はなし」を通して教わった憲法の理念や学生時代に学んだ日本の犯した過ちの歴史をもとに考察したとき、当然の帰着として、戦前・戦中の先輩たちが教え子たちに「お国のために死ね」と教えた過ちは絶対に繰り返してはならないと思ったからです。

当時の先輩たちは、子どもたちに「戦場に行くことが誉れ」と教えなければ「非国民」として糾弾される国家体制に組み込まれていました。当時の政府によって、国家総動員法等いわゆる戦時体制が確立されていたのです。今、「国際平和支援」とか「平和安全法制整備」「重要影響事態安全確保」など「平和・安全」という美名称を冠した法律によって集団的自衛権の行使容認、米艦防護、武器使用基準緩和、上官反抗処罰規定、後方支援と称して地球上どこへでも出かけての軍事活動が可能になる等、自衛隊員を戦場に送り込み「戦争に巻き込まれることが有り得る」安保法制が制定されました。まさに戦前への回帰と言わざるを得ません。とうてい容認できません。これを許せば、私の三十数年にわたる「教え子を再び戦場に送らない」という教職員としての信条が根底から覆されます。

私たちはこれからの国を背負って立つ若者を一人たりとも、国の政策によって戦場に送り出し、生命を失わせることがあってはなりません。戦後70年以上にわたり実現してきた、戦争による犠牲者のない年月をさらに続けていくことこそが国の責務であります。そのために、戦争を可能にする安保法制の廃止をなんとしても実現しなければなりません。

安保法制を「合憲」と解釈できると言いくるめることは到底できません。憲法前文で明確に「日本国民は、恒久の平和を念願し、人間相互の関係を支配する崇高な理念を深く自覚するのであって、平和を愛する諸国民の公正と信義に信頼して、われらの安全と生存を保持しようと決意した」と宣言し、憲法9条で「国権の発動たる戦争と、武力による威嚇又は武力の行使は、国際紛争を解決する手段としては、永久にこれを放棄する」としている文言を素直に受け止めれば、誰もが、地球上どこにでも出かけて、外国の軍隊と協力して武力行使することを容認しているとはとうてい読み取れません。集団的自衛権行使を可能にする安保法制は、憲法の平和主義の理念にまったく違反していると考えます。

また、憲法研究者の９割（テレ朝・朝日新聞等アンケート、「違憲の疑いがある」を含めます）、最高裁元長官、同元判事、内閣法制局長官経験者、日弁連と52弁護士会」すべてが違憲としていますし、衆院憲法調査会における参考人３人（与党推薦者も含め）が違憲であるとの意見を述べています。

もともと、歴代内閣が60年以上も「集団的自衛権行使」を「違憲」としてきたものを、安倍内閣が閣議決定で「合憲」解釈に変更したことそのことが憲法の精神に反しています。さらにはこのような憲法に抵触する安保法案を国民が十分納得できる国会審議をしないままに、議事録に記載もされない強行採決で押し切った暴挙は、憲法の立憲民主主義理念を踏みにじるもので許されるものではありません。国民を犠牲にし、戦争に巻き込む恐れのある安保法制は直ちに廃止するしかないのです。

私は、安保法制が国会で議論されているときから、戦争中の悪夢がよみがえる恐怖に苛《さいな》まれ、戦後営々と築いてきた平和という私の魂の一部分が壊されるような感覚に襲われています。このままでは死んでも死にきれません。富高飛行場から飛び立った若い命の犠牲、今度は孫子の代で形を変えた犠牲を強いるのです。すでに私たちの生活は進む軍備増強や訓練などで犠牲になっているとも言えます。

今や、頼るべきは理性と良心の府である裁判所しかありません。公正な当たり前の判決を望みます。

日本の加害責任を問いつづけます。人間性を信じて

福田　鐵文（日向市在住）

私は１９３８年（昭和13）８月14日生まれです。日本の敗戦の年の１９４５年４月に国民学校１年生に入学しました。入学はしたものの、毎日のように空襲警報が発令されるので、学校の裏山の神社に「登校」しました。空襲警報発令中に下校したこともあります。防空頭巾をかぶっての登下校でした。１度だけの記憶ですが、近くの駅が空襲を受け、私たちが入っている防空壕の上を敵機が何回も低空で飛んできては機銃掃射をくり返しました。私は恐ろしくて震えながら泣きました。

父は日向市に建設中だった三菱石油会社に勤めていましたが、南方からの原油の輸入が見込めなくなったため建設は中止となり、失職しました。日本の敗戦と父の失職との混乱の中で、私は学校の１、２年生のころは登校した記憶がほとんどありません。母は配給の食糧で団子を作り、人の集まるところに売りに行きました。私はその母にくっついてまわっていたことを覚えています。こんなことでは生活が立ちゆかなかったのでしょう、私が３年生になったころ、一家は開拓団に入り、畑を開墾して芋作りを始めました。私はこのころから学校に行けるようになりました。

父は医師の息子、母は呉服屋の娘でしたから、農業はまったくの素人で、しかも開墾をして畑を拓くことから始めなければなりませんでしたから、大変な苦労だったと思います。

私は２歳年下の弟とともによく学校を休まされ農作業を手伝いました。敗戦の年に生まれた妹の子守など

もさせられたものです。食べ物は芋や芋の蔓《つる》で、いつもひもじい思いをしていました。

私が中学生になったころに父が学校の教員（講師）に採用されました。このころになってわが家族はようやく飢えないですむ暮らしができるようになったと思います。

私は開拓農民の貧しい家庭の子ながら大学に行かせてもらい、アルバイトをしながら卒業しました。卒業後、宮崎県立高校の社会科教員となり、「現代社会」や「政治経済」などの教科を担当しました。これらの教科では学習内容として必ず憲法を扱うことになります。その学習の中で、日本国憲法の成立過程や基本精神、3原則などを学びます。その際、憲法はアジア太平洋戦争の反省の上に立って作られていることを生徒に語りました。私の生育過程が戦争の影響で惨めなものだったことから、私自身が戦争の問題を考える契機になっていたと思います。

生徒たちとの憲法学習の中で、戦争に関することを取り上げましたが、はじめは東京大空襲や広島・長崎の原爆など戦争の被害側面を教材にしていました。しかしすぐに生徒たちの地元ではどんな戦争があったのかにも目を向けなければならないと考えるようになりました。その結果、1983年に生徒たちとともに小冊子『わたしたちの町と太平洋戦争』を作りました。

ちょうどこのころ、戦争における日本の加害責任にも目を向けなければならないと考えるようになりました。そのような目で宮崎県内を見ると、中国人強制連行強制労働槇峰鉱山事件があることに気づきました。地元奉賛会の人びとによる中国人殉難者慰霊祭に、生徒とともにこの慰霊祭に参加したのは1990年（平成2）のことでした。その後1998年10月には仲間をつのって「槇峰鉱山事件を知る会」を作り、本格的に事件の勉強をはじめました。勉強をはじめると、生存している被害者本人たちにぜひとも会って話を聞かなければならないと考えるようになり、被害者たちの出身地、中国・山東省をくり返し訪問しました。

三菱鉱業槇峰鉱業所の要求に基づいて当時の政府（厚生省）は中国人２５０人を鉱山に配当しました。これらの中国人は、そのほとんどが山東省の人たちで、１９４４年（昭和19）の秋ごろ、日本軍の「三光作戦」「ウサギ狩り作戦」によって捕まったり、農作業中や野菜市場の帰り道など、日常生活の中で日本軍や傀儡《かいらい》政権の兵士に突然暴力的に拉致された人たちでした。中には良い仕事があるとだまされた人もいました。彼らははじめ捕まえられた土地付近の建物に押し込められますが、やがて済南の収容所に送られ、その後、青島にあった華北労工協会の収容所に集められました。

槇峰鉱山に配当された２５０人は、１９４５年1月16日、その他大勢の中国人とともに青島港で貨物船三島丸に乗せられました。乗船のとき抵抗したのか２５０人のうち６人が殺され、船の上でも一人が死んで水葬にされ、1月30日に門司港に着きました。門司港でも一人死に、槇峰への列車の中でも一人死にました。鉱山に到着したのは２４１人でした。

その結果、捕まえられた人たちは44年の秋から45年の1月末の間、貨物列車で運ばれ、倉庫のような建物に押し込められていました。用便の設備はなく部屋の片隅で用を足しました。横になるにもコンクリートの上で寝具はまったくないかゴザのみでした。三島丸では、船倉の積み荷のインゴットの上に寝ました。食べ物は饅頭《まんじゅう》のようなものが極めて少量で、水でさえも満足に飲めなかったといいます。三島丸の船倉では、人びとは上から吊り下げて食べ物が与えられたといい、食べられない人も出ました。あまりの空腹のためでしょう、他人の大便を食べた人もいたといいます。このような連行の仕方でしたから、途中で死者が出たのは当然だったといえるでしょう。

門司港を出発したこの人たちは、延岡駅を経て日之影線槇峰駅で下車しました。無蓋貨車から滑り落ちるようにして降りた２４１人は、身にはぼろ布をまとい、痩せこけた顔や手足は真っ黒で、破れた地下足袋をはいている人、裸足の人、老人、少年たちでした。戸の隙間からこの集団を見た人たちは「捕虜の行列は老人や少年、それも病人のような人たちが多いのに驚いた。足を引きずる人、仲間の肩にすがりつくようにして歩く人、それを憲兵が木刀で小突く。かわいそうで見られなかった」と語っています。

この２４１人の集団は、駅から北へ約２キロ入り込んだ槇峰鉱山に２月１日、着きました。彼らは高い板塀で囲まれた興亜寮に収容され、翌日から働かされました。栄養失調で疲労困憊《こんぱい》の彼らは、坑内に追い込まれ、金槌で叩かれながら働きました。そのため、到着した２月の１カ月間に20人が死に、３月には23人が死亡しました。その後も死者は続出しました。８月15日には日本の敗戦で戦争が終わり、強制労働も終わりました。２月１日に鉱山に到着した中国人は12月３日に鉱山を離れ帰国の途につきましたが、鉱山にいた10カ月の間に65人が死亡し、帰る途中にも死亡者が３人出て、２５０人中77人が死に（死亡率30・８パーセント）、帰国できたのは１７３人でした。

戦争中、日本の青壮年男子はことごとく兵士として戦場に送られたため、国内の労働力は枯渇しました。その労働力を補うため、朝鮮人だけでなく中国人も閣議決定に基づき、国内に連行したのです。いわゆる中国人強制連行強制労働事件です。

強制連行強制労働の中国人は約４万人で、鉱山や炭坑、土木事業、港湾荷役など、35企業の１３５事業所に配置されて酷使されました。その結果約７千人を死亡させ、その死亡率は17・５パーセントでした。この事業所の一つが三菱鉱業槇峰鉱業所（槇峰鉱山）でした。

労働力として連行したはずの人間が、労働現場に到着したら惨めな姿で、激しい労働にはほとんど耐えられない状態でした。戦争中とはいえ、どうしてこのようなことが起こったのでしょうか。いや、「どうして」と疑問を呈するのが間違っているようです。

召集令状によって出征する戦時の日本兵士は死んで帰るのだと思っていました。戦争が敗色濃い状況になっていたからでしょうか。日本の場合、そうとばかりはいえません。

天皇中心の政治を始めた明治政府は、殖産興業と富国強兵の2大方針を立てました。国を富ませ強大な軍事大国を目指したのです。その国を支える国民の心には教育勅語によって枠をはめようとしました。

教育勅語は「我ガ臣民克ク忠ニ克ク孝ニ」（我が臣民は天皇の御ためによく忠義を尽くし、又よく両親に事《つか》えて孝行をし）と説いて、「一旦緩急アレハ義勇公ニ奉シ以テ天壌無窮ノ皇運ヲ扶翼スヘシ」（萬一戦争でも起こった場合には皆勇み立って君國のため一身を捧げて大に尽すように心掛けねばならぬ）と要求しました。カッコ内の解説は『教育勅語圖解讀本』（昭和17年11月20日、大日本國舞會本部発行）によるものです。美しいカラーの挿絵が付けられています。「一旦緩急アレハ義勇公ニ奉シ」のページの挿絵は、爆弾の炸裂する中、銃剣を手にした多数の兵士が前進しています。空には日本軍の飛行機が飛んでいます。学校では小さな子どものときから教育勅語を学ばせ、いざというときには天皇のために一身をなげうつ覚悟を子どもたちに育てたのです。

戦時下の子どもたちの歌に『勝ちぬく僕等少国民』（少国民とは年少の国民、児童のこと）があります。この歌の1番の歌詞は「勝ちぬく僕等少国民天皇陛下の御為に死ねと教えた父母の赤い血潮を受け継いで心に決死の白襷《たすき》かけて勇んで突撃だ」です。このころ、『欲しがりません勝つまでは』という歌もありました。この歌に関して、山中恒は「物質的なことはいうに及ばず、『弱音』や『甘え心』どころか『生きる』ことまで、欲しがってはならないことにされてしまったのである」と書いています。（『ボクラ少国民と戦争応援歌』山中恒著朝日文庫）

このように見てくると、子どもといわず大人といわず国民はすべて天皇制政府のための働き蜂にしかすぎませんでした。そのような国民には人権など認められていませんでしたし、国民自身にも人権意識は希薄でした。このような国の軍隊が他国に攻め入ったとき、相手国の人民をどのように扱ったであろうかは自ずと見えてくるように思えます。

日本軍が中国戦線で三光作戦など、残虐行為を働いたのは戦争という特殊な状況下にあったからだとばかりはいえないと思うのです。日本は、中国戦線に１００万もの軍隊を送り込みながら糧食の手当をしなかったので、日本軍は進む先ざきの村むらで略奪を行いましたから、中国の人びとの生活を破壊しました。それだけでなく、日本軍の占領に抵抗する村は、人びとが再び住むことができないように焼き払い破壊し尽くしました。これらのことは、日本軍にとって当然のこととして平然と行われました。日本の鉱山や炭坑や土木工事現場に連行された中国人４万人の多くはこのような状況下で捕えられた人びとでした。

自らの個人としての価値を認めない人間は他人の価値も認められないという典型的な証かもしれません。

日本は、アジア太平洋戦争の過ちを深く反省し、憲法で戦争と武力による威嚇武力の行使を放棄すると決め、また、戦力を保持しない、交戦権も認めないとも決めました。ところが今日、新安保法制によって自衛隊という名の軍隊を海外に派兵し、集団的自衛権の名の下に対外的に交戦も可能にしようとしています。憲法違反のこのようなことが許されてはなりません。憲法を変えるのではなく現憲法を着実に実行することが必要だと考えます。

道徳教育の復活によりかつての教育勅語的な教育の導入が図られています。学習指導要領の改訂により国家の意図する教育が徐々に進められていることを危惧しています。

国家間の紛争は後を絶ちません。しかしその紛争を武力で解決しようとしてはなりません。トランプ米大統領は小型核の開発、使いやすい核の開発を指示しました。核の時代に戦争など始めてはなりません。他国の武力攻撃に対して武力によって防ごうと考えるのでなく、紛争を話し合いによって、外交努力によって解決する、それしか道はないのだと思います。これは、私や一部少数者の意見ではありません。国連の動きを見れば、大多数の国々の人々が願っていることであると確信します。

私は中国に何度も行きましたが、加害者である日本から来たわれわれを中国の人々はとても温かく迎えてくれました。それから交流を続けており、日中友好と平和を願う人々の人間性を信じる気持ちが深まりました。日本国憲法が日本国民に求めている積極的平和主義の本来の意味はここにあります。そして、互いの国の政府が再び戦争を起こさないよう監視し努力する責務がわれわれ国民にあるのだと思い、努力のひとつとして本訴訟の原告になりました。

日本を再び戦争のできる国にしてはならないと痛切に願っております。新安保法制はまさに戦争を起こそうとする企み、それを利用しようとする企みに否応なく私たち日本人が加担させられていくことに他なりません。私の人生経験と人格が全否定されてしまいます。私にとって耐えがたいことです。

空襲下と敗戦後に見た光景が今でも忘れられません

勝目　順子（宮崎市在住）

私は１９３８年（昭和13）１月11日生まれの今年82歳になったばかりです。出身は鹿児島です。82年間の私の人生を振り返れば、その中で、私の頭の中から消えることのない戦争にまつわる記憶が二つあります。

戦争が激しい中の１９４５年４月、私は国民学校1年生となり、家の近くの荒田国民小学校に入学しました。まだ1年だったこともあり、そんなに勉強の時間もなかったようです。ところが、学校に着くと同時に空襲のサイレンが鳴り、防空ずきんを被り、いち早く教室を飛び出し、校庭の隅にある防空壕へと逃げ込みました。でも、先に来た上級生で満員でした。とっさに家に帰ろうと思いつき、校庭を横切り走り出しましたが、そこには、偉い人の写真を入れてある、見るからに頑丈な建物がありました。「奉安殿」です。そこを「通り過ぎてはいけない」と教えられていましたので、「奉安殿」の前で防空ずきんの紐を解き、一礼して校門を出たものの、防空壕は見当たらず、「防空壕はどこ…」と「どこにあると…防空壕は」と泣きながら逃げ回りました。

横から兵隊さんなのか、そのあたりの近所のおじさんなのか突如私を抱きかかえ、細い溝へ落とし、そのおじさんもドブ川に飛び込みました。風が小石を吹き散らすように、道の真ん中を音を立てて光ったものが先へ先へと流れてゆきました。おそらく、焼夷弾が落ちたのでしょう。何が起こったのかもわからず、ただただ恐くてたまりませんでした。

おじさんは急に起き上がり「我が家が燃えちょる」と、私を飛び越えて電車通りのほうへ走ってゆきました。残された私は、ただふるえながら「防空壕。防空壕」と泣きながら歩き回りました。75年経った今でも、そのときの夢を見ます。それからというものは、毎朝、両親を手こずらせて、学校に行かなくなりました。今でよく言うところのトラウマでしょうか。母は「天皇様に申し訳ない」と言い、「なんで言うことを聞かぬ子じゃろか」とまで言いだしました。

6月に入り、鹿児島市内もだんだん空襲で焼け野原になってゆきました。そんなころ、隣近所で疎開や家財道具を全部田舎に送ったとかの話を聞いた父が、「さあ、川辺に戻ろう」と言いだしました。川辺とは、あの特攻基地のある知覧の、山を一つ越えた手のひらをつぼめたような、小さな町です。町全体が山と川に囲まれて、空襲があっても隠れるには難儀しないだろうということでした。住み慣れた町を離れるのは幼心にも心細く、寂しかったことをよく覚えています。

もう一つは戦争の終わったあくる年の1946年、私は8歳になっていました。小さな駅で見た光景です。薄暗い一角に、ざわめきと身をかがめて小走りに走る人の群れを多くの人たちが取り囲んでいました。近寄って見ると、厳《いか》めしい顔をした体格の大きな男が棍棒を振り上げ「そいは闇米じゃ」と幾度も声を荒げて怒鳴っていました。

もっと近寄って見ると、男の足元に両手で必死に食らいつく若い母親が、悲痛な叫び声で「嫁に来るときに持ってきた着物です。着物と交換したお米です。お金で買ってきたお米ではありません。闇米ではありません」と何度も言っていました。でも男は若い母親を「黙らんか」「こや闇米じゃっど」と怒鳴りつけ、木口の手提げから、米の入った小さな袋を若い男に渡しました。若い男は袋のひもを解きながら「よか米じゃ〜」と言葉の尾を引いて、米を茶色の紙袋に投げ込みました。

若い母親は「ひと握りの米でもいいのです。二人の子どもが待っています。ひと握りでも…」と手を合わせて懇願していました。その姿が目に焼き付いて、82歳になった今でも忘れられない光景です。あの米はどこに行ったのでしょう。誰の口に入り、食道を通り胃袋におさまったのでしょうか。棍棒を振り回し、「闇米じゃ闇米じゃ」と言って奪い取った人は誰だったのか、今でも探してほしい気持ちです。

この話を友人にしたところ、友人は「権力を持った人の胃袋に次から次へと入って膨れていったのよ」と言いました。私が「それは職権濫用でしょう」と言うと友人は「そうよ。そんなことがまかり通ることが今でもあるから、私たち主権者がしっかり見据えなければならないのよ。わかった」と教えてくれました。

この二つが私の忘れられない戦争体験と記憶です。私がこれまで自由で恵まれた人生を生きてこられたのは、やはり戦争のない日本で暮らしてきたからだと思います。

同時に、友人が言うように私たち主権者が政府に戦争を再び起こさせないように見定める責任があるとも痛感しています。私は現在「平和委員会」の手伝いをしております。物心つくころから、1945年（昭和20）8月15日の終戦そして戦後1947年ごろまでの体験・記憶を戦争体験として伝えながら、毎月15日1時半から、百貨店前で「戦争反対」の署名とビラを配っております。元気な限りこの運動を続けてゆきます。

80年以上を生きて、日本がまた戦争をする国になろうとしていることに耐えられない気持ちです。戦争のあの記憶が呼び覚まされ、焦りさえ感じます。このままでは安心して死ぬことはできません。私の知人には世界の平和のために言葉では表せない努力をした人が数多くいます。生命を落とした人もいます。その人たちの努力を無にすることは人として許されないと思っています。権力を持つ裁判所にはその権力を正しく使ってほしいと強く願わずにはいられません。

戦死した父の戦時郵便を手に意見してくれた母の思い

串間　弘康（宮崎市在住）

私は、平和で安心して暮らせる社会を願い生きてきました。ところが、安倍内閣は「憲法」を無視し、勝手に解釈し「安保関連法」を強行に成立させ戦争のできる国にしました。このことは私の体験や信条とはまったく逆で日々心配で苦しい思いをしています。どうしても許すことはできないことです。

私は、1938年（昭和13）、宮崎市生まれの82歳。父が戦死しましたので母に育てられました。学校を出て中学校の教師として40年近く働きました。平和憲法を生徒とともに学び、主権者として成長していくように取り組んだことが思い出されます。

私の戦争の記憶は、「ウーーン、ウーーン」となるサイレン、警戒警報です。次の2度目のサイレンは空襲警報です。この音を聞くと、何をしていてもすぐに防空壕へ駆け込みました。

1945年5月の宮崎市の空襲の折、防空壕にはいっていると機銃や爆弾の爆風で、壕の扉が飛ぶなどし、怖くてじっとしていたこと、「南無阿弥陀仏」と念仏を唱える声も聞こえたことを記憶しています。アメリカの爆撃機Ｂ29が何機も上空にやってきて爆弾や焼夷弾を落とし、そして機銃照射です。宮崎市でも120人を超す人が空襲でなくなりました。戦争は「前線も後方も」ありません。「兵士も民間人も」ありません。

戦争の記憶のもう一つは、8月15日、敗戦の日です。空襲が激しくなってきましたので、多くの人が被害を少なくするため町を離れました。疎開です。うちも家族4人、母に連れられて田野町（現宮崎市）に疎開しました。おかげで命は助かったのですが、家は焼夷弾で焼かれてしまいました。私は、田野町で敗戦をむかえたのです。母が、「大事な放送がある、ラジオを聞きなさい」と呼ぶので、疎開先の家で天皇の声を聞きました。何のことかよくわかりませんでしたが、誰かが「戦争が終わった」と言いました。私たち子どもは「よかった。これからどこでも遊べる」と何か解放されたような気持ちになったことをおぼえています。

本当に、それからは自由でした。物はなかったのですが、大人も子どもも何か明るかったようです。教科書もなく、先生の教科書を写したり、先生の指示するところに墨をぬったりしました。食べるものもなく、芋のつるなど、なんでも食べました。貧乏でしたが、みんな貧乏でしたので助け合い楽しかったです。味噌や醤油などないときはビンを持って隣に借りに行きました。

やがて中学校、そして高校、日本は見事に復興し、高度成長期を迎えますが、うちは、そうはいきません。父が硫黄島で戦死しましたので母が私たちを育てています。中学、高校と、母にたいへん苦労をかけたし、心配もかけました。

雨が降ると傘がなく学校に行けない。靴もぼろぼろで食べるのがやっとの貧乏でしたが、何とか学校には行きたい。そしてましな暮らしがしたいと思いました。しかし、「これから先、親に世話はかけられない」と思い、授業料はいらず、しかも手当が月6000円ももらえる防衛大を受けることにしました。

そのことを母に相談すると、そのときは、何も言いませんでしたが、数日して、古くなった袋を持ってきました。袋の中から、「これを読んでみなさい」と数十通の手紙とハガキを差し出されました。茶色くなったぼろぼろの私宛のハガキです。カタカナで書かれています。軍事郵便もあります。宛名書きの表には「検閲済」の印が押されています。母宛の手紙には、墨で黒く塗られている部分もありました。差し出し地や部隊がどこかわからないように黒く塗ったのでしょうか。母は、「戦争なので、国は国民には大事なことはすべて秘密にし、何もかも統制されて今とは正反対の世の中でした」と話しました。

私へのハガキには「…オトウサンモ、マイニチヘイタイサンノベンキョウヲシテイマス。…ランドセルヲカツイデイクヒロヤスサンガミタイデス」とか、別のハガキには「弟と仲良くしなさい。お母さんの言うことを聞きなさい」など、家族を思う気持ちが書かれていました。

そして母は、疎開先で「腹を空《す》かした私たちに食べさせるために、いくら頭を下げたことか」。それに「家も焼け、涙も出なかった」と話しました。「あなたの希望しているところは防衛大、兵隊の学校でしょう。戦争を仕事にするのでしょう。戦争はつらい悲しいことばかりで人間の殺し合いです。よくこれからのことを考えない」と言いました。母の想いや父がどんな気持ちで戦争に行ったかなど聞かされました。

それから1年アルバイトをして宮崎大学に進学しましたが、ここで少し私は成長したのではないでしょうか。政治の世界では、自民党が結党され、岸首相は憲法9条の廃止を公言し、安保改定が話題に上がってきました。友だちと夜遅くまで、ときには朝まで議論することもありました。父のハガキを改めて読み、母とも戦争のことを話しました。平和のありがたさがわかり、安保反対闘争やベトナム戦争反対などに参加しました。

そして教職につき、働くことや平和について学んだり、教えたりしてきました。あの第二次大戦から七十数年が経過しました。「過去の経験を忘れないで、その後の戒めとする」と言われていますが、今改めてふりかえってみるときだと思います。

私は戦争の記憶は前述の程度ですが、新憲法の下で平等で命を大切にする社会を創ろうと進んでいた戦後には、命が奪われるという心配もなく、戦前と比べ明るさがあったと思います。

「日本が中国へと戦争を起こした１９３０年代の空気と、自民党政権が多数の勢力で押し切ろうとしている今の空気と似ている」と先輩が言いました。

「秘密保護法」や「安保法制」そして「共謀罪」などなど強行採決が続き、「国防軍」や「駆けつけ警護」などの言葉を聞くと、母などに聞かされたあの暗い時代がやってくるのかと心配でなりません。

元気に学び、遊ぶ子どもたちを見ると心が沈みます。私は「教え子を再び戦場に送らない」と誓い教職につき、生きてきました。私たちの平和に生きる権利を奪う「安保法制」は憲法に反します。憲法に反する決まりは無効とし、平和で安心して暮らせる社会にしましょう。

宮崎でもつとも広き法廷に空席ぽつり　イエスが座る

対面に座れる国側代理人三名とつひに目は合はざりき

われはまだ地の世にあれば苦しみて斯くも地の世の善にこだはる

「侵略者の息子」の自責を胸に平和教育を継続してきた者として

大石　智一（日南市南郷町在住）

新安保法制は、戦後歴代の内閣が違憲だと判断してきた集団的自衛権を、どんな会議でどんな経緯をへて合憲と判断したのかの経緯の記録も無く、突然安倍内閣によって容認され提案されたものであり、「国民の生命財産を守る」と言いながら自衛隊員は国民でないかのように新たな危険な行動をとらされようとしています。「後方支援」という名のもとで、自衛隊員は「戦闘」に参加させられるのです。

昭和20年（1945）小学1年生で、戦前の教育の最後と戦後の教育の初めを体験し、墨塗り教科書も体験した元教員である私は、「教え子を再び戦場におくるな」のスローガンを是として生きてきたつもりです。

小泉内閣のとき、「人道支援」の名のもとに自衛隊を初めて海外派兵させました。私の教え子も入っていました。私はたまらず「人道支援に銃はいらない」「憲法違反の海外派兵反対」のプラカードを作り一人、メーデー会場の外の道路で集まる労働者に訴えました。そのころ県南ではメーデーは会場内で、それぞれの単産の要求プラカードもないメーデーでした。私のその行動は集まってくる若者たちから変な目で見られましたが、年老いた一般通行人の「ご苦労さまです」の言葉で救われたのを覚えています。幸いにも教え子は無事に帰還できましたが、参加した自衛隊員の中には精神的な病になり自殺者も多くいたと知りました。新安保法制による南スーダンの自衛隊「日報」事件と任務途中の急な引き上げにも憲法違反の無理が露呈し始めたものだと考えています。

子どもを戦争で失うことの悲しみは祖母の体験を見てきました。叔父はビルマの戦闘で亡くなりましたが、祖母はある夜すっと起き上がり、「今息子が帰ってきた。真っ白い服で敬礼をして、『只今帰りました』と言った」と仏壇に線香を焚きお参りしました。数日後、白木の箱が届きましたが遺骨は無く、小石が一つ入っていたと聞きました。戦争はそんな悲しい父母をたくさん作ったのです。今でもつらくて知覧（鹿児島県）に行くことのできない特攻隊員の親がいるのです。

平和憲法を持つ日本は戦後72年戦争はしていません。今からも決して戦争で人を殺さず、殺されない国で、非核三原則を守り、唯一の被爆国として核兵器禁止運動の先頭に立ち、武器輸出などせず、世界に尊敬される国になりたいものです。「新安保法制」の強行採決はこれらの平和憲法の精神にも反し、決して許されるものではありません。違憲として即時廃棄されるべきだと思います。

私は昭和37年3月福岡学芸大学を卒業し、5月串間市内の小学校に赴任しました。福岡市立学校で実習した私には、同じ市立のその小学校の様子は驚きでした。校庭にはモンキーバナナが自生し、プールは自然の川を仕切ったものでした。

そこで私は、学校の民主的運営、職員会のあり方、学級経営のあり方等を学べました。学校経営案作りは職員会で時間をかけ審議し、出来上がったころには内容を皆覚えているほどでした。職員会の司会も皆順番でやっていました。校長・教頭の他は全員組合員で宴会も多く、その中での教育論だけでなく社会論や人生観やの口論が、ずいぶん私を成長させたと思っています。児童会担当として出会った児童会長の男の子が、私が二度目の同校勤務のとき、私のクラスで実習を受け念願の教師となって、今では退教協の仲間です。ここではすばらしい教育実践の先輩方とのお付き合いで実践を学び、民主主義の学校実践を学ばせてもらい、実践家の妹を嫁に貰い、釣りや飲み方の師匠を仲人にお願いし、末永くお付き合いさせてもらいました。「教師にとって楽しい学校こそ、子どもにとっても楽しい学校である」と今でも信じています。今、若い教師が精神的に疲れ、不登校・入院の現状を憂います。

２校目は県北の僻地でした。そのころ組合はストを配置しての賃金要求闘争をし、ＰＴＡとの対立構図にひきこまれていました。ＰＴＡの幹部が教育行政に利用されていたのでしょう。通山小事件が起こったころでした。ストの日、父母が学校に押し寄せてくるとのことで私たち教職員組合員は、１時間の傾斜参加の川原での集会を持ち学校に帰ると「日共組の先生はソ連に帰れ」「赤い教師はソ連に帰れ」等の垂れ幕があり父母たちが集まっていました。「俺たちは日共組か」と驚いて教室に帰ったことを思い出します。

その後、私は自分の給料袋を父母に見せてその運動の必要性を訴え、「先生たちも霞を食って生きているわけではないので、経済闘争は応援します。しかし政治闘争は止めてほしい」と言ってくれました。「政治で私たちの給料は決まるので、切り離せない」と説明しました。地協の役員をしていたので、最後の１年しか教職員住宅に住めませんでした。

３校目は県南の南郷町の小学校でした。そのころから「平和教育」を始めています。手元に１９７６年（昭和51）の「平和をもとめて」という、その学校での戦争に関する本や祖父母の体験談への児童の感想文と３年生以上の「戦争に関する児童の意識調査」をまとめ綴っています。もうそのころから児童の戦争についての知識・意識がなくなりはじめていて、祖父母や親戚の戦争被害について知らない子が半数くらい、原爆について聞いたり読んだりしているのに唯一の被爆国であることはほとんど知っていないこと等が分かりました。以後１９９９年（平成11）退職するまで各学校での「戦争についての児童の意識調査」はやり続け、長崎「九ブロ」での平和教育部会で発表しました。

退職後は小泉内閣の「違憲イラク派兵反対」の独りメーデーデモを、先輩の地域の空襲爆撃を自作紙芝居にした「梅が浜」とともに、長崎九ブロの「平和活動部門」で発表しました。私の学級で実習を受け教師になった教え子の「教室から学校へ地域へ」の平和教育の手伝いで、昨年熊本での九ブロ「平和教育部門」で発表しました。

県南退教協から高齢者退職者の会の事務局長にあげていた人が病気で倒れ、私は自分から手を挙げて後任になり「県南9条の会」立ち上げに準備委員会の協力を得て作り上げることができました。「憲法学習会」では立憲主義の大切さを、「19日アピール」では戦いの粘り強い継続性を学びました。国民投票が現実味を増した今、会員を一般人や若者にどう広げていくかが大きな課題です。

今年も先輩が作った地域の空爆の紙芝居「梅が浜」を、梅が浜公民館で空爆を受けた7月16日に地域の人23名を集めて行うことができました。子どもや若者が参加していなかったことが残念でしたが、地域の人から知らなかった情報ももらえました。また紙芝居「梅が浜」は飫肥の小村記念館で小学生・高校生・先生方100名くらいの人にも見てもらうことができました。

現職・退職後ともに「教え子を再び戦場におくるな」の自分の生き様として生きてきたつもりの私に、憲法違反の「新安保法制」の強行採決は私の生き方を否定し、私の存在そのものの否定ともいえましょう。決して認められません。許せません。

私は昭和13年（1938）7月3日、旧満州国の大連病院で生まれました。父は満鉄に勤めていました。官舎に住み女中を雇う結構いい生活だったと聞きました。昭和19年父の病気の内地療養で本土に帰ってきました。満州に戻るつもりでいた父母には、満州に残してきた貯金や品物に未練はあったでしょうが、もしそのとき帰らずあと1年も満州に残っていたら私は「満州孤児」になっていたかもしれないと、満州孤児のテレビを見るたび思います。

父は満州で見聞きしたことをよく私に話してくれました。満鉄の歴史を書いた分厚い本を持っていましたが、「馬賊」たちの斬首刑の写真や、見せしめの首の写真が載っていました。話の多くは日本人が満州でどんなひどいことをしてきたかでした。お金がよく分からない満人の労働者に汽車賃をどれだけでも出させていた職員、満人の人力車に金を払わず「日本人から金を取る気か」と暴力をふるうお偉方、誰が馬賊のスパイなのか分からないので殺しては家ごと焼いてしまった兵士の話など。母からは、冬ゴミ箱の中から満人の子どもが凍え死んで見つかったことを聞きました。まさか父母はそんなことはしなかったと思いながらも「私は侵略者の息子」だったのだと思い続けてきました。父がよく口ずさみ教えてくれた「戦友」の歌は心にジーンと来て当時歌うことを禁じられた軍歌だった意味がよく分かりました。ある意味では「反戦歌」ともいえましょう。

19年に引き上げてきて暫く母の故郷大牟田で過ごし、母の兄が熊本の甲佐でやっていた准軍需工場を手伝うため私たちは甲佐に住むことになったのです。

甲佐は田舎なので特に空襲はありませんでしたが、学校で勉強していると空襲警報のサイレンが鳴り運動場に地区ごと6年生を先頭に集まり駆け足で帰宅するのです。しばらくすると空襲警報解除のサイレンが鳴り地区で集まりまた駆け足で登校するのです。飛行機はB29で上空をキラキラと南の宮崎の方から北の熊本市の方へと、私が1年生になるころは毎日のように飛んできました。

そのうちにそれぞれ近くの神社やお寺等に集まって勉強することになりました。私たちは山の中腹の「清《せい》正公様《しょうこう》」と呼ばれる神社で勉強しましたが、蝉取りや虫取り、紙飛行機飛ばしが楽しく心に残っていて、勉強はほとんど覚えていません。

そのころの私たちの生活は「腹いっぱい食べたい」ばかりの生活でした。サツマイモを入れたおかゆは水っぽくて当時の弁当箱には水が漏れて学校には運べません。仕方がないので昼食を食べに家に駆け足で帰り、代用食のイモやうどんや朝のおかゆの残りを食べてまた駆け足で学校に戻ったものでした。そんな子どもたちは何人もいました。

6年生のころ、弁当箱にサツマイモを入れて行ったときのことです。弁当の時間、弁当箱の蓋で中のイモを隠しながら食べていると、担任から「何をこそこそ食べているのか。イモも大事な食べ物だ。堂々と食べろ」と叱られたことがありました。私だけではありませんでしたが、今でもしっかり覚えている出来事でした。夜は灯火管制で薄暗い夜でした。田舎から貰ったカボチャを電気を消した真っ暗の炊事場で食べたときのおいしさは私たち家族の大切な思い出でした。

母の着物は私たちの食欲を満たす大切な品物でした。食べ物は配給制で一人分の量が決められていて、それだけではとても生きられないほどで、その他の売買は「闇買い・闇売り」といわれ禁止されていました。戦後になってからですが、「配給制だけで亡くなった裁判官は正しいか間違いか」が話題になったことを覚えています。父はタバコを巻き闇で売り、リヤカーで田舎から芋や米や闇買いして私たちを育ててくれました。母の着物を持って田舎の農家を回り食べ物と換えてもらうのについて回ったことがありました。遅くなり真っ暗になってもう帰りの汽車もありません。農家の家の隅に泊めてもらったことがありました。そこで出してもらった白米ご飯と味噌漬物のおいしかったこと、今でもはっきり思い出すことができます。父は工場の屋敷の隅に畑を作り芋や野菜を作りました。子どもだった私も手伝いをして、そのときの野菜を作る喜びが今広い家庭菜園をやる原体験だったと思います。母の着物一枚一枚減る生活は「竹の子生活」と呼ばれました。

甲佐は田舎とはいえ駅の近くで家でも防空壕を庭に掘りました。広さは家族が全員入れるくらいの大きさでしたが、父母と一緒に入った覚えはありません。その当時の生活習慣として寝るときは自分の着物をきちんと枕元にたたんで置くことでした。夜中の空襲警報で暗闇の中、自分の着物をきちんと着て防空壕に入るのです。あるとき、夜中に着替え防空壕に入り翌朝見ると、隣のいとこの女の子の着物を着ていて大笑いでした。

8月15日昼ごろでした。暑くてアイスキャンディーを買いに町に出ました。変にシーンとしていたのが1年生の私の心に強く残りました。ちょうどそのとき玉音放送があっていたことを後で知りました。

夏も終わり、しかしまだ稲刈りは済んでいないころでした。校門の前にアメリカの兵隊がジープやトラックでぞろぞろやってきました。宮崎県の方から熊本市の方へ向かっていました。突然先生方は「裏から逃げろ。そのまま家に帰れ」と叫ばれ、私たちは校門を避け裏や横からまだ稲のある田んぼのあぜ道を走って帰ったことがありました。「鬼畜米英」と教えていた先生たちも初めての体験できっと怖かったと思います。

その後も何も怖いことは起こらず子どもたちはすぐに「ギブミーチョコレート」と米兵について回る姿を見せるようになりました。もし日本が勝っていたらどうだったろうか。私は父から聞いた満州での話を思い出し、日本が負けて良かったのではないかと思いました。

私の戦争体験は特別なものではありません。しかし飢餓等ゴミ箱で凍死した満人の子どものように、弱者にこそその被害は大きく現れるでしょう。今もニュースに見る空爆で泣き叫ぶ幼い子の姿、亡くなった子どもの遺体を抱いて嘆く父母の姿、これを世界からなくす努力こそ、平和憲法を持つ日本のあるべき姿だと強く訴えます。

「新安保法制」だけでなく、安倍政権によって強行採決された「特定秘密保護法」や道徳の教科化・「共謀罪」等はみな「主権在民」や国民の基本的人権を犯す違憲法とも言えましょう。私たちは安易に現憲法を変えることより現憲法を生活の中に生かし、次々と強行される法律がきちんと憲法に違反していないか検証していきましょう。

Ｊアラートが鳴り、核シェルターが売れ始め、どこに避難し、どんな姿勢が被爆のときよいか、「目と耳を押さえしゃがむ」。たしか私たちが子どものとき習ったあの姿勢をまたさせようと言うのでしょうか。私は絶対認められません。72年間平和だった日本を誰がこんな日本に変えているのですか。私は絶対許せません。

勉強会・交流会（2017年5月23日）

戦死した父の無念と母の苦労。障がいをもって生まれた息子の願いとその仲間たちの豊かな未来のために

森　冨貴子（宮崎市在住）

私は、昭和13年（1938）4月4日に生まれました。小学校1年生の時終戦を迎えました。父は、一民間人でしたが召集令状により召集され、輸送船の海軍兵士として昭和19年に南方海方面で戦死しました。もっとも、戦死の場所や状況の詳細は知らされず、私はそのように聞かされていたというだけです。階級は、戦死により上等兵となりました。遺骨はなく、箱には木製の小さな位牌が入っていました。

父を失った私たち家族は、母と3人（兄、私、妹）の子どもと母の大叔母との5人で戦後の厳しい生活を強いられました。食べ物がなく、母の着物等々を食べ物に換えて暮らしました。「何事も我慢、我慢」と言いながらの暮らしでした。

それでも、私は、中学生の時から、奨学金をいただき何とか大学卒業までこぎつけました。

私が大学まで行くことができたのも、母の並々ならぬ苦労のおかげです。その母の苦労を思う時、また、父をはじめ多くの戦争犠牲者のことを思う時、戦争は、地球上から完全消去しなければならないと強く思います。それは私にとって疑問の余地のないことです。

どんな理屈を言い立てようと、戦争は大量殺人であり、環境破壊であり、死なない場合でも人間破壊、人生破壊に他なりません。それは被害者になっても、加害者の立場になっても同じことです。だから、戦争や

戦争の脅しをすることで国と国が争うことは、それぞれの国民を不幸に陥れることでしかないと思います。

私は、息子が障がいを持って生まれたことから、障がいのある方々の福祉サービス施設を立ち上げました。現在は社会福祉法人の認可を受け、障害者福祉サービス事業に関わっています。障がいがあっても前向きに懸命に生きようとしている彼らに励まされ、数多くの人たちの協力を得て、現在があります。

戦争になると、障がい者は足手まといとされ、切り捨てられます（このことはかつての歴史が証明しています）。戦争に至らない段階でも、世の中が強い者が弱い者を虐《しいた》げて当たり前、競争で勝てることが重要で、競争社会からはじかれて不遇なのは自己責任という不寛容な社会になると、やはり、障がいを持つ人は生きにくい世の中になります。やまゆり園事件など、歪《ゆが》んだ優生思想からの悲惨な生命軽視の事件の背景には、先の大戦時のような殺伐とした世の中の空気があると思います。本当に心を痛め、脅威を感じております。

障がい者権利条約や障がい者差別解消法を世の中に根付かせることと平和の問題は無関係ではなく、平和こそがその基盤であると信じています。まして、軍事費が膨張して福祉予算が相対的に削られることは私たちにとって死活問題と言っても過言ではありません。障がい者福祉サービス利用者のひたむきなまなざしを見るたびに、この人たちのために日本が平和であってほしい、世界に戦争の種をまき散らす愚かな国であってほしくないと願ってやみません。

日本国憲法9条は、固く護り続けなくてはいけないと強く思います。理由などわざわざ論ずるまでもないこと、昭和の大戦の渦中にいた者の責務であると思います。それを世界に広げていくことこそが日本政府と日本人の務めではないかと思います。一度きりの人生を、その人らしい歩調で、その人らしい居場所を得て、暮らし続けたいものです。そのためにも戦争の被害者にも加害者にも絶対になりたくありません。

新安保法制では、海外で自衛隊が他国軍を後方支援することとなっています。絶対反対です。また、自衛隊法改正では自衛隊員が武器を使用する場面が増えています。絶対反対です。ＰＫＯ協力法にもともと反対でしたが、特にその改正では自衛隊員がさらに危険な任務につくことになります。集団的自衛権行使を可能にしたために周辺事態法が重要影響事態安全確保法になりました。時の政府が重要事態だと判断すれば自衛隊が出動し、地球のどこにでも行って武力攻撃することになる、新安保法制を読みますと、夢も希望も打ち砕かれてしまいそうです。障がいをもって生まれた、私たちの「共に生きる仲間たち」の未来に絶望をもたらす、そんな法律は一日も早く廃止しなければなりません。

裁判官も一人の人間であり人の心があると思います。私は、法は人々を幸せにするためにあるものだと信じております。そのためにこそ憲法があり、これを守るのが国権を担う人たちの義務であり、特に裁判所は憲法の番人です。裁判所、裁判官の方々が、目先のことではなく、真に人々の幸せのために心ある判決を出していただくことを願っています。

他民族蔑視の呪縛からの解放
その歴史への逆行に怒りを覚えます

佐藤　誠（川南町在住）

私は1939年（昭和14）に中国東北地方（旧満州）で警察官の息子として生まれ、7歳になった1946年7月に日本に引き揚げました。

敗戦を迎えたのは、南満州の営口市の警察官舎でした。そこは満人（中国人）の街と堀を挟んで隣接し、日常生活の中でも満人を監視できる仕掛けになっていました。私はそこで育つ中で、「満人は日本人に害を与える」「信用してはいけない」「最も下等な人たち」などの言いふらしを信じてきました。また、官舎には私と同じ警察官の子ども十数人がおり、「のらくろ」などの戦争漫画を見たり、年長者から「爆弾三勇士」などの勇ましい戦記を聞かされたりしました。こうして「大人になったら必ず軍人になり、手柄を立てる」と固く思う軍国少年に育っていたのです。

同時に、満人を「人とは思わない」「犬猫のように見る」蔑視の心が培《つちか》われました。実際、満人の子どもが遊び場に来たときには、日本人の子どもたちは集団を組んで彼らを襲い、棒を振り回して追い払いました。私もそれに加わり、満人の子が触ったブランコなどを汚いと思ったりしていました。また、わが家には警察討伐隊が抗日ゲリラを捕らえ公開処刑した写真がありましたが、それを見ても酷《むご》いものとは思いませんでした。

日本の敗戦は、軍国少年の「思い」をいっそう強くしました。私たち家族は名前を変え、各地を転々とした後に日本人が経営する農園に隠れ住んだのですが、ソ連軍兵士の略奪にあったり、中国人の叱責を受けたりすると、私の胸には「今に見ていろ、大人になったら仇をうつから」という思いが沸々とたぎってくるのでした。

私たち家族は、幸い全員揃って帰国ができ、１９４７年秋に川南町（当時は川南村）の軍馬補充部跡地に開拓入植し、はだか同様の苦難生活を始めます。それでも、私の軍国主義と他民族蔑視は変わりません。中学生の時に川南町で陸上自衛隊が演習した際には部隊の後をついてまわり、少年自衛官に応募しようとしましたが、近視のため断念した一幕もあります。また、中学3年の際には、選択科目に英語と職業（農業）がありましたが、「英語は敵国の言葉だから学びたくない」として職業科を選びました。

こうした考えに疑問を持ち始めたのは、高校生になり世界史と日本史を学んでからです。

日本の文化を歴史の事実にもとづいてふり返れば、その基礎にある漢字でも仏教でも儒教でも全部中国や朝鮮から来ているではないか。暦や種々の野菜、豆腐など日常生活に使われているものの多くもそうではないか。彼らが遅れているどころか、日本より進んでいて、長い歴史を通して日本がむしろ学んでいたではないか。それがなぜ、あのように中国人や朝鮮人をまともな人間と見ず、まるで牛馬のように扱って、子どもまでがそのように思ったのか。なぜ日本軍が攻め入って平気で他民族を殺し、それを正しいとしたのか。それらの疑問がどっと押し寄せてきて、私を歴史の学習に駆り立てたのです。

私は、とくに幼少期に体験してきた満州と中国にひきつけられ、大学では東洋史専修に籍を置き、中国近現代史を専門に選びました。そして「日本がなぜ満州で」の疑問を追求したのでした。

その結論として、明治維新後、遅れて資本主義に入った日本は、列強の世界支配に割って入ろうとし、天皇制の専制政治のもと、国内では国民に軍国主義を強制し、国外では植民地を広げようとして朝鮮や中国を力ずくで領土にしようとした。そのために、日本人に「大和民族」という優越意識を注ぎ込み、子どもにはその教育を徹底した。その呪縛に私も囚われていたのだという認識にたどり着きました。

これに気づいた時、私の眼は一気に真実の世界が見えるようになった思いがしました。そして戦前の日本の誤りと、自分のように他民族蔑視の呪縛に囚《とら》われた子どもを二度とつくり出してはならないと痛切に考えるようになり、政治活動に参加し今日に至ります。

私は1965年（昭和40）夏（中国「文化大革命」の前年）、「日中青年大交流」に日本民主青年同盟代表団の一員として中国を訪問し、約1カ月間中国各地で交流を深めた経験があります。この中で、中国の風土と悠久の歴史、中国革命と抗日戦争の事跡を詳しく見聞し、中国文化の素晴らしさと人々の豊かな民情に直接触れることができました。そしてその中で、あらためて自分の過去の他民族蔑視の誤りをふり返り、そのようにさせた軍国主義の謀略性、偽りの歴史教育に怒りを新たにしました。

安倍自公政権は、アメリカの戦争に日本を動員しようとして集団的自衛権の行使を容認し、実行のための安保法制を強行しました。そして、憲法を改悪して自衛隊を海外で戦争する軍隊にし、日本を「戦争をする国」にしようとしています。戦争をするには動員する国民の精神を変えなければなりません。それは私が経験した他民族蔑視、そして人を殺しても心の痛みを感じない憎悪の文化や教育、事実をごまかす非科学の文化をはびこらせると思います。私は、この歴史の逆行を、過去日本が犯した誤りの真実を知る一人として心の底から怒りを覚えます。

最後に、戦争禁止の憲法9条を実効あるものにするためにも安保法制を違憲として断定されることを強く望みます。

シベリア抑留体験者の義兄、延岡空襲被災者たちの思いをひきついで

永田　收（延岡市在住）

私は、敗戦となる1945年（昭和20）に国民学校に入学しました。夏休みになる前の4カ月弱の間に、5カ所勉強する場所が変わりました。転校ではありません。空襲のせいです。怖い思いもしました。私の長兄は17歳で志願しました。訓練中に敗戦となり生きて帰って来ましたが、ひどく痩せていました。長姉の連れ合いはシベリアに抑留された経歴があります。私が子どものころは何も話しませんでしたが、私が教師になり一緒にお酒を飲むようになると、大変な厳しい生活を強いられたことなど話してくれました。二度と戦争をしてはいけないということも話してくれました。

その後、私は、公立小学校の教師を38年間してきました。いつも厳しい状況にある子どもを中心にして考えてきました。時間外にたくさん家庭訪問をしました。担任している1年間だけ責任を負うというのではなく、その子どもの一生にわたって責任があると考えてきました。そして、子どもたちが社会に出るとき、今より良い社会にしておきたいと考えてきました。

私は、子どもたちが何でも相談できる教師でありたいと考えてきました。子どもたちが自分の考えを発言できる学級・自分たちで問題を解決する学級ということを考えてきました。

国や自治体の財政が厳しくて、保護者の負担が半ば公然と行われていましたが、仲間と一緒に実態を調査し、保護者の負担軽減を勝ち取ったことや、「延岡大空襲」について調べ、「平和教育」へ繋《つな》げたこと、人事

院勧告完全実施を求めてストライキに参加し、不当にも処分されたことなどが思い出されます。子どもたちを少しでも良い社会へ送り出したいとの思いからの行動でした。

また、1945年6月29日に延岡の市街がアメリカのB29爆撃機による焼夷弾攻撃を受け、焼け野が原となった時の体験を綴った二人の先輩の文章を仲間が群読用に脚本化し、学校等に招かれ発表しています。もう10年近くになりますが毎年3～4回行っています、15～16名で活動していますが、小学生から高校生それに高齢者クラブまで年齢層が様々で、学年や高齢者によっていくらか表現を変更している部分もありますが、基本は同じです。もう40回を超える発表をしてきました。

小学生も真剣に聞いてくれますが、高齢者クラブの方の場合は自分の体験と重なって涙を流しながら聞いて下さる方もあります。残念なことに文章を綴られた方は2名とも体調を崩され、今年度から一緒に活動できなくなりました。

日本は法治国家のはずです。ところが、安倍内閣になってから「人治国家」になったように思います。歴代自民党政権下でも、憲法9条の下では集団的自衛権の行使はできないとされ、定着していたものを、安倍首相は、慣例化していた内閣法制局長官の任命方法を変え、集団的自衛権の行使は可能と考える外交官を内閣法制局長官に据えました。そして、自らに課された憲法尊重擁護義務を果たすどころか、勝手な憲法解釈を行い、集団的自衛権の行使は可能との閣議決定を行いました。

そして新安保法制が審議された国会では、衆議院・参議院とも審議打ち切り強行採決となりました。アメリカに約束したことから、会期は大幅に延長されました。それでも審議は尽くされず、参議院の委員会では採決が成立したのかさえ判然としない状態でした。また、審議の過程で圧倒的多数の憲法学者や法の専門家が「違憲」と断じましたし、多くの国民がこの国会で成立させなくてよいとか慎重に審議してほしいと要求していました。安倍政権は、これらの声を無視しました。

私は、法案の審議中は廃案を求めて、また法が成立してからも「街宣」やビラ作成・配布、署名活動、集会やデモに参加して安保関連法を廃止するよう訴えています。

交通事故などで亡くなる人は意図的に亡くなるわけではありません。ところが、戦争では意図的計画的に人を殺すのです。たくさん殺すことが「手柄」となるというとんでもないことが起こります。

正しい戦争等というものは存在しません。戦争が悪であることはみんな知っています。人間が戦争を始めるのです。自然災害は防げない面もありますが、戦争は「しない」と決め実行することが人間の知恵であるはずです。

戦争で焼け野が原となった国土を何もないところから再建した親たちの思い、そして、戦争で亡くなった人たちの思いを考えると、二度と戦争をしてはいけないと強く思います。

私は、安倍首相が国民を騙《だま》してでも自分の思いを実現しようとすることが許せません。また、安倍首相に意見する自民党議員がいないことも残念に思っています。私たちは平和な国に住む権利があります。また、幸福追求権も認められていますが、安倍首相の政治手法で奪われています。これらのことは私にとって精神的な苦痛以外のなにものでもありません。

幼児期の空襲、戦後の体験、そして母としての活動のなかから

則松　和恵（高鍋町在住）

私の親族・友人など身近な人が戦争や戦地を体験しています。

私は１９３９年（昭和14）３月19日に富山県射水市《いみず》で生まれました。１９４５年４月、当時の高岡市立放生津国民学校（現在の射水市立放生津小学校）に入学しました。当時は私たち子どもも立派に少国民気分で、日の丸戦勝の絵を描いて張り出されると、喜んでいました。

しかし、そうした状況は1学期の間だけでした。父は１９４３年にシンガポールに出征していたので、母はそれから2年、父出征の年に生まれた妹、その上の妹、そして私の３人の子どもを抱え、舅《しゅうと》に店の一隅に防空壕を掘ってもらったりして、父の留守を守っていました。当時父がシンガポールから母へ宛てて出したはがきが今でも残っています。このはがきは、父が出征前に撮った家族写真の額縁の中に大切に保管されていたもので、後に若くして父より先に亡くなった母の形見です。

そのころ、私たちの住む小さな漁師町にも機雷が落とされました。近所の民家に落とされ、あたりの10軒くらいの家が焼けてしまいました。夜中に敷布団をかぶって少し離れた父のいとこのところへ逃げたことを覚えています。母は私たち３人を母の実家のある富山県南砺《なんと》市福野町に疎開させました。当時まだ20代前半だった母は、汽車を乗り継いで鏡台など一人で持てるものを運んでいました。私はほんのちょっとの間でしたが福野国民学校に通いました。近くのお寺には、都会からの疎開学童がいっぱいでした。

ところで、『八月二日、天まで焼けた』（奥田史郎、中山伊佐男、高木敏子　１９８２年　高校生文化研究会）という本を、私はずっと手元に持っていたのですが、最近になってようやく読みました。その本には、１００メートル四方に飛散して殺傷するＢ29の爆撃機が富山市内ほとんど全域を焼き尽くして自然鎮火したという、鎮火率全国一の大空襲〝超空の要塞〟のことが書かれていました。小学１年生の夏休み、福野の祖父母の家から、富山市の方角を見ると暗い夜空が真っ赤に焦がされていたのを今でもはっきり覚えています。Ｂ29は戦争という恐怖の具現だとつくづく思います。

私は子どものころのこれらの体験を昨日のことのように鮮明に覚えていますが、書籍を読み返して、改めて当時の状況のすさまじさを感じました。

昭和21年（１９４６）に父は復員しました。復員後は近所の人に茶道と華道を教えていました。私もお茶の葉を公設市場に売りに行く父の手伝いをしていた記憶があります。しかし、戦争のことについて、父から話を聞いた記憶はありません。父はあえて話そうとしなかったのではないかと思います。

父は８人兄弟の３番目でしたが、父方の叔父（一番下の弟）、叔母たち２人（妹）の３家族は満州、朝鮮からの引揚者でした。すぐ叔父夫婦は京城（現在のソウル）から引き揚げ、後に私の妹を養女にしました。叔父夫婦は、いろいろ苦労はしたものの何とか孫を見て亡くなりました。

叔母は夫を現地で亡くし、子ども３人を連れて日本に帰る船上で末娘を亡くして２人の幼児を連れて帰りました。この叔母の苦労は並大抵のものではなく、２人の息子を成長させ、孫も５人になり、昨年96歳で亡くなりました。

もう一人の叔母は親子３人で引き揚げてきましたが、この３家族がみんな当時旅館をしていた祖父母宅に身を寄せ、食べ物のないときでそれぞれずいぶん苦労したようでした。宮崎に来てからの友人の中にも、３

人ぐらい引揚者がいるのですが、苦労話を聞くたびに、もう戦争はどんなことがあっても嫌だと思うのでした。

富山で出会った夫と結婚し、しばらくは富山で生活していましたが、1972年（昭和47）、義母の介護などのために、子ども3人を連れて主人の地元である宮崎に移り住みました。その後、宮崎で末っ子が生まれ、4人の子どもを育てました。

私の夫は、昭和10年（1935）1月24日生まれで、宮崎で育ち、終戦時は国民学校の5年生でした。戦時中のことについては、今でもよく私に話して聞かせます。昭和20年3月、宮崎市は米軍艦載機による空襲を受け、夫らは祖父母のいた高鍋町に疎開したそうです。しかし、高鍋町もすでに空襲を受けていて安閑とした状況ではなかったとのことでした。またほどなく米軍に制空権を奪われると、米軍機が飛び回っても警報がならないようになり、小学校も閉鎖となって自宅待機の日々が続いたと言っていました。そして、8月の初めごろに祖父とともに田で草取りをしていたところ、突然米グラマン機が5機横一列になって機銃掃射しながら現れ、慌てふためいて近くの竹林に祖父と逃げたという経験をしたそうです。祖父は足が不自由で逃げるのもやっとで、なんとか竹林に入った後も、夫は恐ろしさで体の震えが止まらなかったと言っていました。まだ小学生の夫がどれほどの恐怖を感じたか、想像するだけで私も身が震えます。

宮崎で子育てをする中で、PTA活動、親子劇場の活動にかかわるようになり、教育を語る会などにも参加するようになりました。長男が中学校の時、頭髪に関する校則の問題などにも取り組みました。このように、母親という立場で、子どもたちの育つ環境、未来について真剣に考えるなかで、平和の問題や新安保法制についても考えてきました。

また、25年ほど前から、我が家の裏に高千穂の民家を移築し、NPO法人を立ち上げ文化活動を続ける中で、平和を考える集いを毎年夏の企画として開催する取り組みを続けてきました。NPO法人発足当初、私は、事務局長をしていました。現在も理事を務めています。

これまでに、中国残留孤児の物語をテーマにした演劇企画2人の会の「はないちもんめ」を定期的に開催してきました。また、アニメ映画『対馬丸〜さようなら沖縄』の上映なども行っています。アニメ映画については、地元の子どもたちが多く参加してくれています。私たちが子どものころは、戦争や原爆のことについて語り合うという機会自体があまりありませんでした。ただ、小学生のころに、「原爆の子」という映画を観て、衝撃を受けた記憶があります。映画など文化作品を通じて、子どもたちに平和の問題や戦争の問題を伝えていきたいと思っています。

そして、参加される若い人たちや子どもたちの感想を聞きながら、新安保法制とは絶対に相容れないもので、私の生きる意味さえ揺らがせるものだとあらためて感じています。

私が、特に裁判で安保法制の違憲を訴えたいと考えたのは次のようなことからです。

2015年（平成27）8月、東京に住む末娘からのメールで、当時2歳の孫を連れて国会前のデモに参加したことを知らされました。娘は、ママの会に参加しています。ママの会は、安保法制の問題がきっかけで自然発生的にできた会で、子育てをする若い方を中心に全国で活動しています。

娘は、デモに参加した後、「疲れたけど楽しかった。でも、光化学スモッグ警報が発令されていたし、とにかく暑かったので『親子でデモなんてとんでもない！』と一部の友人からは大反対された。Mは元気で、しかもその場では母親の私から離れずずっと黙っていたのに、その日の寝る前に「デモに行ったね」と話をしたら私も忘れていたコール「ママは一チェンチョーチナイトチメタ！」（ママは戦争しないと決めた）を叫びだした。それを聞いて、びっくりしたと同時に、娘と一緒に行ってよかったと涙があふれてしまった。それから寝っ転がってずっとデモで発したコールを2人で繰り返しながら寝た」と言っていました。

のちに、この日のことは『だれのこどももころさせない』という絵本になりました。これから生まれてくる子どもたちにこの本を読み聞かせたいと思っています。私は、娘が自発的にこうした声をあげている姿を見て、とても勇気づけられました。そして、私も、自分にやれることをやらなければという思いからこの訴訟に参加しました。

子どもたち、孫たちに、安全な生活を送らせたい。裁判が始まった後、他の原告の意見陳述を聞いて、思いは一緒だと強く感じました。

これまで、なぜ平和憲法のある日本において、自衛隊が存在するのだろうと疑問に思ってきましたが、今回の安保法制の法律が成立する過程を目の当たりにして、たとえ憲法に違反する法律でも、このように実際に成立してしまうのだとある意味腑に落ちました。

同時に、宮崎で子育てをしながら出会った周りの仲間と、声を上げることができるということ、声を上げることの大切さも知り、今回も自分で行動しなければと感じました。また、若い人たちの力をどうすればこの問題に注いでもらえるかという気持ちも強いので、これからも、映画上映会などの啓発活動、文化運動を続けていきたいと思っています。私の大切な人たち、そして私自身が、戦争の加害者になることも、被害者になることも、絶対に耐えられません。

裁判所に対しては、私は裁判所だけは信頼したい、古い形式やしがらみにとらわれるのではなく、多くの国民が納得する判断をしてほしいと思っています。

大阪空襲で焼け出され、宮崎で戦後を生きてきた者として

岩切　八重子（宮崎市在住）

私は、昭和14年（1939）大阪市港区にて、父31歳、母22歳の長子として生まれました。その後、昭和16年、19年に弟二人が生まれ、物心ついたときには、防災ずきんをかぶり、アルミの弁当箱を持ち、B29の爆弾が落ちた街中では、大豆飯をもらうため、父と二人、食堂の行列に並んでいました。都会の防空壕は土間の縁の下にあり、火がつけば蒸し焼きになる状態でした。

荷馬車にくくられ立てない馬や布団を頭に乗せた人たちがせわしく行き来していた様子を覚えています。

戦前、遠い宮崎に食料の買い出しのため列車に乗り出かけてもいました。終戦後、高松市の親戚などを転々とし、銀めしをご馳走になりましたが、大人になって思い出すことは、「早く出て行ってくれ」と言われていたということです。

昭和20年11月30日、季節は冬でしたが、今の宮崎市の神宮駅に親子五人が、夏服のまま、着の身着のままで着きました。その後、義理のいとこの家の軒先で生活し、母はいとこ宅の家事、父と小学生の私は、終日農業の手伝いをして、食べさせてもらっていました。

私は戦後制定された日本の「平和憲法」に誇りを持っており、特に、9条を変えるなどしてほしくありません。安保法制法の制定により、また、戦争が繰り返されるのではないかと思うと、戦時中から戦後の苦し

かった思いがよぎり、大変苦しくなります。

平和憲法を変えたら、国民の生命、財産、幸福を守れなくなります。平和憲法があり、現在まで、何とか戦争を仕かけてくる国などなかったのに、変えないでほしいです。日本国憲法9条によって、世界に不戦の誓いをしたのに、なぜ、変える必要があるのかまったく理解ができません。

裁判所におかれましては、私たちの平穏な暮らしを害する安保法制関連法案を、最後の砦《とりで》である司法の場で、きちんと違憲であると判断してほしいです。

第１回口頭弁論後の報告会（2017年7月12日）

引き揚げ時の恐怖と悲惨

――一生に影を落とす体験は私たち世代限りにしなければなりません

永野　欣子（宮崎市在住）

私は、昭和14年（1939）に3人兄弟姉妹の長女として生まれました。父は農林省の外郭団体である馬事公社に勤務しておりましたが、戦時中軍馬が不足したために満洲新京に転勤となっておりました。昭和20年6歳だった私は、満州新京で公社が提供した住居（「社宅」と言います）に両親と妹弟5人家族で住んでいました。その年の8月10日、勤務先から慌《あわ》ただしく帰宅した父の「すぐに内地に引き揚げることになったので用意するように」との指示で、取るものも取りあえず、持てる荷物だけで次の日11日には社宅のみんなで満鉄の無蓋列車で新京を出発し釜山に向かいました。当時、一般国民はまったく情報を知らされていませんしたが、父は国家公務員だったために情報が早かったということを後で知りました。同月15日の朝、朝鮮半島の安東で降ろされ敗戦を知らされました。その時点で、傀儡《かいらい》政権満州国は解体し、満鉄も動かなくなり、私たち一団はその場に放り出されたのです。

その後は、以前から安東に定住していた日本人の民家に分宿となりました。私たち家族が宿泊したのは質屋を営んでいる一家でした。昼は八路軍が日本人狩りをしていて危ないので、父がこっそり夜に質流れ品を持ち出して食べ物に換え皆で分け合っていました。多分私たち子どもを優先してくれたためと思いますが、空腹なときはありつつも、何とか食べることができました。母は弟を出産して間もないころで母乳がでなくて大変だったようです。弟はそのため泣く元気もありませんでした。でも、皮肉なことに泣かないために居場所を知られることがなく、命拾いをしたのです。と言いますのは、隠れている状態で、乳飲み子が泣くと他の人の迷惑になると考え、乳飲み子の口をふさいで死なせたという悲惨な例があったのです。

また、若い女性はレイプ被害に遭うことがあったようです。今でも覚えていますが、ある日、その家の若くてきれいなお嫁さんが外から走って逃げてきて、目の前で便所に逃げ込んだのです。すると、すぐに八路軍の兵隊が3人来て隠れたお嫁さんを探している様子でした。その家のおばあちゃんは、身振り手振りでいないことを示し、さらに質流れの時計を渡して何とか帰ってもらい若いお嫁さんを守りました。

その家では、日本に帰れるのか、いつ帰れるのかも分からないままでしたが、約1年後に日本への引き揚げ船がでるということで、中国遼東湾岸の胡芦島に向かうことになりました。そのときも、昼間は危ないので、夜陰に紛れて延々と歩きました。4歳の妹を父が、1歳の弟を母が背負い、7歳になっていた私は歩きました。いつもいつも空腹で、果てしもなく歩くのは本当に辛く心細かったのを今でも思い出します。途中で休んだかと思えば、周囲にコレラ患者がでたということですぐに出発するということもありました。

そして、ようやく着いた船着き場で引き揚げ船に乗りました。その引き揚げ船の船底にすし詰め状態で詰め込まれ、顔を横に向けることすらままならないほどでした。トイレも遠く、行くのも人をかき分けなければならず、間に合わないときは他のところで用を済ますこともありました。

船上の光景で忘れられないことがあります。船中で亡くなる人もいましたが、長い汽笛の音とともに遺体は船縁から海に投げられていました。海中では、遺体にすぐに魚が寄ってきていたのを覚えています。何度もそういうことを見ていました。

衛生状態が悪く、佐世保に近いところまでついたときに、船の中でコレラを発症した人がいて、1カ月近く停泊させられた後、ようやく佐世保につきました。

このような文字どおり生命からがらの状態で、敗戦から1年3カ月後の昭和21年（1946）11月23日父の郷里宮崎市木花に家族でようやく帰り着くことができました。

引き揚げ時の怖い記憶はほかにもたくさんあり、ここに書ききれません。

引き揚げ途中、私たち子ども3人は小児結核に感染しました。安東で分宿していた家には結核にかかっている娘さんがいて部屋で臥せっていました。私たちは何の注意も受けておらず、傍に行ったこともありました。それが原因だったのかもしれません。

長女の私は10歳時に結核性リンパ節とカリエスを発症し、放射線治療等を受け15歳（中3の終わりごろ）で肺浸潤と診断され安静を強いられようやく完治しました。ところが、50年後の60歳で結核性リンパ節を再発し1年間投薬治療をうけました。

妹は、17歳高校卒業時に肺結核を発症し、上葉肺切除手術を受け1年間療養しました。その後就職、結婚後も妊娠時に結核の影響を2度も受けました。卵管に結核菌が潜み、子宮まで受精卵がたどりつかず子宮外妊娠となり、1度目は破裂しかかって手術し、卵巣を一部摘出しました。2度目も子宮外妊娠となり、卵巣全摘となりました。そのため出産できず子どもを持つことができませんでした。その上、手術時の輸血でC型肝炎のキャリアとなりいつ発症するかビクビクしながら暮らしている状態です。

引き揚げ時1歳だった弟は、栄養失調で大きな目、痩せた手足、お腹だけが大きくふくらんだ状態で、3歳ごろにどうにか歩けるようになるという有様でした。弟も高校入学時に肺結核を発症し、上葉肺切除手術を受け1年休学しました。治療薬のストレプトマイシンで難聴になり、医師を志し、医学部に入学しましたが、一時は難聴が問題になり入学許可がおりないのではないかと心配したこともありました。

戦後71年、私たち妹弟3人は常に健康に不安を持ちながら現在まで暮らしてきました。一生に影を落とすこんな経験は私たちの世代限りにしなければなりません。そのような思いから、21歳のとき、私はいわゆる60年安保のとき職場の仲間と安保条約改定反対の運動に加わりました。私は戦後平和民主教育を受けてきました。平和は守り育てるものと認識しており、その後も安保条約に関する動きには関心を持ち続け、デモにも参加してきました。また、子どもを持つようになり、子どもたちの世代に平和を守り育てることを引き継がねばならないと考え、親子劇場の活動を続けてきました。

親子劇場活動は、元々戦争を二度としないような社会をつくることを目的にしており、子どもたちに生の体験をさせ、生命を大切にするという価値観を育み、子どもたちが自分たちで考えて自分たちで作るということをモットーにキャンプ活動などを企画していました。鑑賞作品は生のもので、平和をテーマにするものを取り上げ、子どもたちの感性と社会性を培い、戦争の足音に敏感な人間を育てたいと考えてきました。でも、子どもたちの世界に忍び寄る商業主義や地域社会の崩壊などでその活動は立ちゆかなくなってしまいました。今当時の子どもたちが40代、50代になっており、改めて3カ月ごとに語る会を持ち、「日本国憲法」ドキュメンタリー上映会なども実施しました。

周りに安保法制のことを話すと「友だちをなくすよ」などと言われて苦しく思った時期もありましたが、それで黙っていてはいけないと心に誓っています。今、行動に移さなければ、今やれることを一日一日大切に暮らすことで仲間を増やして、世論を作り憲法を守っていかなければ、孫子の代に顔向けできません。

このような私ですから、「平和」が人生のテーマなのです。これを脅かす安保法制が強行採決という醜い景色の中で成立したことは、信じられない事態であり、テレビを見ていても怒りと絶望感で震えました。私の身体の一部が切り刻まれたような感覚です。

敗戦時6歳だった私は、戦後71年の2016年〔平成28〕77歳になりました。戦争の後遺症を引きずりながらも、憲法に守られ平和のうちに懸命に働き、3人の子どもを育て、5人の孫に恵まれ、まさに喜寿を迎えました。これまで日々平穏に暮らせる幸せを築いてきました。

しかし、安保法制施行後は、戦争に巻き込まれる不安に可愛い孫たち次世代の将来を思うと言いしれぬ怖さを感じます。まして、制服組の南スーダン日報報道隠しや、いわゆる共謀罪法案提出の動きなど、今がもう「戦前」ではないかという恐怖で居ても立ってもいられません。

沖縄では、戦後ずっと民意の無視が続いています。最近では、10万人を超えるデモも、選挙の結果もまったく無視の仕打ちがこれでもかこれでもかと続いています。言いたい放題、やりたい放題、立憲主義が民主主義が壊されていくことに、大きな怒りと、不安と、怖さを感じています。

戦争は、自然はもちろんのこと、人間性も人々の人生も暮らしもすべて破壊します。このことは、先の戦争が立証済みです。今、最も大事なことは、歴史に学ぶことです。

どうか権力におもねず、目先の経済やお金に左右されないでください。歴史に学び、次世代に平和で自然豊かな毎日の暮らしを引き継ぎましょう。そのためにこそ裁判所があるのだと信じています。

Ⅱ

戦時下に生まれ、幼くして敗戦と変革を体験した者として

「攻撃されても反撃しない」の決意と勇気
大学が軍事研究に巻きこまれる危機の現状を訴えます

藤原　宏志（宮崎市在住）

㈠

私は1940年（昭和15）生まれであり、京都に育ちました。京都府立大学を卒業し、京都大学大学院農学研究科へ進んだのち同大学助手になり、1966年宮崎大学農学部へ赴任しました。その後、同大学教授、学長を経て2003年（平成15）退官しました。私は戦中の生まれのいわゆる戦中派で幼少期（5歳のころ）に空襲を受け恐怖を味わいました。

就学前、空襲を受けた経験があり、当時の記憶は鮮明に残っています。戦中から戦後にかけて物資のない時代を食いつなぎ、現行憲法のもと経済復興期・バブル期を生きてきました。戦中・戦後の経験から戦争の悲惨さ、不条理は身に滲みており「戦争の愚を再び犯してはならない」と訴えることが自分の責務と思っており、これは生涯変わらないでしょう。

1945年の夏、当時5歳の私はご多分に漏れず軍国少年でした。私と母は各地で空襲が激しくなったため、京都市内から父の郷里・丹後に引っ越すことになりました。丹後半島の山間にある自宅は舞鶴湾が正面に見える所でした。舞鶴は軍港で軍艦が常駐しており、若狭湾を経て日本海へ出入りしていました。

米軍機は舞鶴港の駆逐艦を狙って来襲し、丹後半島の頭越しに爆撃を行いました。私たちは空襲警報とともに裏山の防空壕に逃げ込み、空襲解除のサイレンが鳴るまで震えながら身を潜めていました。子どもの私には狙われているのが海上の駆逐艦だとはわからず、「死ぬかもしれない」という記憶だけが鮮明に残っています。戦争の惨禍と戦後の窮乏はいうまでもありません。飢えが人間を変えてしまうのを実感しました。加えて、叔父一家5人が中国北部（旧満州）で終戦時に消息不明になったことは幼い私に忘れがたい喪失感をもたらしました。これらの戦争体験は今でも私に鮮明な記憶として残っており、戦争の恐ろしさを強く感じています。

言い尽くされたことではありますが、戦争という行為は人間のやることではありません。どういう理由があろうと無辜《むこ》の人間を殺戮《さつりく》することは許されません。「状況が変わったのだから憲法も変えなければ…」という改憲論があります。戦争を許容する「状況の変化」など、あるはずがないし、あってはならないのです。「攻撃されても反撃しない」という決意と勇気こそ、人々に求められているものだと確信しています。戦争は報復の連鎖です。「攻撃されても反撃しない」という考え方が次第に朽ちつつあることを感じています。戦争体験を持つ者なら大方は「なにがあっても戦争だけは……」と思うはずです。

戦争が憎悪と報復の連鎖で拡大することは何時《いつ》の世でも変わりません。この連鎖を断ち切るためには「攻撃されても反撃しない決意と勇気」がどうしても必要なのです。「戦争放棄」という憲法9条の精神は、この決意と勇気に支えられたものに他なりません。終戦直後はこの考え方が無条件に受け入れられていました。日本だけでなく世界中がそうであったと思います。だからこそ国際連合として再出発し戦争を違法化させ、なくすために全世界が努力を進めることとなったのです。

憲法9条を「観念論」だという批判があります。しかし、私の場合、「攻撃されても反撃しない」という精神は頭の中で考えたことではなく、戦争体験を通して体で感じたことであり、強いていえば「経験論」です。地球を何回も破壊することができる核兵器が存在している現在、核兵器や武力で平和を維持できると考えることこそ愚かな幻想です。最も現実的なことは対話で平和を守ることであり、戦争に向かう芽を早く摘んでしまうことに他なりません。

蛇足ですが、「攻撃されても反撃しない」というのは自衛権を放棄することを意味しません。不当な攻撃に対して防御するのは当然のことです。防御の中心が外交であることは論を待たず、軍事的威嚇を伴わない外交こそが対話につながると考えます。私はこのような考えから、平和を守るため、科学者運動や職員組合あるいは大学運営で平和を追求する行動を続けてきました。

「戦争は経済の延長」という言葉があります。確かに国際間で「国益」をめぐって対立が生じ戦争に発展するのは、過去も現在も変わりません。考えておかねばならないのは「国益」は必ずしも「国民の利益」ではないということです。戦争が国民に利益をもたらすことなどありえません。戦争はその勝敗にかかわらず、被害者は常に国民です。民主主義国の主権者は国民です。それぞれの国民は自国の政府が戦争を起こさぬよう、加担することのないよう、常に監視しておく義務があると思います。国際的にこの義務が貫徹されれば、戦争を放逐することができます。

私は、宮崎大学農学部教授として長年研究を続けてまいりました。安保法制やその前提である日米ガイドラインなどによって、日本は積極的に戦争に加担し、軍事的威嚇をする国に変貌しています。私が特に強い懸念を持っていることは、科学技術の進展結果が戦争に使われ、既に現実化し、それが安保法制によって公然化しつつあることです。私はそれをひしひしと感じ焦燥感に苛《さいな》まれています。私は科学技術の本質と安保法制によって科学研究が歪められている現状について次のように考えています。

(ア) 科学・技術は本来両刃の剣。事象の本質やその法則性を追求する科学と科学の成果を生産に援用する技術は相互的であり、両者を画然と区別することはできません。また、どのような科学・技術も民生用と軍事用に判別することはできない。民生研究を意図した研究であっても、その意思とは別に研究成果が軍事目的に利用されることは珍しくありません。したがって、研究者・技術者は自らの研究・技術が場合によっては軍事目的に使われる可能性があることを自覚しなければなりません。発達した科学・技術が軍事目的に利用されれば、それは大量殺戮につながり、しかも被害者の多くが非戦闘員であることは近年の戦争をみれば明らかである。社会科学も自然科学同様軍事研究の対象になります。近年の戦争が敵の軍隊や軍事施設だけでなく、敵の文化や文明までも攻撃目標にしているからです。そのために社会科学者や人文科学者まで戦争に動員されています。

(イ) 大学に経営主義的な競争原理が公然と持ち込まれて以来、教員に渡される研究費は大幅に減少しています。国立大学が独立行政法人に移行して以降、国から渡される運営交付金は毎年減少し、その結果研究費が減額され研究費飢餓の状態になっています。そのため、教員は学外の企業や国の研究費を取得するため、多くの時間とエネルギーを費やさなければなりません。そういう状況の中で、防衛省は「安全保障技術研究推進制度」を２０１５年（平成27）に創設し初年度３億円、２０１６年６億円、２０１７年１１０億円と急増させました。これは経費飢餓の研究者を前に露骨な財政誘導という他ありません。

(ウ) 科学研究の成果、とりわけ国立大学などで得られた成果は広く国民に共有されるべきものであり、それが秘匿されることがあってはならない。いわゆる研究の自主、公開の原則です。軍事に関わる研究の場合、その性格から研究成果は委託主、「安全保障技術研究制度」による場合は防衛省に独占される可能性が大きくなります。研究成果が公表されなければ学術的な成果としては評価されようがありません。これでは公的資金を投入された研究の成果が科学の進展に寄与しないことになってしまいます。

私は、科学・技術は両刃《もろは》の剣であり、すべての研究は意図の有無にかかわらず軍事研究に利用される可能性があり、研究当事者はそのことを自覚し、警戒しなければならないという強い信念を持っています。

軍事研究を拒否する姿勢は第二次世界大戦における真摯《しんし》な反省から生まれたものであり、日本学術会議が二度（1950、1967）にわたり表明と声明をだしています。そして、近時の情勢を踏まえ、改めて2017年3月24日声明において過去の二度の声明を承継するとしています。私は、安保法制、その一環である「安全保障技術研究制度」が、多くの研究者に軍事研究拒否の姿勢を強めなければならない状況をもたらし、厳しい精神的負担を強いていることを深く憂慮しています。

研究者は自己の研究テーマに全人生をかけ、時には家族に一定の犠牲を強いて、多大な時間と費用をかけて取り組んでいます。それが軍事目的に使われることは、自分の人生が破壊と殺戮のためのものとなり、自分の人生そのものを否定されるに等しい屈辱と言うほかはありません。

私は、軍事研究を拒否することによって様々な不利益を被り、研究そのものの断念に追い込まれかねない研究者の心痛も、研究費獲得のために研究者の良心と魂を売り渡す立場におかれた研究者の心痛も、いずれも自分の痛みとして日々感じております。

(二)

私は2003年（平成15）、宮崎大学を退官後、市民運動・科学者運動の中で教員・研究者との交流を持ちながら大学における教育・研究状況に関心を払ってきました。

ここでは、国立大学法人とその教員が置かれている財政的飢餓状態について概観し、つづいて「安全保障関連法制」と同時期に制定された防衛省防衛装備庁の「安全保障技術研究推進制度」による大学への研究助成の問題点を指摘します。財政的飢餓状態に喘《あえ》ぐ教員にとって、多額の防衛省助成金はそれなりの吸引力があります。「安全保障関連法制」のもと違憲性の高い「軍事研究」が現実の問題になろうとしています。

私は教育・研究者の道を40年余歩んできました。ライフワークは「技術の進歩と社会発展の関係」、とりわけ「農業技術の進化と社会の変化・発展」が主なものでした。この研究過程で平和の象徴のようにも見える水田稲作の開発が実は戦争の原因・動機になったことを知り、「戦争は経済の延長」という戦争の本質を見た思いがしました。

2004年（平成16）国立大学が法人化されました。その目的は教育研究の場である大学に「市場原理」を持ち込むことでした。具体的には「選択と集中」という手法を用い、大学間、教員間に競争と格差・分断を生む結果になりました。教育研究活動の活性化は「共同」にあり、「競争」は有害でさえあります。

国立大学法人に出される運営交付金は毎年1%《パーセント》減額され、法人化前に較べると年額1444億円も削減されました。法人化前の国立大学では人件費と教育研究費は相互移動が制度的に禁じられていましたが、法人化により両費目の壁はなくなりました。その結果、人件費等の減額は難しく、結局研究費等の大幅減額を招くことになりました。例えば教授あたり研究費は法人化前、約80万円（旅費別枠）であったのに対し、法人化後十数年を経た現在は約11万円（旅費込み）になっています。これで年間研究費を支弁することは至難の業というほかありません。

学外研究費への依存運営交付金から出される教育研究費が減少する中、教員が研究費として頼れるのは学外研究費です。主な学外研究費である文部科学省科学研究費補助金の採択率は三分の一であり、全体として大型研究に比重が移っています。つまり申請者の三分の二は採用されず、さらに「選択と集中」政策の結果、地方大学の研究設備はますます貧弱になり、大型科研を取ることが難しくなっているのが現状です。

資金提供企業との共同研究という形で研究費を得る方法もありますが、企業的利益に直結しない基礎的研究等は対象外になるのが通例です。また企業との共同研究の場合、特許などの関係で複雑な問題も起こりえます。

若手研究者が抱える問題、若手研究者の置かれている状況は深刻です。法人化後、若手教員には非正規期間が5年あり、正規化されるためには毎年研究成果（論文）を要求されます。研究者は20歳、30歳代の時期に研究者としての個性が培われるものです。短期間に成果を要求されると、視野の広い論文を纏《まと》めることはできません。これは研究者として大きく伸びることの障害になります。経済的にも学生、院生の時代に借りた奨学金（700万円という例も少なくない）の返済に追われています。

日本の研究水準は法人化後著しく低下しました。それは日本の学術論文数や論文の質が大きく後退したことに表れています。その状況は国際学術誌「ネイチャー」（2017）が「日本の科学研究が近年失速している」と指摘するほどです。

日本学術会議は1950年、1967年、2017年の三度にわたり「軍事研究との訣別を誓う」声明をだしています。これは第二次世界大戦で日本における科学・技術が「総動員」の名のもと戦争に加担させられた苦い経験と反省にもとづくものです。また軍事研究が違憲行為であることも声明を出す理由になっています。

大学における研究費飢餓は前述のとおり、大学は「藁《わら》をも摑《つか》む」ほど研究費飢餓の状態になっています。このような状況下で多額の研究費を示されれば飛びつきたくなる者も出てくるでしょう。

防衛省は防衛装備庁助成金制度が軍事研究ではないと説明しています。しかし、「安全保障関連法制成立」と前後して、この助成金制度が始められたことを見ると軍事研究と無関係とは思えません。軍事研究でなければ防衛省関係費で計上する理由はなく、文部科学省科学研究費補助金に回せば済むことでしょう。

現在、「安全保障関連法制」にもとづき海上自衛艦がペルシャ湾近傍で「調査研究」活動を行っています。イラン国に軍事的圧力かけようとするアメリカ政府の要請に応えたものであることは明白です。防衛省設置法および「安全保障関連法制」の拡大解釈により、大学を防衛省の「調査研究」に巻き込む事態を恐れます。過去の戦争は兵員が戦場で戦う肉弾戦でしたが、現・未来戦で戦うのはロボットであり、戦場は非戦闘員が生活・生産する都市に変わっています。兵器も最新の科学を応用した、いわゆる近代兵器です。近代兵器はあらゆる分野の最新科学・技術を駆使するものです。

科学技術の進展は両刃の剣です。科学技術が人類の平和のために利用されれば大きく貢献することになりますが、戦争のために利用されれば人類を滅ぼすことになります。科学技術に携わる者はこのことを銘記する必要があります。

研究費飢餓におかれた大学が軍事研究に巻き込まれることを懸念します。科学技術は人類の平和に貢献してこそ意味があります。「安全保障関連法制」のもと軍事研究が公然と横行することは憲法9条に違反しており認められません。

安保法制は日本を戦争に巻き込む可能性を大きくしています。いま日本は米国や米国を中心とする多国間軍事戦略の一翼を積極的に担いつつあります。軍事費の増大や武器の開発などが露骨になり、武器輸出や武器共同開発など「死の商人」になろうとしています。その一方で日本全土が米国のアジア軍事戦略に組み込まれ、拠点化され経済的な負担とともに国民の日常生活が犠牲になっています。もう既に日本は平和といえなくなりつつあります。
これをまっとうな法治国家、平和国家に戻すのは、もはや裁判所をおいてほかにありません。世界にさきがけ「攻撃されても反撃しない勇気と決意」を表明した日本国憲法を持つ国民として、私たちには政府が戦争に加担しないよう監視する責務があります。同じ日本人であり、三権の重要な部分を担う裁判所の裁判官の方々が、その使命を果たされることを願ってやみません。

「日本国憲法前文」暗唱の課題ありき十四歳《じふし》の夏休み

殺すことなかれ殺さるることなかれ影踏んでひとり遊ぶ息子よ

桜のみ冴えてくぐもる人の声すでに銃後の街を歩めり

長崎の被爆の惨状と後遺症での苦しみ。子どもたちに味わわせたくありません

兒玉　節男（宮崎市在住）

１９４５年（昭和20）８月９日、長崎に原子爆弾が投下されました。当時、私は５歳でした。父母と姉が３人、兄１人弟１人の私を含めて８人家族で爆心地から２キロの長崎市稲佐山の麓で暮らしていました。８月８日も空襲警報が出て防空壕に入っていましたが、解除になったので家に帰りました。母は台所で昼の準備をしていました。長男と三女も家の中におり、私は弟を見ていました。父と長女は三菱造船所に仕事に行き次女も仕事に行っていました。

11時２分、突然光と爆発の大きな音と爆風、何が何だかわからず気がついたとき、潰れた家の下敷きになっていました。母と兄と姉、そして弟も家の下敷きになり、台所にいた母は大けがを負った状態で大声で子どもたちに潰れた家の隙間から早く外にでるように声をかけてくれました。

時間はどれくらい過ぎたのかわかりませんが、外に出たときは見渡す限り立っている建物はなく、惨害の中を防空壕へと逃げました。何が起きたかわからず防空壕の中で母にしがみつき泣き震えていました。

造船所に仕事に行っていた父は工場のコンクリート壁の中で仕事をしており、一命を取り留めました。しかし長女は昼の休憩で製材所の階段に腰かけて、弁当を食べる瞬間に背中から熱線と爆風を受け、腕から背中全体にかけて焼けただれ瀕死の状態で私たちのいる防空壕に逃げてきました。

薬も包帯もない、そのまま防空壕で横になって痛い痛いと泣く姉、日が経つにつれて蛆《うじ》虫がわき、その蛆

虫を1匹1匹とるばかりでした。そんな姉を夜も寝ないで見守る母は放射能によって髪の毛が抜けはじめ42歳で亡くなりました。次女も長い間放射能の影響に苦しみ亡くなりました。長女は一命は取り留めましたが、原爆症の認定を受けることができずにいます。

新型爆弾の投下からしばらくたってから、広島に落とされたと同じ原子爆弾であることを知りました。投下から1週間ほどが経ち、着るものも食べるものもなく、爆心地から2キロということで、食べ物や水はすべて被爆したものだけでした。もうここでは暮らしていけないと、父の親戚のある旧清武町の大久保まで、汽車を乗り継ぎ、怪我や火傷の痛みをこらえながら歩き、半月以上かけてやっとの思いでたどり着きました。たどり着いたとき、姉の姿を見た近所の人たちが「葬儀の準備をした方がいいのじゃないか」とささやくほどひどい状況でした。

あれから71年が過ぎました。私たち兄弟は原爆による後遺症で苦しみ続けてきました。私自身も甲状腺がんになり、これまで3度も手術をしました。現在も治療中です。また、目、耳もあまり良くなく、肘や膝などの関節の痛みでも苦しんでいます。

以上のとおり、私は5歳のときに被爆し、家族も原爆の後遺症によって苦しんできました。その苦しみを味わわせたくない。平和な日本であってほしい。戦争のない未来を子どもたちに受け継ごうという思いで生きてきました。しかし、安全保障関係の法律が多くの国民の反対の声を押し切ってつくられました。いま日本は私たちの願いと裏腹に、また戦争という過ちの歴史を繰り返そうしているように思えてなりません。

戦争によって平和は築けないことを身を以て経験した私自身、当時の惨状と苦しみを考えると毎日が不安で不安でたまりません。どうか再び戦争ができるような法律はつくらないでほしいと思います。

満州引き揚げ体験がトラウマとなって

去川　笙子（宮崎市在住）

　私は、１９４０年（昭和15）、満州で生まれ、妹弟と両親５人で生活していましたが、敗戦により、私が６歳のとき、満州から命からがら引き揚げてきました。その中で1歳の妹が病気で亡くなりました。両親の嘆きは一通りではありませんでした。私は今でも、ことある毎に、妹がいたらどんなによかっただろうかと心が痛み、妹のことを忘れたことはありません。

　引き揚げ時に、官舎にもソ連兵が来ました。私たちは官舎の押し入れに隠れましたが、ソ連兵に自動小銃で手当たり次第に銃撃されました。その怖さは、忘れることはできません。私たちはただ、じーっとひそんでいて、ガタガタ震えていました。

　見つからずに、ソ連兵は去っていきましたが、その恐怖が心身に残した傷跡は後々までトラウマとなっています。私が、初めて海外旅行に行ったとき、買ったナイフが検査の際荷物の中から出てきたのですが、検問の人が持っていた自動小銃を目の前にした瞬間、心臓がバクバク・ドキドキして目の前が真っ暗になり、体が固まってしまいました。引き揚げ時のソ連兵の自動小銃の音が耳の底に焼きついていて、今でも戦争映画を見ることができません。テレビの戦争画面も大嫌いで、フラッシュバックの恐怖を消すためにすぐスイッチを切ります。

　今まで転勤・引っ越しは何回もしていますが、官舎の恐怖が心に染み付いていて、２階に住むのは嫌ですし、エレベーターなど閉所は今でも怖いです。

イラク・イラン・アフガニスタンなどのニュースを見聞きするたびに、これら爆弾・弾丸が、大勢の子どもたちを殺傷していることを考えると、いたたまれない思いでいっぱいになります。

私は、1963年（昭和38）、朝鮮からの引き揚げで教師である夫と結婚しました。夫は、民主主義、憲法を理念とした教育を目指し、労働組合運動にも参加してきました。しかし、組合運動が弱められ、教科書が変えられ、教育がゆがめられてきていることに不安を覚えています。

私は、今の政権が改憲して、米国などと一緒になって、戦争のできる自衛隊にすると思えてなりません。戦争は、いつの間にか泥沼にはまり込み、引き返すことができなくなると思います。

私に男の孫（小学3年生）が生まれました。その途端、私はこの子が自衛隊に取られるという恐怖に襲われました。

孫たちが、私たちの経験した戦争や、いま国際的に行われている非人道的な戦争行為のような目にあわないように心から願っています。

戦争は絶対反対です。戦争につながる法律は憲法違反です。憲法を守る義務がある裁判所も「安保法」は憲法違反であると宣言してください。

空襲の恐怖から解放され、憲法に生かされてきた

佐川　嘉正（西都市在住）

私は、１９４１年（昭和16）生まれです。戦争中はまだ幼かったのですが、アメリカ軍の空襲で私の隣の家に焼夷弾が落ちて炎上したことは鮮明に覚えています。また、空襲警報が出るたびに、母と一緒に防空壕に入ったことも覚えています。

ようやく戦争が終わり、空襲はなくなりましたが、戦後も食糧難が続き、子どもだった私はいつもひもじい思いをしていました。戦争が終わったと言っても、生活は厳しいままでした。それでも、いつアメリカ軍の空襲があるかわからないことにおびえて生活しなくてよくなったことは何よりうれしかったです。

私は、新しい憲法の理念をもとに作られた教育基本法のもとで最初に教育を受けた世代です。私はその後、高校の教員になり、教育活動だけでなく、よりよい教育を目指し組合活動にも積極的にかかわってきました。これらの活動をするときに、常に一番頼りになっていたのは、憲法と教育基本法でした。

私は、教員として就職した１９６４年でも、「校長が酒を買ってこいと言われたら無条件に買いに行かなければならない」（特別権力関係）というように、校長や管理職の命令は絶対だという雰囲気が少しではあるがまだ残っていました。その後、教職員組合が職場の要求を実現するために校長交渉や県教委交渉に取り組むようになってから、職場が変わり、校長と職員が対等に議論できるようになり、職員会議が実質上議決機関になった学校も出てきました。

当時、私たちは、１９４７年（昭和22）に制定された教育基本法の前文を、教員としての仕事の目標として

いました。その前文は、「われらは、さきに、日本国憲法を確定し、民主的で文化的な国家を建設して、世界の平和と人類の福祉に貢献しようとする決意を示した。この理想の実現は、根本において教育の力にまつべきものである。われらは、個人の尊厳を重んじ、真理と平和を希求する人間の育成を期するとともに、普遍的にしてしかも個性ゆたかな文化の創造をめざす教育を普及徹底しなければならない。ここに、日本国憲法の精神に則り、教育の目的を明示して、新しい教育の基本を確立するため、この法律を制定する」というものでした。

ところが2006年（平成18）に教育基本法を第一次安倍晋三政府が改悪しました。「教育基本法」の前文は、「我々日本国民は、たゆまぬ努力によって築いてきた民主的で文化的な国家を更に発展させるとともに、世界の平和と人類の福祉の向上に貢献することを願うものである。我々は、この理想を実現するため、個人の尊厳を重んじ、真理と正義を希求し、公共の精神を尊び、豊かな人間性と創造性を備えた人間の育成を期するとともに、伝統を継承し、新しい文化の創造を目指す教育を推進する。ここに、我々は、日本国憲法の精神にのっとり、我が国の未来を切り開く教育の基本を確立し、その振興を図るため、この法律を制定する」と変えられました。

「平和を希求する人間の育成」だった目標が、わざわざ削除されました。また、「個性豊かな文化」の創造をめざそうとしていたのに、これも削除されてしまいました。個性豊かな人間を育てることは、「個人の尊厳」の重要性をうたった日本国憲法の精神そのものです。平和を求める人間の育成もまた、日本国憲法の平和主義の理念を守る人を育てるというものです。

2006年の教育基本法の前文は、憲法の重要な柱を無視したものに変えられました。このころ、私は、今後憲法を改悪して軍事優先の国づくりをしようとしていると感じ始めていました。

私が教員をしている間、毎年何人かが自衛隊に就職しました。自衛隊を志望した動機は、「公務員だからと親が進めたから」「各種免許が無料で取得できるから」「飛行機の整備がしたいから」「収入等が安定しているから」など様々でした。

私は、2001年に退職しましたが、それまでに自衛隊に就職した教え子たちは、安保関連法制・戦争法制定以前の入隊者です。親も教え子も自衛隊が戦場に行かされるとは想像していなかったと思います。人間は生きてこそ人生があります。自衛隊員となっても、戦争で命を落とすな、戦争で人を殺すなと思います。

ところが、安倍政権は、憲法改正の手続きを経ずに、閣議決定で憲法9条を改悪するという暴挙に出ました。そして、安保法制を強引に作り上げてしまいました。

私は、違憲の安保法制ができてしまったことに強い怒りを覚えましたが、あきらめてはいけないと思いました。黙っていては、子どもたちを再び戦場に送ることになってしまうと思いました。

73年間、1人の日本の若者も戦争の犠牲者にさせなかった日本国憲法。73年間、他国の兵隊に銃を向けさせなかった日本国憲法。日本国憲法の燃える命で安保関連法制・戦争法を溶融解体させるには、平和を希求する市民の運動の絶え間ない波動こそが必要だと思っています。

私は、西都市に住んでいます。西都市は、航空自衛隊新田原基地のある新富町の西隣の町です。

安保法制が成立して、私たち基地の周辺に住む者としては、新田原基地が今後どういう役割を持たされることになるのか不安です。また、地元に住んでいる自衛隊員が戦場で殺し、殺されたりすることになりはしないかと考えるととても他人事とは思えません。

2016年（平成28）12月16日の「産経ニュース」（インターネット）には、南スーダンPKOに関して、「駆け付け警護、死亡時の見舞金9000万円政府引き上げ、手当も8000円増」との見出しで、「政府は6日午前、南スーダン国連平和維持活動（PKO）に派遣されている陸上自衛隊部隊に関連し、駆け付け警護を行った際に死亡した隊員に支給する賞恤金《しょうじゅつ》（弔慰金）の最高額を6千万円から9千万円に引き上げる方針を決めた。また、駆け付け警護を行った場合には1日8千円の手当てを追加支給することも閣議決定した」「賞恤金は防衛省訓令で定められており、上限は6千万円。イラクでの人道復興支援活動やソマリア沖アデン湾の海賊対処活動のほか、福島第1原発事故に部隊を派遣したときに9千万円に引き上げていた」「ただ、政府は駆け付け警護により自衛官のリスクは増大しないとの立場をとっており、賞恤金を引き上げれば野党側の批判を浴びる可能性を懸念。調整が難航し、駆け付け警護の任務を付与される11次隊が南スーダンへ出発した後の決定となった」とありました。

安倍政権がどう言い訳をしようと、南スーダンへの駆けつけ警護では、自衛隊員が死亡した場合に備えていることは明らかです。

戦争をしない国日本であり続けることが、一番の世界貢献であり、貧しくとも心豊かに日本国民が暮らせる大本である、と訴えたいと思います。

教職の身にあった私は、教え子を戦場に送りたくありません。自衛隊に行った教え子についてもそうです。教え子たちは、海外で人を殺したり、また殺されることなど考えていなかったと思います。私は、安保法制ができたことで、教え子たちがいつ戦場に行かなければならなくなるのかという不安をそんな法律を成立させた安倍政権に心から憤りを覚えます。

「殺してはならない」空襲と戦後のひもじさを体験した仏教者として

久保 良修（延岡市在住）

私は１９４１年（昭和16）１月、熊本市で生まれ、戦時中は熊本市で幼年期をすごし、戦後は熊本県内を転居しながら少年期をすごしました。父は熊本県庁の職員で、私の家はごく普通の平凡なサラリーマンの家庭でした。兄弟は５人もおり、にぎやかで平和な生活を送っていました。

私は熊本大空襲を体験しました。昭和20年（１９４５）に入って戦況が厳しくなり、私の住む熊本市もアメリカ軍の空襲を受けるようになりました。７月１日に熊本市は大空襲を受けました。家屋が燃える危険があったので私ら一家は近くの竹やぶに逃げましたが、その竹やぶにも火が移り、着のみ着のままで畑の方に逃げて一命をとりとめました。夜の零時ころというのに、空襲による火の手で熊本市街の方角の空は夕焼けみたいに炎で真っ赤になっていたのを今でも覚えています。焼夷弾は近くの川にもおちてリンが燃え、火の川のようになっていました。後から聞いた話では、この大空襲で約４００人が殺され、多くの人々が焼け出されたということでした。

それ以後生活は一変し、ひもじい毎日、私の父は食糧調達のために歩きまわり、私の母は７人の子育てで苦労していたことが毎日の粗食によりわかりました。

父は復員した人の就職口をつくるために県職員を辞し、慣れない製材会社等の民間会社をさまよい続け、一家は熊本県内を転々としました。栄養不足と心労で父は肺結核にかかり仕事ができなくなってしまいました。こんな中でも父はなんとか畑や田をつくって少しでも飢えを防ごうとしましたが、終戦直前の８月13日に１歳の妹が栄養失調で他界しました。妹は生まれたときから栄養不足で、母の母乳が出ず重湯を乳のかわりに飲ませましたが、結局衰弱し亡くなってしまいました。６人の兄弟姉妹は腹をすかせ、一家８人が８畳一間に雑魚寝の生活でした。

その後私一家は延岡へ移動しました。父が肺結核で仕事ができなかったので家には収入がなく、翌日からは、兄は豆腐売りのアルバイト、私と妹は寺に嫁いでいた叔母の元に預けられました。親兄弟姉妹との別れの淋《さび》しさに加えて寺での掃除洗濯、冬はヒビ・あかぎれ、しもやけの生活が続きました。父は入院し、母は不自由な目で失対の仕事に通っている状況で、私は母の元に帰りたくても帰ることはできませんでした。

中学生のころ、ラジオで戦争の反省を語る大人たちの声を耳にしました。寺では、戦死者の年忌供養法要や慰霊祭が盛んに行われていました。そのときも戦死者の遺族が集まり、「今、あん子がおってくれたらねえ」と溜息とともに泣きくずれ、「もう、戦争やら決してするもんじゃねえなあ」と心の底から語られました。私はあらためて戦争の悲惨さ残酷さを思わずにはいられませんでした。

私は長年仏教の僧侶を務めてきたのですが、仏の教えの中の最も大事な一つに、生けるものをむやみに殺してはならないという教えがあります。戦争は人を殺すことを目的とする点でこの教えに真っ向から反するもので、我が国をこの戦争への途へ導く危険をもつ今回の安保法制は仏教者の立場からしても絶対容認できないと考えています。

人類の福祉と幸福に貢献するべき大学がゆがめられてきています

牧村　進（宮崎市在住）

私は、太平洋戦争が始まる昭和16年（１９４１）の２月に川崎で生まれました。家族は父母、姉４人、妹１人、私の６人きょうだい、計８人でした。戦時中は、空襲時に庭の防空壕に入ったことを覚えています。幸い家は空襲にあわず家族も無事でした。戦後、父が家で病気療養中でしたので、母は、近所の会社の臨時職員として勤め、その後、失業対策の日雇いの仕事で家計を支えてくれました。

小学４年生のとき父が他界しました。小学時代はまだ伝統的な遊びに付近の子どもたちと興じてのびのびと育ちましたが、中学生になってからは将来のことを考えるようになり、当時、すでに学歴社会で受験競争が始まっており、自分が将来自立して社会で生きていくためには、それなりの高校・大学に進学することが必要だと子どもながらに考えました。昭和31年神奈川県立川崎高校に入学した年の12月に母親が仕事中に脳溢血で倒れ、帰らぬ人になりました。たいへんショックを受けましたが、周囲の励ましで何とか気を取り直し、学業を続けて、当初の目的どおり、大学進学を目指しました。

経済的理由から志望校は、東京周辺の国公立大学理数系とし、２浪して昭和36年、東京大学理科２類に合格し入学しました。家庭の事情から大学の駒場寮に入りました。当時の教育環境で特筆すべきことは、まず、経済的困窮をかかえる学生には、公的あるいは私的なセーフティネットがあったことです。つまり、格安の授業料（年間１万円ほど）、さらに授業料免除、給費制特別奨学金や、格安大学寮が用意されていました。諸物価も安く、少しアルバイトをすれば、父兄の資金援助がなくとも、不自由なく学業を続けることができました。

人間的成長という点でも、当時の大学は、入学当初の1年半の教養課程で、これまで受験勉強一筋でとかく薄れがちであった社会への目や自分自身を振り返る時間が与えられていました。学内は自由で、寮も、旧制高校からの伝統で、教育的配慮から寮生の自治が守られており、そこでの生活が人間的成長の場ともなりました。学園の雰囲気はサークル活動も自治会活動も自由で、当然のことながら、様々な社会問題を自由に議論する場でもありました。

以上、私の青春は、物心両面で憲法に守られ育ったと今から思うと実感いたします。

その後、教養課程を経て、農学部畜産獣医学科に進学し、ついで大学院獣医学専攻修士課程および同博士課程を修了して、昭和46年（1971）に帯広畜産大学獣医学科に就職しました。約10年間勤務したのち、宮崎大学農学部獣医学科に転勤しました。大学勤務中の活動に関しては、教育研究、獣医学会、大学運営、獣医学再編問題に関連するいろいろな経験があります。

大学教員として足かけ約35年勤務したのち、平成18年（2006）に、宮崎大学を定年退職しました。退職後は、当初のんびり悠々自適に過ごそうと思っていましたが、世の中が平和憲法を変えて戦前のような国家主義的社会に戻そうという、いわゆる、改憲勢力の動きをひしひしと感じ、憲法に物心両面でお世話になった自分としては、現憲法の破壊には黙っているわけにはいかず、平和憲法を守る市民運動の端くれとして参加してきました。同時に、大学教員ＯＢとして、法人化後、ますます混迷を深める大学での教育研究問題などについての研究会に現役教員の仲間とともに参加し、必要に応じて、現役・ＯＢの大学教員などへアピール活動もしてきました。２０１７年（平成29）には、宮崎大学における軍学共同の動きに反対する訴えを学長に提出するとともに、さらに反対署名を市民に訴える活動にも参加してきました。

今回の陳述では、２００４年に施行された国立大学法人化が大学にどのようなことをもたらし、その中で安保法制との関連で昨今問題となっている、大学における軍学共同問題について次に述べることにします。

まず、２００４年の国立大学の法人化は、文科省からの自主性・自立性の確立を謳い文句にきわめて強引にすすめられました。しかし、早くも翌年から、国立大学法人への国からの運営費交付金（学生数や教職員数で決定される基盤的な教育研究経費や人件費等）の１パーセント削減が開始されました。即ち、この法人化は、高等教育の充実ではなく、国家公務員の総定員を削減する本音が露骨に示されたわけです。以来、運営費交付金の削減は継続され、この間では約12パーセントもの削減となっています。

各国立大学法人の収入源としては、この運営費交付金に授業料・検定料・入学料・病院収入等を加えた大学自体が確保する資金に、各種の研究費等の競争的資金や企業からの寄付金等の変動的な外部資金があります。宮崎大学では、この運営費交付金は約94億円であり、別会計的な巨額の付属病院収入約１８６億円を除いた収入合計約１３９億円の70パーセント弱となっています。ちなみに東京大学では運営費交付金が占める割合は、約30パーセントと言われており、外部資金が潤沢に集まっていることが示されます。

多くのノーベル賞受賞者が訴えているように、目先の利益のためではなく長期的・基礎的・自主的な教育研究に使える資金である運営費交付金の削減が、ほとんどの国立大学の教育研究の貧困化に拍車をかけています。教職員個人の人件費は削減できないので、運営費交付金の削減分はすべて教育研究に係わる経費の減となります。このため、宮崎大学を含め多くの国立大学で、各教員が自主的に使用できる教育研究費が年間十数万円になるという事態を引き起こしています。最終的には、指導する学生・院生の数による補てんがあったとしても、各教員年間20万~30万円程度であり、研究室に配属された学生にとっては、高い授業料に見合うような教育研究環境にありません。一方で、外部資金が潤沢な研究室もありますが、大学教員に最も身近で基本的な外部資金である文科省の科学研究費補助金の採択率は30パーセントほどに過ぎませんから、多くの研究室は貧困化の度合いを強めています。総じて、国立大学では、各大学内の予算配分、次いで学部内の配分の方法によって多少の違いはありますが、この基本的な構造は共通しています。

今後の運営費交付金のさらなる削減に対応するため、宮崎大学でもついに総人件費の削減が始まりました。具体的には、定年退職者の後任を不採用にし、教員数を減らします。ただし、外部資金で人件費を補てんできる場合には、後任の採用が可能となっています。例えば、医学系のように外部資金を集めやすい分野と教育系のようにそれが困難な分野では、教育研究条件の格差が一層拡がります。このため、学科／課程の大学設置基準を満たすことを前提としていても、学生は、今まで不補充の教員が担っていた教育や研究の専門分野を十分学ぶことができなくなります。

このような国立大学の貧困化が進む中で、２０１７年度（平成29）の防衛省委託研究制度経費が、自民党の要請を受けて制度発足3年目にして6億円から一挙に１１０億円に増額され、軍学共同の危険性がきわめて強まりました。この研究制度は、今のところ工学系の研究分野／テーマが指定されています。

この事態を受けて、自然・社会・人文科学の全分野の研究者で構成される日本学術会議は、①戦時中の軍事研究の反省に立ち、軍事研究との決別を宣言した過去二度の声明を引き継ぐ。②防衛省の制度は基礎研究であっても装備開発という明確な目的を持つので問題が多い。また、③各大学でも軍事研究に対する審査機関の設置を求める。とした声明を２０１７年3月に表明しました。この声明を受けて、防衛省の研究制度への応募を認めない大学が数多くある一方で、基礎研究を名目にし、また〝防衛的な〟研究ならば軍事研究でも許されるとし、積極的にこの研究制度に乗ろうとする大学もあります。

宮崎大学では、学術会議の声明を受けて２０１７年４月、副学長名で教員宛に防衛省の研究制度への応募に係る留意点についての文書（通知）が配布され、応募にあたっては学内で審査を行うことを公表しました。しかし、この文書の最後は、「本学では、生命倫理及び社会正義に反しない限り、研究者の研究の自由を尊重します」で締めくくられています。宮崎大学執行部の本音としては、明らかな軍事研究ではない基礎研究は軍事研究ではないとして、むしろ応募を期待する思惑が透けてみえます。そもそも「研究の自由」とは、前川喜平前文科省事務次官の中学校での授業内容に対して文科省が強圧的な調査を行ったように、時の政治権力・行政権力からの教育・研究に対する「不当な支配」に抵抗するために使われる言葉であり、防衛省の研究制度への応募を推奨するかのような文脈で使われるべきものではありません。これは、宮崎大学の見識が問われる文書であると思います。

結局、宮崎大学では２０１７年度（平成29）も応募者はなく、その後の宮崎大学教職員組合との学長交渉でも、学長は軍事研究を認めないと発言されています。しかし、学術会議声明でも触れられているように、防衛省の研究制度の目的は軍事用装備の開発であり、たとえ民生用にも適用できる基礎研究であっても軍事研究であるとの認識が、宮崎大学の基本的考え方の中に明確になっていません。できれば軍事研究であっても基礎研究を隠れ蓑にして、外部資金が欲しいのではないかと思ってしまいます。安倍首相が思わず〝わが軍〟と呼んでしまったように、防衛省＝軍事機関からの研究費で実施される研究は、すべて軍事研究なのです。

２０１８年度の防衛省委託研究制度の募集が開始され、宮崎大学では研究委員会で昨年度と同様に対応するとの方針が示され、前述の副学長の文書も生きていることが確認されています。２０１７年度の募集の結果では、全国の大学からの新規採択研究の件数は0でしたが、研究分担者として4大学の研究者が含まれていることが明らかとなりました。このため、研究代表者として応募しないというばかりではなく、研究分担者としても参加しないことの働きかけを強めることが重要と思います。

安倍自公政権による憲法9条改憲の動きに呼応して、科学技術面でも戦争する国づくりへの科学者研究者の動員が始まっています。再び軍事研究に加担することがないように、広く県民世論が宮崎大学をはじめ全国の大学・高専の動きに注目していることを示すことがきわめて重要です。と同時に、高等教育への投資を増やし、基盤的な教育研究条件の抜本的な改善を求めるために幅広く国民の声を上げる必要があります。

第一次安倍政権のときに教育基本法の「改定」を強行し、ついで、第二次安倍政権になって、2013年に特定秘密保護法を、2014年の集団的自衛権容認の閣議決定を経て2015年9月19日に安保法制を、2017年に共謀罪と、国民多数の反対にもかかわらず、いずれも強行採決しました。これら一連の法律は日本を再び戦争ができる国にするものであることは明らかです。その中心となる法律が安保法制です。自衛隊がアメリカの起こす戦争に世界中どこへでも派兵され、殺し殺される状況になるということです。

しかし、この集団的自衛権の実施を止めているのが憲法9条です。だから安倍晋三首相は、今年度中に、憲法9条3項に自衛隊を書きこむ〝安倍改憲〟に執念をもやしているのです。

憲法9条に自衛隊が書き込まれると、2015年に制定された安全保障関連法は9条のしばりを解かれて、自衛隊が米軍とともに海外で武力行使をすることが現実の問題となります。それと同時に自衛隊が憲法上、国会、裁判所と並んで国の主要な行政組織に位置付けられることになります。そうなった場合、わが国のあらゆる行政は軍事最優先となることは想像に難くありません。

経済面では、軍事費が極度に増加し、生活・福祉・教育関連予算はさらに削減され、格差が一層拡大することは明らかです。同時に、国民の不満や要求を抑えるために、戦前のような、周辺諸国に敵国をつくり、国民を監視し、反対者を逮捕・監禁する社会になりかねません。

小中高教育では、天皇の代替わりを利用して、個人を犠牲にしても公益を第一にすることが大切だという「道徳教育」、また、戦前のアジアへの侵略戦争を肯定する「歴史修正主義的教育」が徹底されるようになるでしょう。すでに、その兆しが社会の随所に見られています。

大学教育では、国立大学法人化にともない、年々大学への運営交付金が削減され、今や教員1人当たりの教育研究費は年間10万~20万円までになり、いきおい教員は研究費獲得に膨大な労力を強いられています。一方、学生は授業料値上げや学費・生活費高騰により、アルバイトに追われ、学業に打ち込めず、父兄には莫大な教育費を負担させています。利子付奨学金によって卒業時には莫大な借金(数百万から一千万円)を背負わせられる学生も少なくありません。今、大学では、教職員、学生が競争と将来への不安に日々さいなまれ、精神的障害に陥るケースも増加しつづけています。

こんな中で、教員には軍学共同への経済的強制、学生には学費無料化を餌に自衛隊への入隊(経済的徴兵制)が現実の問題となるでしょう。こんな軍事優先の社会になれば、大学は、本来、国民の福祉や幸福を目的とした教育や研究に生きがいをおぼえるはずの学生や教員の意に反した方向に仕向けられ、わが国を戦前のような破滅へと向かわせられることになりかねません。

私は長年大学に籍をおいたものとして、このような大学の現状を見聞きするにつけ、大学が日本および世界の人々の福祉と幸福に貢献する本来の姿を取り戻すことを切に願わずにはいられません。私の同胞や後輩が全世界で戦争をしているアメリカの手先となって殺戮《さつりく》や軍事的支配の道具作りに動員されかねないと思うと、いてもたってもいられない気持ちです。

本来であれば多数決によっても奪われないはずの我々の内心の自由や学問研究の自由、さらには生きる権利すら脅かされているのが今の日本の姿です。戦争できる国になるということは、国柄が変わるということであり、「富国強兵」のために国民が犠牲になるということです。すべての人権や利益は平和があってこそ守られ発展させられるものです。軍事に国力を注げば勢い国民生活は犠牲にならざるを得ません。その構造は太平洋戦争時代と現代とで何ら変わりがありません。変わったのは、太平洋戦争前とは違い、恒久平和主義と不戦の誓いを謳った日本国憲法がわれわれ国民や、法の番人である裁判所をも励ましているということです。

安保法制が国会で議論されたときに老若男女問わず、思想信条を問わず多くの国民が反対し、日本国憲法11条や97条に謳う国民の責務を果たそうと努力し、今もその努力を続けています。

裁判所はわれわれ国民の人権の砦《とりで》であり、法の番人であると信じています。為政者が専横の限りを尽くし、法をないがしろにし、国会までも機能不全になってしまっているとき、それを質《ただ》せる国家権力の担い手は裁判所以外にありません。

ぜひ、裁判所は法の番人として、日本の子どもたちの未来のために、裁判所本来の当たり前の役割をはたしていただくよう切に訴えるものです。

政府方針への批判を許さない風潮の強まりに危惧を感じています

伊地知　孝（宮崎市在住）

私は1941年（昭和16）8月11日、神戸市で生まれました。しかし、神戸市への米軍の空襲が激しくなり、3歳の年に母の実家がある日南市細田町に疎開しました。小学校から高校まで日南市で過ごし、その後いったん県外に出て、1965年に宮崎に帰り、宮崎市内の会社で40年間働いてきました。

私は、幼いころの空襲の恐怖とともに、戦争への深い反省から生まれた憲法9条の平和主義を守らなければならないという強い思いを、自分の心と身体に刻みつけて70年以上の年月を生きてきました。平和主義を後退させるような政府の動きには一貫して反対の意思表明を続けてきております。それが、平和憲法を守り育てることだと確信してきたからです。

安倍内閣は2015年（平成27）5月14日に「安保法制」を閣議決定しました。これは今まで政府が説明してきた「専守防衛」の自衛隊から、同盟国が攻撃を受けた場合に自衛隊が武力行使できる集団的自衛権を認めるもので、憲法違反の決定でした。私は、安倍首相が憲法9条を解釈によって変えていくやり方に激しい怒りを覚えました。戦前、政府は戦争の実態を隠蔽、虚偽の報道で国民の知る権利を奪い、治安維持法で徹底して弾圧し国民を侵略戦争に駆り立てていきました。そして今、「安保法制」を強行し、日本を海外で何の歯止めもなく戦争する国に変えてしまうのではないかという危機感を強く持っています。アメリカの言いなりに日本が世界中に戦争をまき散らす国になっていくことは耐えがたく、許しがたいことです。戦争する国にとって必要なのは、国民の精神を戦争体制に動員していくこと、政府方針への批判を許さないことです。

私が小学5年の1951年ごろ、近所のおばさんが泣きながら大声で、「また○○が警察につかまった。ビラを配ったりするもんやかい」と叫んでいた姿を思い出します。政府を批判するビラを配布したために息子さんが警察に連行されたというのです。「ビラを配布したことで逮捕された」というこの近所のおばさんの泣き声は、今も耳に焼き付いて離れません。似たようなことは今でも起こっており、政府批判がしにくい空気が蔓延《まんえん》しており、戦前に逆戻りしつつあることをひしひしと感じております。

「安保法制」制定の動きがあることを知ったとき、私は「絶対に日本を戦争する国にしてはならない」との思いで、多くの市民とともに、「安保法制=戦争法」の危険性を訴える集会や宣伝行動に積極的に参加しました。私は居住している東大宮をはじめ、大島、波島、江平、権現、村角などの宮崎市内の地域の隅々で、「憲法9条を守る会」のメンバーとともに、「安保法制は憲法違反。力を合わせて廃案にしましょう」と訴えてまわりました。

国会で安保法制法案が緊迫してきた2015年初めから宣伝行動を始め、法案が国会に提出された5月以降はほぼ連日宣伝してまわりました。3人の憲法学者が揃って「安保法制は憲法違反」と国会で意見陳述した同年6月4日を境に、市民の反応が大きく変わりました。ハンドマイクや宣伝カーで訴えると、家から出てきて聞いてくれ拍手したり、手を振ったり、またドライバーが黙礼したり、クラクションを鳴らしたり、反応がびんびん返ってきました。「自分たちがやっている宣伝行動は点にもならないだろうが、しかしこうした運動を全国各地で行うなら、安保法制=戦争法は阻止できるかもしれない」と強く感じました。

しかし、「安保法制阻止」行動中の7月末、私は緊急に入院し手術を受けなければならなくなりました。宣伝行動が終わった後、体調に異変を感じ病院でカテーテル検査を受けたところ、医者から「心臓血管の99パーセントが壊死し緊急に手術しないと死にますよ」と診断されたためです。バイパス6本を通す手術を11時間かけて行いました。手術は成功し、命を取り留めることができました。

手術後、集中治療室で過ごした2日間、繰り返し同じ夢を見ました。その夢とは、1937年（昭和12）7月7日、日本軍が盧溝橋事件で日中全面戦争に突入していったときの一場面で、軍服を着た日本兵が長い隊列を組みザックザックと軍靴の音を立てながら行進していく映像でした。続いて武器や軍靴などが、精米機を何十倍も大きくしたような挿入口にどんどん吸い込まれ、それらが金色に光った金貨に変わって、大きな排出口から勢いよくあふれ出てくるという、何とも奇妙な映像でした。いずれも動画です。

私は後日、妻から「あなたは手術後せん妄状態になっていた」と聞きました。この夢もそういう状態での夢だったのですが、しかし夢の中身自体は今から考えても決して夢ではなく、安倍政権が強行しようとしていた「安保法制」＝「戦争する日本」の危険な道を暗示していたのではないかという気がします。

安倍政権は2012年（平成24）の政権復帰以来、秘密保護法、安保法制、共謀罪など、憲法違反の法律を次々に強行立法しました。それらの法案は立憲主義に反し、日本国憲法の三大原則である国民主権、基本的人権、平和主義を破壊するものだとして圧倒的多数の憲法学者、政治学者、文化人、ジャーナリスト、国民が強く反対しました。にもかかわらず安倍首相らは国会での数を頼んで法案を強行採決しました。

そして今、「安保法制」強行の総仕上げともいえる憲法9条を明文上も変えようとしています。「憲法9条に自衛隊を書き込んでもこれまでと何ら変わらない」というデマを喧伝《けんでん》しながら。「安保法制」によって集団的自衛権が認められた自衛隊を憲法に書き込めば、自衛隊が大手を振って海外の戦争に参加する道に直結することは多くの憲法学者が指摘していることです。今までは自衛隊が海外に派遣されても9条があるがために相手の国の人を殺し、自ら殺されることがなかった自衛隊の姿を180度変えてしまいます。こうした事態を許さないためにも、私は「安保法制」を廃棄する運動が重要だと思っています。そのためにもこの「安保法制違憲訴訟」で勝利しなければなりません。

国民が誇りに思い、世界中の人たちから尊敬の念でみられている日本国憲法が息絶えるのかどうかの瀬戸際、岐路に立たされています。日本が戦争への引き返せない道を進んだのはいつのことか？　ということが議論になりますが、今それが問われるときになっているのではないでしょうか。

戦争はいつも相手国を非難し、「防衛」の大義名分で始まります。「集団的自衛権」は、戦争をしたがる国の権力者（国民ではありません）にその口実を与える装置になっています。これに踏み出すことは、どんな理屈をつけようが、日本が引き返せない道に進むことになります。いま引き返さなければ取り返しがつかないことになります。

安倍政権は、森友学園・加計学園問題での文書改ざんや隠ぺいによる国政の私物化、「働き方改革法案」でデータをねつ造しての過労死促進、自衛隊のイラク派兵や南スーダン派兵に関するデータ隠ぺいによる国民主権の侵害、高級官僚のセクハラ疑惑等々、憲法無視、道義的退廃が極まっています。

安倍首相は「ウミを出す」と言いますがウミの根源が安倍首相自身にあるわけですから、ウミを出すためには首相自身が退陣するしかありません。また安倍首相は呪文のように「慎重に審議する」「丁寧に説明する」と言っていますがやっていることは真逆です。「今国会で決めずに審議を続けるべき」という国民の声がどんなに強くても、国民の声を一顧だにせず、ウソとゴマカシで法案を強行採決する。こうした安倍首相の政治に、独裁者の姿を見るのは私だけでしょうか。

その安倍首相が、憲法9条を変えたら一体日本はどうなるのか。火を見るより明らかではないでしょうか。私は自分の命が続く限り、「戦争する国にしてはならない」と思っている多くの市民と力を合わせ、「安保法制廃止」「安倍9条改憲阻止」のために頑張っていきたいと思っています。

裁判所が、安保法制の違憲性について、安倍首相ら政権に忖度《そんたく》することなく、冷静でかつ歴史的な視点をもって明確な判断を示していただくことを心から望みます。

「安保法制は違憲である」といふ文字に弁護士の若き声が重なる
刑事弁護人としての矜持鋭《と》く述べて返す刀で政権を刺す
四十年刑事事件に関はりて「容認しがたき事態」を怒る

あの戦争で一家の生活は変わってしまった

早瀬　昭男（延岡市在住）

私は昭和16年（1941）2月13日に東京の青山に生まれました。父は宮崎県東臼杵郡北川村（現延岡市北川町）下赤の生まれで、東京の電気専門学校を卒業してハイヤーの運転手をしていました。お客は当時の華族が多かったようです。戦争で東京を追われることがなければ、私たち家族の生活はそれなりだったと思います。

私たちは昭和18年4月には宮崎県延岡市に移住し、さらに翌年には北川村の下赤に移っています。おそらく、激しくなっていた米軍の空襲を逃れてのことでしょう。下赤は、延岡からも他からも自動車の来る道の無い村で、電気もありませんでした。母は3本の川を渡り2つの山を越えて歩いて下赤に着いたと言っていました。大きな家財道具は東京に預け、他の家財も延岡で預けたそうですが全部空襲で焼けてしまいました。昭和20年3月10日には東京大空襲が、6月29日には延岡大空襲があり、妻の祖母と叔母は亡くなってしまいました。

私の記憶は下赤からしかありません。父母と姉と私の4人は6畳くらいの狭い部屋を借りて住んでいました。父は次男でしたから土地の狭い山村では畑1枚貸してもらうこともできませんでした。私たち家族は着の身着のままで引っ越したので何もありませんでした。食べるものも、着るものも、履くものもありませんでした。いつも空腹で、ツギハギだらけの服を着て、ノミとシラミがいて、腹の中には回虫がいて、デキモノがいくつもあって、体の弱い子でした。食べたものの記憶は、泥のついたさつまいもを口の周りを真っ黒にしながら生で食べたこと、本家に行って祖母からすえって黄色くなった糸を引く麦飯をもらって食っていたこと、足はいつもはだしでした。母はこんな生活に耐え切れなくなり一家心中をするんだと川で包丁を研ぎました。姉は泣いて母にすがり、雨の中、近所のおばさんが母を説得する姿を今でも覚えています。

昭和22年（1947）に小学生になりました。私の記憶では1年生の授業で憲法の話を先生から聞いています。先生は個人が尊重されるようになったということと、これからは長いものに巻かれるような生き方はしなくてよくなったと繰り返し話してくれたことを憶えています。しかし、こんな先生だけではありませんでした。4年生のころの担任は私たちを定規を縦にして叩《たた》きましたし、授業中に小便に行くことを許しませんでした。クラスのほとんどの子が教室でお漏らしをしました。6年生のときの担任はもっと厳しく、自分はカナヅチで叩かれて育ったという先生でした。私たちクラスの全員が竹の棒や杉の棒で叩かれました。特に多く叩かれたのは先生が下宿していた家の息子でした。先生は誰かを叩く前に必ずその子を叩いたのです。母はわたしの頭に13もコブがあるのを数えて泣きました。先生の叩きかたは想像できるとおもいます。

私たちは中学校を卒業して33年目に同窓会をやり、小1から中3までの先生に声をかけました。小6のときの先生もきてくれました。私たちは誰言うとなく皆でその先生に「あなたが一番悪かった」と非難しました。特に下宿の息子は「お前だけは決して許さん」と先生にむかって言い放ちました。軍国主義の中で教鞭をとった残滓《ざんし》とはいえ私たちには耐え難い苦痛でした。

姉は中学を卒業すると高校進学を許してもらえず、愛知県の織物工場に就職していきました。このことは母が102歳で死ぬまで姉との確執となりました。私は高校に進学しましたが、2年生のときに大学進学をあきらめました。毎月のように授業料を滞納する状態だったからです。

このように戦争中だけでなく戦後も長く苦しい耐え難い生活を私たちは強いられてきました。こうした生活には二度と戻りたくありませんし、子々孫々にも経験してほしくありません。

安保関連法は特定秘密保護法、共謀罪法、盗聴法とともに戦争準備の法というしかありません。我が国は太平洋戦争に敗北し、ポツダム宣言を受諾して二度と戦争の惨禍を起こさないことを国民とアジアの人々をはじめとした諸国民に誓い、戦争を放棄し、憲法9条を制定しました。

しかし、現在、安倍政権の下で強引に進められてきた戦争準備の諸法によって、歴代自民党政権がぎりぎり憲法9条1項、2項に抵触しないとしてきた専守防衛という合憲の範囲を逸脱してからは、急速に自衛隊と米軍の一体化が進んでいるだけでなく、国土防衛ではなく外国で米軍と共に戦う戦力の増強をF35ステルス戦闘機や巡航ミサイルの購入、そして事実上の空母への自衛艦の作り変え、敵地上陸部隊の編成等々毎年国防費を膨らませながら行われています。このような戦争遂行政策は私たちに戦争への不安を煽《あお》り苦痛にします。安保関連法の廃棄を切に求めます。

安保法制は、戦争と戦後を体験した私たちの希求に反するものです

飯尾　博（国富町在住）

先の大戦の敗戦時、１９４１年（昭和16）８月末生まれの私は４歳になるちょっと前でした。敗戦直前は、防空壕の中に入ったり、アメリカのグラマン機が上空を飛んでいるのを見た記憶があります。

そして、私は中国からのいわゆる引き揚げ者でした。引き揚げは北京からでしたが、小さな子どもを３人も連れた両親の引き揚げ途中の苦労や恐怖は筆舌に尽くしがたいものであったろうと思います。

日本には家も土地も無かったので、親戚の二間しかない隠居部屋にずっと住み続けました。戦後の食べるものも満足にない時代を、ひもじい思いで過ごしました。戦争で、鍋釜やお寺の鐘も供出させられたのでしょう、多くのお寺に鐘がありませんでした。

そういう体験から、戦争は絶対嫌だという気持ちが身に付いたのだと思います。

私の卒業した小学校の校歌に次のような1節があります。「平和・民主の日本と世界に誇る日を待たん」と。敗戦後、多くの先生方は、日本国憲法や教育基本法の精神を生かした「平和、民主の日本」を希求していたのだと思います。

ところが、今回（２０１５年）成立した安保法制は、集団的自衛権の行使を認めることになり、また、後方支援、治安維持活動も可能にするなど、日本国憲法に明白に違反するものとなっています。

世界中に軍事基地を持ち、軍隊を展開しているアメリカはイラク戦争をはじめ、世界中で戦闘行為（戦争）を行ってきていますが、このような国との集団的自衛権の行使は、日本の自衛隊も戦争に巻き込まれることになりかねません。安保法制施行後、それは現実のものになりつつあります。

私の親戚や知人に自衛隊員がいますが、以上のような安保法制施行後の自衛隊の任務変更は、隊員の命が脅かされると大変不安で心配です。私個人としても、これまで永年持ち続けてきた日本国憲法に対する信頼が傷つけられるものとなり心外です。

従来の政府見解であった「憲法9条の下において許容されている自衛権の行使は、わが国を防衛するための必要最小限度の範囲にとどめるべきものと解すべきだから、集団的自衛権を『行使』することは、その範囲を超えるものであって、憲法上許されない」との基準を守ってほしいです。

現在、政権はこの憲法9条2項の死文化にも手をつけようとしていますが、このような危険な状況の下では、最低限安保法制は違憲だとの判決が重要です。そうしないと、戦争の危険の歯止めが利かなくなる心配があります。

大臣や国会議員の憲法尊重擁護の義務についても、判決で触れてほしいです。

憲法9条こそ私たちのよりどころ。壊されるのは許せません

峰　瑞枝（宮崎市在住）

私は、昭和17年（1942）9月、日向市で生まれ、7歳まで同市で、小学校2年生から中学校卒業まで西郷村（現美郷町）で生活し、その後神戸の製糸工場で働きました。19歳のとき、西郷村に帰って役場に勤め、32歳で結婚、2人目の子どもを出産したとき、乳児保育園がなく退職しました。娘らが長じてから、レストランなどに勤め、50歳から縫製の仕事が中国に移されるまで、縫製工場で働きました。65歳のとき、乳がんを患い、つらい3年間の化学治療を終え、自分の死を直視する体験から、現在、がんサバイバーに対するピアサポート、認知症の方々の過去の記憶を書き残すボランティアをしております。

私は初めての子であり、物も十分あって大事にされていましたが、昭和20年に入って事態が一変しました。日向市には軍港細島、財光寺に航空基地があり、米軍のたびたびの空襲を受けました。木材会社の番頭をしていた父は地域では警防団の団長をしていて、非常時の警護にあたっていました。空襲があった日、父が細島港周辺を見回っていたとき、母子が倒れていました。子どもを抱き起こしたとき、顔の前面がつぶれ、もぎ取られていたそうです。私と同じ2歳くらいの女の子であり、母親は父の顔見知りの朝鮮人ですでに死亡していたということでした（「おまえと同じ年のころであった」とその後何度も父が口にしていました）。

昭和20年、父にも召集令状がきました。出征する前に、父は私を30キロ離れた叔母の家に預けました。母一人では19年に生まれた弟と私の2人を連れていることは危険で無理だとの考えでした。農家も米を供出させ

られくず米しか食べられないひもじさがありました。

終戦となり、父は復員してきましたが、軍の統制品である材木を扱っていた会社は閉鎖されており、失業が長く続きました。母の実家から芋や野菜をもらって飢えをしのぐ生活でした。弟を海で亡くしたのを機に、父は、故郷の山村に帰ることにし、小学校1年生の私を母の実家に預けました。父母は、西郷村の八十数戸の集落の公民館の電話番をしながらここに住み、軒に店を付け足して雑貨屋を営みました。私は小学校2年生になって、父母と同居できたが、貧しい暮らしでした。

このころ、現金収入のない村の子たちの中には図工用の画用紙1枚買えない子や弁当がなくて昼休みにそっと外に出る子もいました。私は、田畑のある子からは私が公民館に住んでいることでいじめを受けました。

戦中戦後、父母と二度にわたり引き裂かれ、貧乏な生活の中で、私は泣いたり笑ったりしない子（会釈のない子といわれ続けた）になっており、中学校卒業後集団就職の列車で発つとき、他の子たちが泣き、また見送りにきてくれた私の母は涙ぐんでいるのに私は何で泣いているのかわかりませんでした。このような感情・情緒障害や他人と距離を置く習慣がついたのも、あの戦争によってもたらされたと考えています。

65歳のとき乳がんを患いました。孫たちの成長を見たい一心でつらい治療を続けました。2011年（平成23）3月11日に東日本大震災、福島原発事故が起きました。津波で幼い子どもたちが大勢死に、子どもたちが放射能被爆で甲状腺がんが心配されました。そのとき広島・長崎の原爆を思いました。がんで自分一人が死ぬのとはちがいます。戦争は、無差別に誰をも殺すのです。

3番目の孫が2歳になったころ「戦争法としか呼びようのない安保関連法」が国会に提出されると聞きました。この孫たちが犠牲になるかもしれない法案の出現を見て、孫を守るために行動しなければ何のために生きているかわからないと法案反対の強い決意を持ちました。

この孫は、屈託がなく、泣き、笑い、感情表現豊かに、やんちゃをし、わがままいっぱいを繰り広げます。「これを豊かにまっすぐに伸ばしてやりたい。私のような抑制的、会釈のない、無感動の子にしてしまう状況・戦争だけは絶対に寄せ付けてはいけない」と心から思います。

安保法制により、とてつもない不安と、耐え難い苦痛を受けています。

この74年間、朝鮮戦争、ベトナム戦争や世界の争いごとが報道されてきたが、私は、心のどこかに「日本には戦争はしないといっている憲法がある」「日本は自ら攻撃はしないのだからどこの国もいきなり日本にずかずかと攻めてくることはないだろう」との思いがあり、長年、日本は戦争しない国だと信じ、安心していました。２０１５年、強行採決された安保法制によって覆され、「戦争する国になる、殺し殺されることになる。子どもも殺され、ひもじい思いをする」と不安に震えました。孫たちの暗澹《あんたん》たる行く末を考えると、苦痛の極みです。

私の父方の戦死した従兄は、家族は中支に派兵されていると思っていたところ、後日、沖縄に転属中に魚雷を受けて戦死したとの広報を受けました。戦争は人の命を粗末にするのです。二度とそのような戦争をしてはなりません。そして、あの東日本大震災や熊本地震そのほかの災害地で、大きな活躍をして私たち国民を助けてくれた自衛隊員を、海外で死なせるようなことは絶対にしたくありません。

認知症の人から記憶を聞き取る中で、1時間前の会話や昨日会った人を忘れる人も、一人残らず戦争のことは忘れていないことを発見しています。

認知症になった私の継母から、聞き書きしたことをその弟妹に確認したところ、「16歳の女学生のとき、2歳の妹を負ぶい、2年生、3年生、5年生の弟妹と、半身麻痺が起きていた母を連れて東京から宮崎県まで親戚を頼って列車で疎開した。途中の駅で機銃掃射をうけた」という「記憶」に間違いはありませんでした。少しずつ記憶が途切れたり、消えていく病気になっても戦争のときのことは脳裏に刻み込まれた決して忘れられない酷い体験なのです。

戦争の体験は一生その人を苦しめます。戦争ができる国というだけで平和に生きる権利を侵害し続けられます。決して戦争はあってはならないことなのです。私は、自分の残りの人生がこのような不安に晒されたことで悔しく、苦しく、不安な毎日を送っています。だからこそ、残りの人生を賭けてでも戦争の加害者にも被害者にもならないように精いっぱいのことをやるつもりです。

※　　※

私がこの法廷で陳述いたしましたのは2019年（平成31）1月のことでした。その元になる陳述書を作成し始めたのはこれより2年前の2017年です。この2年半近くの間に私はますます、戦争への怖れが増幅するばかりです。目の前で何が起きたというわけではありません。しかし、戦争への恐怖が増幅するのはなぜかと考え、再び自分に問いなおし、いま一度、聞いていただきたいと考えるようになりました。

私が生まれたのは軍港であった日向市細島でここから南西の方向に財光寺飛行場がありましたが、小学2年生から育ったのは山にかこまれた静かな村でした。飛行機の機影も見たことがない所でした。ところが度々、夜中に飛行機の音を聴くようになりました。その音は少し離れていていつも一定しておりました。子どもですから飛行機は夜にしか飛ばないものだと思っていました。長じて、見えない飛行機の正体は戦争中の幼い日に聞いた飛行機の音だとわかりました。

こんな記憶が残ったままの私が縁あって結婚した相手の実家は、新富町の新田原基地の北側にありました。

深い谷を隔てて基地の外周から1500メートル《メートル》もありません。4年間住んだ経験もありますから基地の及ぼす影響は肌で感じて知っております。

婚家の姑《しゅうとめ》の語る戦争中の話は、同じ女性として私には耐えられないと思えるもので、いかほどの忍苦であっただろうかと思っております。

新田原基地の前身は旧陸軍の飛行場でした。飛行場は戦争が勝ち目のときは安全な場所でしょうが、敵から見ると一番攻撃しやすい場所でもあります。

姑は、夫が召集され、子どもと両親、小姑を残され、田畑の耕作に加えて、自宅に飛行場の兵士を宿舎代わりに泊めることを命ぜられたといいます。基地はもっともねらわれやすく危険な戦況になったためでした。家は家族だけでも足りない広さでしたが、軍の命令ですから従わざるを得ません。納戸と一部屋を明け渡し、そこに6、7人の兵士が交代しながら宿泊していたといいます。井戸は1カ所です。井戸端は食事の準備や洗い物をするのに兵士も使用します。言葉など、ただのあいさつでさえ控えなければならないほど、舅姑の監視の目があったといいます。この地域には同じような分宿があって、みな同じような経験をしたということです。そして戦争末期、基地は赤く夜空を焦がしたそうです。

私が戦争への恐怖を語るのに、なぜ姑の経験談を出したのかと言えば、それは現在の新田原基地の危険性に通じると思っているからです。報道によると、沖縄県の普天間基地の代替としてうつくしい辺野古の海を埋め立てています。それと並行して、新田原基地にアメリカ軍の弾薬庫が造られることを知りました。日米共同訓練だけでも脅威であるのに、いつまでの期限なしで、いつでもアメリカ軍の使用ができることほど恐ろしいことはありません。300人以上の宿舎も完備したと聞くと、戦争が起これば真っ先に攻撃されるのではないかと思うのです。

弾薬庫はすでに自衛隊が装備しており、そこにアメリカ軍の弾薬庫が造られる。その上保管する弾薬の種類は秘密のままになると聞きました。危険性は倍増すると思っています。基地の存在は戦争が起きていない平時でも、大変危険で私たちを不安な気持ちにさせています。

先に述べたとおり私自身が住んでおりましたので、経験した一端を申します。私の住んでいたのは湯の宮という集落でほとんどが農業でした。明るいうちは皆田畑に出たり、作物の加工などの作業を庭先でしておりました。すると基地を敵地に見立てて、滑走路に対し直角の方向から轟音とともに低空で戦闘機が飛来し繰り返します。訓練とわかっていても恐怖を感じたものです。事故の恐怖も生じます。

また、夜になると、帰還した戦闘機などの修理・点検でエンジンテストというのがあります。戦闘機のあの轟音ではなく低周波音として空気を震わせます。ガラス戸や障子を震わせ不安に陥れられるのです。

私が住まいを宮崎市に移して17年になりました。通りを行きかう車の音や風向きで聞こえる電車の通過する音、宮崎空港に着陸体勢に入った旅客機の音みんな人々に密着した暮らしの音が聞こえてきます。ところが、2年ほど前から突然の爆音に驚かされることがたびたび起きています。部屋にいてもわかる戦闘機の音です。旅客機が降下している機影を見る同じ空間を戦闘機が飛んでいることを平然と見られなくなりました。

最近の報道で、東京・羽田空港や成田空港の離着陸は、アメリカ軍横田基地の制空権優先のため、非常に狭い空間でしかできないこと、その危険性を知りました。この危険性は羽田や成田だけにとどまらずこの宮崎でもあるのではないかと考えるようになりました。

私には、かつての第二次大戦で命を落としたり、財産を失った人々の記憶がまだ鮮明に残っています。

私は憲法の存在、中でも9条の存在が一番のよりどころでした。日本人であるなら9条を変えようとか、戦争をする、できる国にするなどということを考えること自体をしないだろうと信じておりました。

それが新安保法制を強行採決して以来、沖縄県や鹿児島県の島々に新たな基地建設が進められたり、自衛隊基地だけでも危険であるのにアメリカ軍基地化していくなど到底許すことができません。

自分が幼い日に体験した苦痛、姑たちが味わった苦痛を、こうして発言できる者はまだましです。空襲や戦地で命を落とされた方は物言えぬままです。

先の陳述で、幼いころの私とだぶらせて見ていた末孫はコロナ渦中に1年生を終えて、週明けから制約がありながらもようやく通常授業になるそうです。戦争のせいで親と暮らせなかった私が一緒に暮らしはじめた2年生と同じ学年です。

感染症や災害も恐ろしいものですが、戦争は人間が作り出すものです。戦争の怖さ酷さは例えようのないものです。戦争はしないという憲法を守り、一日も早く安保法制が無くなるようにこの法廷が判断して、私たちの暮らしを安全で豊かなものにしてくださることを信じています。

戦時下から戦後、そして安保改定反対。平和のとりで「9条」を守るために

藤原　慶子（宮崎市在住）

私は、1942年（昭和17）1月7日、太平洋戦争・真珠湾攻撃の1カ月後に生まれました。父は病気で隊から離れ、千葉で壕を掘っていたときに終戦となりました。隊のほとんどの人は中国で戦死したそうです。父は帰ってきましたが、そのあと長く結核で寝ていました。

私が小学4年生のとき、サンフランシスコ平和条約と同時に日米安保条約が締結されました。敗戦の終結となる講和条約が、「アメリカとの単独講和」と「日米安保条約」の締結という形でなされました。戦後の日本がアメリカとの安全保障条約の下で始まったことが、問題の始まりであったと私は考えています。

1960年、私が大学入学の年は、「日米安保条約」改定反対の年でした。私は、デモの中におり、日米安保条約の改定に強く反対しました。

「平和憲法」に誇りを持ち、学習してきた者にとって、「日米安保条約」は戦争に引きずり込まれる危惧のある大変危険な条約です。2015年（平成27）の安保法制関連法の制定施行により、米国の戦争に日本の自衛隊が引きずり込まれ、アメリカと一緒に戦争する条約となってしまいました。とりわけ、トランプ政権のもとでは危険な状態が続いています。

核を含む兵器が強力となり、日本はアメリカの言いなりで兵器を爆買いしています。軍事費の莫大《ばくだい》な増加で福祉にかかわる予算や厚生年金等が減り、私達は安心して年を重ねることが難しくなりました。毎日、世

界のどこかで紛争がおこっていて、心が安らぐことがありません。日本がそれに加担し戦争に参加できる国になってしまい、私自身とても不安です。

「平和を守る」「戦争をしない」というには、先ず、自分（国）が「白旗を揚げる・手をあげ」、他国間と対話で解決しようとすることだと、私は強く思います。たとえ、攻撃を受けたとしても、自分（国）は、兵器や武力をつかって解決をしないということです。武器を持ち、アメリカの核の傘のもとにいたのでは、どの国からも信用してもらえないでしょう。

裁判所におかれましては、私たちの平穏な暮らしをおびやかす安保法制関連法を、最後の砦《とりで》である司法の場で、憲法9条に違憲であると判断してください。

平和は武器では守れません。

第１回口頭弁論後の街頭演説（2017年7月12日）

「歴史の流れを戻すことはしない」60年安保行動に参加をすすめてくれた母への誓い

尾方　周子（延岡市在住）

私は、１９４３年（昭和18）年７月、東京の下町両国の産院で誕生しました。父方は石鹸工場を経営、母方は茨城の酒造屋という、戦時中はどちらも〝軍隊納入品〟を作っていた家の孫でした。

戦時中は、東京の高輪に住んでいたと父母に聞いております。幸い、東京大空襲の被害を受けることはなかったようです。周囲には宮家や軍閥の屋敷が点在していたそうです。２００８年（平成20）ごろに、ふと思い立ち、家が残っていないか見に行ったら、高級住宅街の中に、こぢんまりと軒を並べ暮らしている様子がありました。21世紀になっても、父母と同じように人々がささやかに生きていると思うと、何か愛おしいような、懐かしいような気持ちになったのを覚えています。

そのような家庭環境でしたので父も母も、その当時はめずらしく大学を卒業しておりました。私も、当然、戦後の日本国憲法下で民主教育を受けました。平和であること、民主的な社会であることは、私にとってはごく当たり前のあるべき国家・社会像であり、それに反すると考えられることには敏感な感性が育っていったように思います。

父母が大学を卒業していることの意味を知るきっかけになった出来事がありました。私が高校２〜３年の１９６０年、日米安全保障条約期限切れと再締結が大きな政治問題になりました。いわゆる60年安保改悪です。そのとき、国民の間には大きな反対闘争が起きました。その大規模なデモが国会議事堂を取り囲んだなかに私もいました。

そのとき、父も母も「敗戦の混乱時期に、日米だけで交わした不平等条約が安保条約。その調印書の原文は英語で書かれている。お前さんは、きちんと条文を英語で読み切ってごらん。日本の国語に訳されている写しは、時の政権に日本国民がいかにバカにされているかがよくわかるから。それから自分の行動軸を決め、デモに行くかどうかは自分自身で判断すればよい」とデモ隊の中に私が身を置くことに反対しませんでした。

特に第一次世界大戦開始時期とほぼ同時の1913年（昭和38）生まれの母は、「日本が無理やり属国にした中国や朝鮮半島などの東アジア出身のクラスメイトたち（日本の軍事政権に支配されることになったそれぞれの国の特権階級の子女たち）は、『現在どんな逆境にあっても、女性が国家の在りようをきちんと歴史観で考えれば、祖国が近い将来どのような道を歩むかが決まる』と胸をはっていた。

そのときは『何？　バカなこと言っているの！　この人たち』と、あきれてながめていただけの私たちだけれど、このころ、同窓会に参加する彼女たちは皆輝いている。彼女たちは終戦後の国づくりに、それぞれの母国で自分の意志でパワーを発揮してきた。それに比べて、敗戦を味わった日本の私たちは、自分たちで真の独立を勝ち取る力も発揮せず、民主主義を身につけようともせず、私も含めて大多数は自分自身で過去を検証することもしないで、よその国のせいで戦争による生活苦を味わったと思い込み、他人事のような態度で今日まで過ごしてきている。

日本国憲法は私たちが平安のなかに生きる権利を、認めている。このことのすばらしさにも感動することもないままに安穏と過ごすことに慣れてしまった。今、安保条約改悪反対デモが、労働者・大学生などの若者から発信されたことに大きな意義があると思う。ただお前さんはお祭りワッショイで参加しそうなので、安保条約の和訳と、デモ行為をどう考えて参加するのかを、きちんと論文提出してから行っておいで。行動目的がはっきりすれば、親は学校へ参加許可願を出す」と言いました。

戦前戦中は「お国のために」と軍事色一色の世相のなか、国民には強制的な思想統一教育が行われ英語は敵国語と禁止されていました。でも一部の特権階級の人たちへの教育は、英語をはじめ世界情勢を冷静にとらえた教育だったのです。父母もそのような教育を受け、自分の頭で物を考えていたからこそ、私に深い洞察に基づく意見が言えたのだろうと思います。

そのような父母の時代と比べて現在は、日本国民の誰でもが自由に学問を享受できるすばらしい時代だと思います。希望すれば憲法で保障されている高等教育を受ける権利を有し、自分のいのちは自分で守り、将来を自分で決める力を学びとることができます。

1960年の日米安保条約再締結反対運動の大きなうねりの中で、東大の学生寮では毎晩、若者なら誰でも参加できる〝憲法と人権〟の学習会が開かれ、著名な学者の講義も膝突き合わせて受けられました。今では、雲の上に祀られている方も、その後一生涯憲法を護るために頑張られた先生も、今では政府・国会等の側で活躍している人も、みんな一緒に、いろいろな考えが飛び交って、そのなかで自分の意見をもつことの大切さに気が付いた私にとって、本当に貴重な時間だったと思います。やはり思考訓練は、青春時代に築かれるのだと今でも思っています。このときに日本国憲法9条の不戦の誓いがもつ「世界の宝」の意義も、心ときめかせながら理解しました。

ちょうどその同じころ、水力・火力発電に加えて原子力発電へと舵を取り始めた日本の国は、日本ではじめての原子力開発研究所を、私たちの高校のそばの東海村に建設することを決め工事に入りました。平和利用といいながら最終的には軍事用に転換される可能性があると、教職員組合をはじめ各革新勢力は「高校生向け」に専門家を呼んで学習会を頻繁にもちました、国も高校生にむけて「原子力平和利用」を授業にまで組み込みました（教職員の抵抗を暴力で排除してまでそれがなされたことを私はこの目で見ています）。

理数系は不得意だった私ですが、必死で核分裂について学びました。原子力発電と核兵器開発との違いは「言葉の表現だけ。原発はそのまま即核兵器に転用可能」ということも知りました。その学びの中から、核戦争は「最大の地球破壊行為」。絶対に引き起こしてはならない。原発も動かしてはならない。他人事のように「火事場の見物」では、自然は維持できない。すべて私自身のこととして考え、戦争はおこさない。おこさせないのは、私たちの守りの行動にゆだねられていると確信しました。

２００４年（平成16）、日本国憲法９条改憲の動きが表に出だしたころ、大江健三郎さんや澤地久枝さんら文化人の発信で九条の会が結成され、その運動に身を置くことにしたのも、１９６０年代の学習が基になっていると思っています。私は、日本国憲法９条のすごさを伝えるメッセンジャーとして生涯を全うしたいと考えて行動しています。

私が九条の会の運動を始めたころから、私は日々のくらしが、60年前に逆戻りしている、再び「戦前」がきているのではないかと感じることが増えました。

２００６年２月に、母は92歳で亡くなりましたが、その前年の夏に実家に寄り母とゆっくり話をしました。このときの会話が遺言になってしまいました。

母は10歳で「関東大震災」を体験しその流れのなかで「満州事変からはじまる第二次世界大戦」への拡大を、わが身で体験してきた１人でした。その体験談を母は次のように語りました。

《「今から戦争をはじめるよ」と、国家をはじめとして誰も宣言しなかったし、「戦争が始まるようですね」と話題にもならないうちに戦争に巻き込まれていたわけ。平成の今の時代の状況は、私の青春時代とまるっきり一緒。女学生の私たちは「今が楽しければ満足」と青春時代を謳歌していて、「戦争をしたい人たちの戦略」なんてちっともわからなかった。日々の暮らしのなかでの変化に、私たち一般国民は気づかず戦時下の波に飲み込まれてしまった。》

《今また、この日本があのころとちっとも変わらない状況になりつつあるとわかるので腹立たしい。私たちの年代は、この負い目ともいえる気持ちを、ずっと持ち続けて今まで生きてきた。》

《あなたたちがこういう負い目を孫や子どもたちに持ち続けなくてもよいように、今の時代だからできる『日本国憲法』、特に『9条』を堅持する運動を使命としなさい。それが平和日本国を、孫子の代まで伝えることだと思う。また、そのことが、周子が自分自身の人生を悔いなくまっとうできる一番良い方法ではないかと思う。》と、締め括りました。

その母の言葉。《絶対に歴史の流れを戻すことだけは、私の代ではしたくない》。このことを、改めて母に誓いました。

その後、私なりに努力してきたつもりですが、世の中はどんどん歴史の流れに逆行し、戦争に向けて着々と進んできました。有事立法が制定され、特別措置法という形ではあってもイラク派兵に加わりました。大方の国民はアメリカに守ってもらうためには、その要求に従わざるを得ないため、なし崩し的に自衛隊が他国に派遣されていくようになったと受け止めていると思います。その仕上げが新安保法制です。それまで「少なくとも自国が攻められていないのに武力行使をするという集団的自衛権だけは認められない」と歴代政権、政府が踏ん張ってきた一線を超えたのです。

私は法律家ではないけれど、歴代政府の憲法解釈も、本来の日本国憲法前文や9条が目指したところからは後退していると感じてきました。戦争はいつも何がしかの大義名分で始められ、「自衛戦争」の名目で始まるのですから、自衛名目であっても戦争はすべて放棄しない限り、防ぐことはできません。国と国とのもめ事は外交や対話で解決するしか本当の解決はないし、全世界がそのような共通ルールに従えば、できるはずだと信じています。それを目指すようすが・希望の光として日本国憲法9条は世界の宝といわれています。現実の世界がそのとおりになっていないとしても、それに向かって知恵を絞り、努力を重ねていくしか道はないと思います。

互いの敵対心を煽り、武力で威嚇して自分の国に有利に事を運ぼうという考えで、互いに軍備競争をエスカレートさせ、壮大な無駄使いをしたあげく、それぞれの国民を苦しめ、それで軍備関係者等の一握りの人たちだけが得をするような世界はやめにしなければなりません。だから、歴代の政府解釈は、対話や外交努力を最大限重ねた場合でも他国からの武力攻撃が絶対にないとは言い切れない未熟な世界の現状を踏まえたもので、日本が武力攻撃を受けた場合のやむを得ない最小限の自衛行動として許されるギリギリの解釈であったのだと思っています。

それを超えてしまった新安保法制はいわば「ルビコン川を渡った」もので、取り返しのつかない歴史の汚点と言うほかはありません。それをむざむざと許してしまったと思うと母の遺言に照らしても身を引き裂かれるような思いがします。

国会で新安保法制が論議されていた2015年（平成17）、全国で大規模な反対運動が起こり、あの60年安保闘争にも劣らないたくさんの人たちが国会前でデモをしました。

私は、55年ぶりで「ここで新安保法制に反対の意思表示」をしなければと、国会前の反対デモに参加しました。55年間でかえられてしまった国政の有り様に怒りを覚えました。国会前で大多数の国民が反対の声を上げているのにマスコミは大きく取り上げもせず、また国民の知る権利を無視しました。あんなに多数の警察官が動員されているのに、警官はただ交通整理だけ。官邸・議事堂・各省庁から出てくる高級車の誘導を優先!!　公務員の気概はどこへ行ってしまったのかと、あらためて国民主権がないがしろにされつつある今の政権に、母から聞いていた戦前の為政者の姿を重ね、怒り心頭です。

国民の大多数は、日本がアメリカの言いなりになって他国に攻め入るなどということを許したくない気持ちだろうと思います。それは最近までの各種世論調査でも明らかになっていることです。死票の多い選挙制度と、政治に対する諦めが蔓延《まんえん》して投票率が下がり、今の国会が本当に民意を反映しているのか大いに疑問です。そのような中で、誠実に真面目な議論もせず、数の力で押し切った国会運営で強引に成立させた新安保法制は日本国憲法で保障されている国民主権をないがしろにしていると言うほかはありません。公聴会の結果も示されないなど議会運営上のルールも無視しました。何より、歴代政府が必死で踏ん張ってきた政府解釈をあっさり覆した内閣法制局は一体何をしていたのでしょうか。

国会も内閣も国民主権や立憲主義を体現せず、機能しないのであれば、せめて三権の一翼を担う裁判所には毅然と独立を貫いてほしいと願わずにはいられません。私は、司法府の代表である裁判所は、立憲民主主義の牙城として、憲法にもとづく判断を下されると信じて、私の人生を賭けてこの訴訟に加わりました。

父、母、義母、そして私
戦争は多くの人の人生を狂わせた

秩父　淑子（宮崎市佐土原町在住）

私は、1944年（昭和19）戦争の激しい最中に、満州のハルビンで生まれました。父は1914年（大正3）満州で生まれ、満州で育ちました。母は女学校を日本で卒業し、満鉄に勤めておりました。

私が生後8カ月のとき父親は兵隊にとられました。ソビエト連邦が参戦して間もなく日本は戦いに敗れ、父は部隊とともにソ連軍に捕らわれてしまいました。しかし、私たち母子は父の生死も判らぬままハルビンを脱出しました。雨に打たれ、風に吹かれ、母は幼い私を抱え、言い尽くせない無理をしたようです。私は栄養失調で、おまけに流行り目に罹ってしまいました。そのときしっかり治療できず私は右目を失明してしまいました。

何とか1947年3月8日大連港を出港し、3月14日、6日間かかって佐世保（長崎県）に上陸しました。2歳半で日本に帰国した私は、大村（同）の病院のベッドの生活だけが記憶にうっすらと残っています。そのとき、一緒に入院していた父方の祖父は、栄養失調と肺炎で亡くなりました。

シベリアに抑留されていた父は妻子の消息を知るよしもなく、巡り来る誕生日には、その日に自分が病んでいれば、娘も病気ではないかと思い、その日の食事に珍しい物でも支給されれば、娘は食たりているであろうかと想像していたようです。

父は、1948年12月私が4歳のとき初めて日本の土を踏むことができました。満州生まれの満州育ちでしたから帰国とは言えませんが……。父は、ハルビン学院という学校で、ロシア語を学んでいましたので、抑留中は通訳をしていました。しかし、満州鉄道のロシア調査部に所属していたことがあり、そのせいでロシア側に警戒されたのか、ある時から重労働の方にまわされました。そして、結核に侵され、首のリンパの手術も受けていました。

日本に帰ったものの、父は都城の国立療養所に入院しました。衰弱していた私も同じ病院に入院しました。後で知ったのですが、満州鉄道のロシア調査部に所属していたことで、日本に来てからの就職も制限があったようです。

教員免許を持っていた父は、1952年（昭和27）に何とか教員になれました。社会の免許でしたが、国語を受け持っていました。それからは、集団就職をした教え子の職場に、「労働基準法が守られているか」と訪問して調査したりしていました。また、「教え子を再び戦場に送らない」と定年まで反戦の意思を貫く教員生活を全うしました。

私はずっと病弱で、小学校に入っても、低学年の間は1年に70日ぐらい休んでいました。母方の叔父も重い結核にかかり、近所では結核の家として差別されました。遊んでくれる友達がいませんでした。

母は私たちを養うために、昼は事務員、夜は既製服の内職と、必死で働き、疲れきって、私が中学1年のときに36歳の若さで亡くなりました。

高校3年のとき新しい母ができました。継母は戦争未亡人でした。継母の息子は、大学に合格していましたが、経済的に大学には行けず、公務員になっていました。娘も中学を卒業して、准看護婦になり、苦学して、高看になっていました。十分な学業が受けられず、能力を断ちきられていました。

私も体力もなく、片目で、教員を目指しましたが、父が組合活動をしていたので、駄目だろうと諦め、オフィスに勤めました。お茶出しで粗相はするし、躓《つまず》くし、暗くいじけた青春でした。

戦争とはこのように多くの人生を狂わし、能力を閉じ込めてしまうものでもあります。戦争を止められなかった大人たちを、恨む時期も長くありました。

そんな私も、結婚して、子どもを授かり、上の娘が3歳、下の息子が1歳のとき西都市に移り住みました。新田原の戦闘機が飛ぶと、ゴーという凄まじい音に怯《おび》え、娘は私にしがみ付き、ゲーゲーと吐き出し、食事を受け付けなくなりました。自家中毒をおこしたのです。点滴を受けるはめになりました。戦争する武器は、本来生理的に受け付けられないものだと実感しました。

これは大変。この子たちを守るにはどうしたら良いか？　大人として何ができるか？　考えました。真実を知らなくてはと、母としてたくましくなりました。

夫の職場に、戦争中上官の命令で、捕虜の首をはね、苦しみに耐えられず、お酒を浴びるように飲み、身を持ち崩された方がおられました。殺《や》るか殺られるかの狭間で、苦しまれたのだと思います。

学生時代から、ベトナム戦争が始まった経緯を知るにつけ、そのからくりに独り悶々としていました。ベトナムの人たちの民族自決権の闘いに、なぜアメリカが介入するのか？　なぜ、その戦争に日本から軍事輸送しているのか？　なぜ、沖縄からアメリカの海兵隊がベトナムに飛び立つのか？

知れば知るほど、日本政府の憲法無視に恐怖を覚えました。有事立法、三矢作戦、小選挙区制、教育基本法の改定、特措法、盗聴法、機密保護法、そして安保関連法。

人創り政策に見事に手を入れ、物言えぬ国民をつくり上げ、まさに、国民の平和の願いを踏みにじる悪しき法律を、次から次へと通過させ、囲い込み、有無も言わさず、戦争への道を敷こうとしているのが、よくわかります。それは私たち国民のための戦争ではありません。戦争は国民に苦しみしかもたらさないことを私は経験上嫌というほど知っています。世界中の誰にもこんな苦しみを味わわせたくありません。アメリカと一体になっている日本の現状を見れば、今黙っていては、世界の人々に対して戦争加害者になることになります。

今、私は良い方の目が緑内障になり、四分の一ほど視野が無くなっています。何時《いつ》失明するかわかりません。何もしないで人生を終える生き方もありますが、それはできません。

戦前の、命がけの反戦平和への取り組みに、敬意を表し、次へのバトンタッチをしながら、平和と豊かさを求めて、生きていきたいと思います。

事実をねじ曲げ、多くの人たちを犠牲にして、すべてを無かったことにしようとしている、今の政府に追随することなく、安保関連法は違憲であると、公平な裁判が堂々と宣言されることを願います。

第3回原告の集い（2017年8月30日）

延岡空襲での栗田先生の、ベトナム戦争での枯葉剤被害者のメッセージを受け止めて

日吉　繁雄（宮崎市在住）

私は太平洋戦争敗戦の前年、１９４４年（昭和19）５月、宮崎県延岡市で生まれました。当時はアメリカ軍の日本本土空襲が激しくなっていた時期で、延岡市には日本窒素化学工業株式会社（現在の旭化成）があり、軍用火薬の製造がおこなわれていました。当然、アメリカ軍の攻撃目標となりました。『延岡市史』によると、「１９４５年（昭和20）６月29日午前1時15分ごろ、アメリカ空軍による大空襲が始まり、街はまたたく間に火の海と化し、無防備の市民はどうすることもできず、空襲なすがままで焦土と化し悲惨極まりない状態で、阿鼻叫喚とはこのようなことかとただ茫然《ぼうぜん》として、軍が唱える本土決戦の悲惨さ、恐ろしさを思わずにはいられなかった」とあり、１３０人が即死しました。まさしく無差別攻撃による戦争の犠牲者です。

生まれて間もない私は、両親や親戚の者たちと日之影町の山あいの集落に疎開しており、延岡大空襲の難からは逃れました。ですから私には、当時の空襲の状況は書籍や戦争体験者の語りによる知識しかありませんが、４年前新聞に、延岡大空襲による大惨事の中で、25歳の日系カナダ女性が犠牲になり生涯を綴った書籍が親族によって出版された、と掲載されていました。その出来事を述べさせていただきます。

犠牲者１３０人の中に、カナダのバンクーバー日本語学校教師の資格を取る夢を抱き、１９３８年（昭和13）バンクーバーから、はるばる母親の故郷がある延岡市に来ていた25歳の栗田彰子さんという人がいました。彰子さんは来日して宮崎県女子師範学校（現宮崎大学教育学部）を卒業した後、２年間の教師経験が必要な

ために安賀多国民学校（現延岡市立延岡中学校）で教鞭を執っていました。そうするうち、後に「おそろしい文明の破壊」と日記に書き残した太平洋戦争が始まりました。彰子さんは、高まる戦争の不安とカナダへ帰りたい気持ちで毎日が涙の日で、カナダにいる母親への手紙はたくさんの涙で滲んでいたそうです。

そして、彰子さんの運命の日が来ました。1945年6月29日未明の延岡大空襲です。彰子さんは他の先生と一緒に、燃える校舎の火を消し止めようと両手にバケツを持って走っていたときに、アメリカ軍の焼夷弾の直撃を受け即死したのです。

祖母はこの悲しい出来事をカナダにいる娘（初子）に「どうやって話そう」と大きな声で泣いたそうです。祖母からの手紙は約半年遅れた1946年2月にようやくカナダに住んでいる初子さんの元に届けられました。初子さんは手紙を見て真っ青になり、彰子さんを日本に行かせた責任を感じ、取り乱したそうです。

それから数年経った1951年10月5日、彰子先生の記念碑の除幕式が延岡市立延岡中学校であり、招待を受けた初子さんと妹のヨシ子さんはカナダから約1カ月かけて延岡に来、式典に出席しました。除幕式も終わり延岡を離れる準備が整ったとき、祖母は彰子さんの骨壺を持って来、二つの杉の箱に遺骨を分けました。そのときのことをヨシ子さんは生前、「彰子の身体を引き裂いているように思えました。私は、大声で泣きながら走って外に出ました」と語っています。遺骨の一つは延岡市の祖先の墓に、もう一つの遺骨はカナダに持って帰られ墓地に埋葬されました。カナダでの日本語学校教師の夢を断たれた彰子さんと家族の無念さを察すると胸が痛くなります。

延岡中学校では毎年6月29日、彰子先生の命日に慰霊祭と平和学習会が開かれています。また、彰子先生の地元カナダの「バンクーバー日本語学校」では、彰子先生の思い出を残していくために「栗田彰子記念奨学金」制度を設けられています。平和の灯火が、延岡中学校とカナダバンクーバー日本語学校の生徒さんたちの心の中に、何時の時代にも引き継がれていくことを願うばかりです。

次に、私の心に残るベトナム戦争について述べます。私は２０１７年11月末、初めてベトナムを訪問しました。目的の一つは仲間と行っている「枯葉剤被害者支援」の活動です。最初に訪問した枯葉剤被害者は、床に寝かされた41歳の男性で、見たその瞬間、十数年前に水俣病資料館で見た映像を思い出し大変ショックを受けました。男性の身体は硬直し会話もできず、知的障害により意思の疎通はほとんどできないように思われました。床に寝かされた子どもと、気遣う母親の悲痛な姿に胸が張り裂けそうになりました。

次に訪問した枯葉剤被害者も母子家庭でした。41歳の男性被害者は、骨髄のがんや肝臓障害などがあり、学校にも行けず、仕事もできなかったといいます。知的な遅れもあり枯葉剤の影響を受けているようでした。ベトナム戦争が終わって43年が経過していますが、猛毒のダイオキシンを含んだ枯葉剤被害者は、ベトナム全土におよそ３００万人存在しているといわれ、２世代３世代の子どもたちに手足の奇形、視神経障害、聴覚障害などさまざまな障害となって発生しています。私たちが訪れたハノイ市の北東約３１０㌔、中国と国境を接するハザン省でも３２００人の被害者が苦しみ続けているということでした。「ベトナム戦争はまだ終わっていない」ことを肌で実感した訪問でした。

１９６５年（昭和40）２月に始まったアメリカによる北ベトナム爆撃（北爆）は、日本国内にも大きな影響を与え、労働者や一般市民の反戦運動が盛り上がりました。そのころ、私は学生で「ベ平連」（ベトナムに平和を！市民連合）のデモに参加しました。当時の佐藤栄作首相は１９６７年、ジョンソンアメリカ大統領との「日米共同声明」で、アメリカのベトナム政策全面支持を表明し、物心両面からアメリカ軍を支援しました。日本本土には多くの米軍基地がありましたが、特に沖縄の嘉手納基地は北爆の主役となったＢ52爆撃機が終日、ベトナムに向け発進する基地でした。また、日本各地には米軍の野戦病院があり、ベトナム戦線から月に4000人以上にのぼる傷病米兵が運ばれており、さらに、戦争に必要なナパーム弾の原料やさまざまな物資が日本から運ばれていたともいわれます。このとき、日本は表面的には軍事介入しない形をとりましたが、それは「日本国憲法第9条」があったからだと考えられます。

さらに、ベトナム戦争は日米安保体制にも、深刻な影響を与えました。日米安保条約の「極東条項」の拡大解釈と事前協議制の形骸化です。それまでは、韓国、中国、台湾地域を指していた「極東」の範囲が、ベトナムまで含むと拡大解釈され、今ではペルシャ湾などイラクまでも極東だと嘯《うそぶ》いています。歯止めがかからなくなるのが戦争の恐ろしさで、ベトナム戦争はその典型だと思います。

小林節慶應義塾大学名誉教授の言う「法的にも政治的にも経済的にも愚策」の、もっと言えば「十把一からげ」の、国民に十分な理解のないまま強行採決した「憲法違反」の安全保障関連法は、これから先、自衛隊が堂々と海外に出かけ戦争をする道を開きました。私たち国民は、戦後最大の平和危機に立たされたのです。先の大戦で多大な被害を被ったアジアの国々は、軍事大国となった今の日本を、どう思っているのでしょうか。不安でなりません。

私は5月に74歳となりました。栗田彰子さんの人生の3倍近くを生きてきましたが、「平和憲法9条」と一緒に生きてきた、と言ってもいいでしょう。故に、文明の破壊である愚かな戦争の道に繋《つな》がる安全保障関連法は、人生の黄昏《たそがれ》を迎えた私の、最大の精神的苦痛となりました。裁判官におかれましては、賢明なる判断をお願いいたしまして、陳述を終わります。

「新安保法」は日本人の誇りを踏みにじるものです

宮原　宣子（宮崎市在住）

私は１９４４年（昭和19）３月31日福岡県大川市で、特定郵便局長をしていた父と母の五女として出生しました。父は私が２歳の１９４６年７月結核で死亡。戦中戦後の食糧難や過労による病状悪化によるものだったと聞いています。父の死後、母が特定局を継ぐことは法的に可能だったようですが、特定局は異母兄が継ぐことになり、成人していた上３人（兄と２人の姉）を除き母と下３人の姉妹で、私が７歳のとき、南九州市知覧町へ転居しました。

父の遺産で小さな家を建て、当時周りには食糧品店と菓子店しかない町で母は雑貨屋を開き生計をたてたのですが、田舎の暮らしは厳しいものでした。水道やガスの設備がなく、洗濯や炊事、お風呂に必要な水を隣家の井戸まで汲みに行かねばならず、燃料の薪を製材所までリヤカーを借りて買いに行ったり、トイレの汲み取りも大変な重労働でした。そして、毎年襲ってくる台風の脅威が、女だけ４人の暮らしには何より心細くつらいことでした。

また、鹿児島県は「男尊女卑」の気風が色濃く残る地域で、母子家庭の我が家は何かと厳しい視線にさらされた気がします。経済的にも余裕のない暮らしで、当時流行りだした少女雑誌などは買ってもらえず、私は友だちとの付き合いより図書館に入り浸りで本を読む毎日でした。小学5年生ごろから中学、高校までに出会った本の中で、島崎藤村の『破戒』を読み部落差別を知ったときの衝撃は忘れられません。

高校2年でロジェ・マルタン・デュ・ガールの『チボー家の人々』と出会い、私の社会への視野が大きく広がりましたし、私の価値観や人生観に多大な影響を与えたと思います。ジャックの少年時代における父との葛藤、青年期の労働運動との関わり、第一次大戦前夜のゼネストをめぐる緊迫した状況が強烈な印象として心に刻まれました。また兄アントワーヌの宗教観、神父との論争、医師としての倫理感、恋人との愛、そして兄弟の社会正義への揺るぎない信念などが、豊富な語彙と節度ある知的な表現で描写されていて、私は何かに迷い気分が落ち着かなくなると、何度もこの本を手にとりました。

市民にとって戦争ほど残酷なものはありません。朝日新聞の「声」欄に時々掲載される「語りつぐ戦争」を読むにつけ、戦争に翻弄される市民の無念、慟哭《どうこく》に胸をえぐられる思いです。我が家も敗戦直後の父の死によって、家族すべての未来が暗転してしまいました。戦後74年、私たちは「戦争は二度と許さない！」と誓い暮らしてきたはずです。その誓いが今、強権的な安倍政治によって葬られようとしていることに深刻な危機感を覚えます。

安保法制の制定・施行により、現実に引き起こされる問題点、危険性については、安保法制が国会で審議され、採決、そして成立に至るまでの過程を振り返れば、安倍政権の国会軽視、つまり国民軽視、民主主義を愚弄する政治手法に激しい怒りを覚えます。

このようなやり方は、その後も共謀罪法審議やモリカケ問題、官僚による女性記者へのセクシャル・ハラスメント問題などでも繰り返されました。審議時間を一方的に切り上げ、野党の質問時間を従来の慣例より短縮、そして強行採決が繰り返されました。モリカケ問題の集中審議で野党が国会審議を要求した際も、半年余り無視した揚句いきなり国会が冒頭解散されました。さらに、沖縄の辺野古移設問題では、徹底的に沖縄県民の民意を無視、沖縄への交付金を減額しました。このように、政権に批判的な者たちには容赦のない報復政治が行われる状況に、空恐ろしさを覚えます。

安倍政権の下、安全保障関連法が2015年9月に成立して以来、ごく平凡な一市民の私でさえ当然と信じていた「日本の平和や民主主義」が、危うくなりつつあることに愕然《がくぜん》とするばかりです。

「平和安全法制整備法」の法案提出理由や、「安保法制懇報告書」「憲法解釈を変更する閣議決定前文」には繰り返し、「今日の我が国を取り巻く安全保障環境は根本的に変容し、複雑かつ重大な国家安全保障上の課題に直面している……」とあります。具体的には大量破壊兵器や弾道ミサイルの開発および拡散、国際テロの脅威、海洋、宇宙空間、サイバー空間に対するアクセスやその活用を妨げるリスクの深刻化などが列挙され、このような状況下で、国民の命と平和な暮らしを守り、国家の存立を全うするために安保法制の整備が必要だとあります。そして、他国から武力攻撃を受けたときの自衛の措置としての「新三要件」というものが新たに決められました。この内容は抽象的で、いかようにも解釈できる文章に見えます。「日本と密接な関係にある他国に対して、武力攻撃が発生し我が国の存立が脅かされるような明白な危険……」や「必要最小限度の実力行使……」など、極めてあいまいな表現であり、何ら明確な規定がないまま他国への武力攻撃を開始するなど、憲法9条の下では決して許されないはずです。これまで世界各地で起きる地域紛争でも、武力で双方が納得できる解決がもたらされた例があったでしょうか？　我が国の軍備増強や日米安保条約で国民の命と平和が本当に守れるのか？　懐疑的にならざるを得ません。

世界中に核ミサイルや原子力発電所が拡散している状況で、いかに軍備を増強しようと、まったく無傷で片方だけが戦争に勝利するなど考えられないと専門家も指摘しています。「武力で平和は築けない」この言葉こそ、第二次大戦で焦土と化した景色に立ち尽くすしかなかった国民への教訓だったと思うのです。

今年4月2日の「アサヒコム」で安全保障関連法に基づきエジプト・シナイ半島にある多国籍監視軍の司

令部要員として、自衛官2人の派遣が決まったことや、他にも自衛隊の米軍艦船や航空機を守る「武器等防護」が急増していると報じています。安倍総理が執念を燃やしている、9条に自衛隊を明記するという改憲が実現すれば、次は「徴兵制」の復活になるのではないかと恐れます。しかも、男女共同参画社会基本法が施行されている今、女性も徴兵されるだろうとは数年前から囁かれていて、私には20歳前後の孫娘が2人いて不安です。最近、防衛大学における上級生からの暴力行為が、常態的に行われていたことが発覚しました。戦時中における軍隊では、上官や同僚からの暴力で死傷した事例が多かったことも報告されています。

10月に消費税が2㌫上がる予定ですが、仮に上がっても、社会福祉に回される予算は削られ、高額な最新鋭F戦闘機や、ミサイル防御システム兵器などの借金返済に回されるのではないかと危惧されます。さらに、2017年スノーデン氏により、私たち市民の個人情報が、密かに国家による監視システムにより収集されているという事実も判明しました。

私は「モリカケ問題」の国会審議が始まったころ、何度となく自民党本部の「ご意見フォーム」に国会審議についての疑問などを送信しようとしましたが、受信拒否にあい、その後も何度となくアクセスしましたが現在も受け付けてもらえません。自民党に批判的な意見は受け付けないというやり方は、政権与党としてあってはならないことです。国民が自由に意見を述べる権利が守られず、特定のメディアに対して圧力をかけるという状況は、既に日本では言論統制が始まっているのか？　と思わざるを得ません。

これらすべてのことが、安保法制と関連付けられる事柄ではないかと思われます。

私は、安保法制成立後、このままでは日本がまた戦争のできる国になり、この分岐点で戦争を間接的にも知っている国民が、それを止められなかったでは済まないと思っています。

戦争の影響で物心つくころから母の苦労を身近に見てきた私、世の中の差別に苦しみ、憤りを感じ、なんとかしなければといつも考えてきた私。みんなで知恵を出しあえば日本だけでなく世界中の人々が平和で差別ない社会で暮らせるはずなのに、なぜそれができないのかと日々悩み苦しんできた私。そんな私にとって、二度と日本が積極的に戦争に踏み出したり、片棒を担いだり、武器を作って世界中にまき散らし、世界から恨みを買うようなことをしないようにすることは、日本人としての誇りであり、自身に課した堅い誓いです。

今、安保法制によって日々刻々変わっていく自衛隊の姿、事故で失われる自衛官の命、世界中に誇示される米軍やアメリカに追随する日本の姿は、私の願いを打ち砕き、暗黒時代に入ったという苦しみを私にもたらしています。先人はみな言っています。戦争が起こってからでは遅いと。私は日本が攻撃されたり、日本人がテロの被害に遭うことも許せないですが、世界中で戦争をしているアメリカの同盟国の国民として戦争に直接間接に協力させられることが何とも情けない思いです。世界中で攻撃された人々に何の痛痒も感じない、それで経済的利益を得ても何も罪とも考えない、そんな日本人になるなど到底受け入れられません。私は今、高齢により体調が良くありませんが、戦争法などと揶揄《やゆ》される安保法制が今後どのように運営され、私たちにどのような影響が及ぶのか重大な関心を持ち注視して参ります。

朝日新聞デジタル版に4月2日「安保法初の事例」として、「エジプト・シナイ半島にある多国籍監視軍の司令部要員として自衛官2人の派遣を決めた」という記事がでました。具体的にどのような任務なのか詳細は書いてありません。それに自衛隊は「軍隊」という位置づけではありません。南スーダンへ自衛隊員が派遣された時に問題になった隊員が、何かの理由で発砲し相手が死傷する事態が発生した場合にどのような対応を取るのか、防衛省から明確な見解は出されていません。南スーダンへの派遣の際も、自衛隊の本居地にロケット弾が発射されるなどかなり危険な状況があったことが、最近になって明らかになっています。

安倍政権は国会で、野党の自衛隊に関する質問に率直に事実を語ろうとしません。これまでに国内の各地で、「安保法制違憲訴訟」がおきている状況です。私は二度と、どこの国とも戦争という事態になることを望んでいません。国家間の紛争を、武力によって解決するという選択は絶対に認められません。よって、我が国の自衛隊がいかなる理由にせよ、他国へ出向き戦闘を交えるという、集団的自衛権行使はあってはならないことです。

「安保法制違憲訴訟」に関わられる裁判官の皆様には、以上の私の思いを真摯《しんし》に受け止め厳正な判決を出していただけるよう切に望みます。

第2回口頭弁論前の裁判所までの行進
（2017年11月1日）

「誰の親も殺させない」ために

川畑　貞利（日南市在住）

私は１９４４年（昭和19）６月12日に宮崎県日南市（旧南那珂郡榎原村）大窪に生まれました。父は私が生まれる20日前に出征して行きました。昭和20年11月24日午前９時30分、満州間島省間島収容所において栄養失調により戦病死したと聞いております。ですから、私は父親の顔を見たことがありません。鴨居にかけてある１枚の写真がそれを教えてくれるだけです。

私は幼いころ、友だち数人と遊んでいて話の内容が父親のことになると、急に胸騒ぎがすることがありました。「～君とこにも、～君とこにも父《とう》ちゃんがいる。どうして家《うち》にはいないんだ」そう思うと矢も楯もたまらず、走って家に帰り母親に泣きついて訴えました。そのときの母の悲しそうな顔を今でも忘れることができません。

私が中学３年生のとき、戦争遺児ということで、靖国神社に招待されたことがありました。当時の私は、靖国神社の来歴や戦争で果たした役割を十分に勉強しておらず、せっかく呼ばれたのだからという気持ちで行きました。今だったら、お国のために死ぬことを名誉とする国民意識を中心的に作り上げた靖国神社に行くことは断固として拒否したでしょう。

先の戦争で父親を亡くした私たち戦争遺児は明らかに直接的な戦争の犠牲者だと思います。しかし、私たちとは比較にならない、次元の違う犠牲を強いられた人々が国内外に数限りなくあったことを思うと胸が詰まります。

その数限りない犠牲の上に日本国憲法、特に憲法9条は生まれました。戦争の愚かさに気がついた人たちが考え出し、それを戦争で傷ついた大多数の国民も歓迎して受け入れたことは疑いないことだと思います。戦後も長い間、現実の政治や日本を占領していたアメリカの思惑などに翻弄されながらも、「日本は戦争をしない」「日本は戦争ができない」という歯止めとして、大きな役割を果たしてきました。国民の大多数もそのことを評価し、受け入れてきたと思います。

日本が戦争をしない国というのは、戦争の被害者にも加害者にもならないという世界に向けた日本という国と日本人の約束事です。日本人として、その約束を守り続けたいと思います。私と同じように考えている国民は決して少数ではないとも思います。

その憲法が今本当に危なくなっていることに危機感を感じています。秘密保護法・安保法制・集団的自衛権の行使・共謀罪と違憲の法律が次々と強行採決されてしまいました。

新安保法制は、実際は憲法改正を経ないで憲法9条を破壊したものに他なりません。時の政権が無理矢理それまでの解釈をねじ曲げて、日本を戦争のできる国にしてしまったのです。それにお墨付きを与えようと、次の国会では国民の大多数が望んでもいない憲法9条の改悪等に手を伸ばそうとしています。絶対に許してはならないと思います。

それとは逆に、本当は日本はもっと世界の平和に向けてやるべきことがあるはずです。国連で採択され、次々と批准する国が増えている核兵器禁止条約に、唯一の被爆国として背を向けていることは、恥ずかしいことです。早急に批准すべきです。

私は父を奪った戦争を心から憎んでいます。新安保法制に反対するママの会が「誰の子どもも殺させない」というスローガンを掲げて運動をしていました。この言葉を借りれば、私のスローガンは「誰の親も殺させない」です。自衛隊員の子どもが私のような目に遭うことを許したくありません。今でも危険な任務に就いた自衛隊員の命が危険に晒《さら》されていることを考えると自分の父親と重なり胸が痛くなります。

私は新安保法制が成立した9月19日を忘れないために、毎月19日には市の中心市街地で様々な違憲の法律をプラカードに書いて、道行く人々、車のドライバー等に呼びかけています。無関心な反応を見ると心折れそうになることもありますが、辞めるつもりはありません。

裁判所には、憲法の番人として、新安保法制の前提となった恣意的な政府解釈を許さず、毅然とした態度をとってほしいと強く願っています。

第4回口頭弁論後の報告会・勉強会
（東京訴訟弁護団・原告　杉浦ひとみ氏と菱山南帆子氏（写真）を迎えて　2018年6月6日）

戦争を体験した世代から平和教育をうけた者として

新名　照幸（宮崎市在住）

私は、直接の戦争体験はありません。ただ、小さいころ、いつもお腹をすかしていたことは鮮明に記憶しています。自給自足の田舎でも相当な食糧難であったことが推察できます。私の同窓生は昭和20年（1945）4月〜21年3月生まれですが、非常に少なく小学校は2クラスでした。一年下は3クラス、二年下は4クラスにと増えていきました。これも戦争の影響なのでしょうか。

私は地獄のような戦争の悲惨さを体験していませんので、推察でしか語ることができませんが、戦後の平和憲法の下、戦争体験者から平和教育を受けてきた世代でもあり〝戦争をしてはいけない。平和が一番〟という思いは、身体のどこかにしみこんでいるのではないでしょうか。

安保法案いわゆる戦争法が強行採決されて4年が経過しました。あれ以来、毎月19の日に憲法違反の安保法案廃案を訴えて街宣行動を行ってきています。ご承知のとおり、第二次安倍政権が発足してから特定秘密保護法をはじめとする安保法案・共謀罪法案等の重要法案が強行採決されてきました。このような重要法案を国民に十分な説明もせず強行採決するという暴走政治に対して、国民の猛反発を受けた安倍総理は、当初「国民の皆さん方に理解が得られるように説明してまいります」と神妙に頭を下げましたが、その後1回も納得のいく説明は聞いていません。多くの国民が、内容を十分に知らないうちに「戦争のできる国づくり」を助長する法案が施行されてきています。この延長線上に憲法9条改憲があります。本当にこのまま流れていってよいのでしょうか。

私は、多くの国民が内容を知らないうちに、この国がどこに向かっていくのか大変不安を覚えています。世論調査でもわからないと答えている人が多いことも心配です。さらに、この流れと並行してすすめられてきている軍拡に大変な危機感を持っています。すでに、憲法が禁止する戦力兵器を装備した自衛隊へと変貌しつつあります。その上に、自衛隊が憲法9条に明記されて高い権威を与えられた存在へと変質していくことになれば、日本はどこに向かって暴走を始めるのか大変心配です。

すでに防衛予算は、2018年度(平成30)決算で5兆4749億円(2012年度比7134億円増)と安倍政権になってから飛躍的に増え続けています。さらに、トランプ大統領になってから高額な戦略的兵器の爆買いもあり、2019年度兵器ローンは、5兆3000億円にも膨らみ後年度負担が防衛予算を上回る状況もでてきています。その一方で、少子高齢化に伴い増え続ける社会保障費の伸びは抑制され、教育予算関係も2018年度決算5兆7482億円と2012年度比2125億円減になっています。

今、このような流れに歯止めがかけられなければ、自衛隊が国防軍へと変質し、集団的自衛権の行使が拡大し軍拡が一段と進み、防衛予算が限りなく膨らみ続けていき、さらに、少子化のなかで徴兵制への動きが加速するでしょう。私たちの暮らしや平和と民主主義が脅かされる時代に逆戻りさせてはなりません。

このような流れに歯止めをかける闘いが、今回の裁判闘争です。とりわけ、安保法案が強行採決されたことが、9条改憲や軍拡の流れを早めていることは間違いありません。子どもや孫たちに禍根を残さないために、今一度立ち止まって国民の十分な意見や声を聴いて、慎重な審議をするべきです。それが民主主義ではないでしょうか。

Ⅲ

戦後のひもじさと
民主化・復興への中で育った者として

「10《テン》フィート」運動の上映会にかかわって

矢野　みつ子（宮崎市在住）

私は戦後間もない時期に生まれました。私の夫の姉婿（義兄）は、警察関係の職場でした。昭和50年代のころでした。10フィート運動でアメリカが撮影した広島・長崎の原爆投下直後の様子のフィルムをアメリカから買い取った話を聞いていた私は、宮崎市木花での上映会に奔走したり南京虐殺のフィルム上映を見に行ったりしていました。その後、義兄が我が家を訪ねてきて、私の仲間（友達）は良くないからつき合わぬよう、また自分の息子の就職にも影響するし、この私はブラックリストに載っていると脅されました。

このことは私には大きなショックでした。この経験から私は社会問題に目覚めました。その後、私は機会があれば平和に関わる催しなどに協力したり参加したりして、戦争や平和のことにこだわり続けてきました。親族関係での縛りの中、限界はありましたが、私なりの精いっぱいの行動です。

そのようなことから安保法制にも大きな危機感を感じ、この訴訟にも原告として加わりました。私にとっては非常に勇気のいることでした。私は裁判所に強く言いたいのです。時の政府の国策寄りに傾くような裁判はやめてほしい。市民ひとりひとりの意見をすくい上げてもらえるよう、弱者の側に目を向けてほしい。戦争や戦時体制で犠牲になるのはいつも弱い国民です。力を持った人にはほんの少しの人間としての勇気を持ってほしい。正しい判決を下してほしいと心から求めます。

憲法と同じ年に生まれ、ともに育ってきた者の誇りと責任

黒木　公子（宮崎市清武町在住）

私は、日本国憲法の施行された、１９４７年（昭和22）生まれです。戦争を知らない世代ですが、戦争中のつらかった経験は両親や兄姉からよく聞かされて育ちました。

私の家族は、宮崎市青島に住んでおり、洋服店をしておりました。母親の「戦争中は空襲が頻繁にあり、ある夜に爆撃によって大きな石が商売道具のミシンの上に屋根を突き破って落ちてきて、屋根も家も修理が必要でミシンも1台使えなくなり、誰も怪我をしなかったのが幸いだったけど、仕事に支障をきたし、大変困った」という話、また「人ももちろん死んだり怪我したりしたけど、近くの川を牛や馬が首だけや胴体だけで流されていて、可哀そうでたまらなかった」という話、姉の「女学校生だったけど、延岡の旭化成に仕事に行かなければならず、作業中に空襲警報がなるとみんなで防空壕に逃げ込み、しばらくして静かになるとまた作業という生活で授業は全然なかった」という話、などが印象に残っています。また母は「どんなことがあっても戦争だけは絶対にしてはいけない」と繰り返し口癖のように私たちに言っていました。

私は、中学生になって、社会科で日本国憲法を教えてもらい、内容の素晴らしさに感動しました。「日本人に生まれて本当に良かった」と思いましたし、そのときから日本国憲法に誇りを感じ、基本的人権と戦争のない平和な国で生きる権利が保障されていることを意識して生きてきました。

しかし、高校生のときは、ベトナム戦争が起こり、沖縄からベトナムに向かって米軍の戦闘機が出撃して

いきました。ベトナムの戦火の中でたくさんの人たちが殺されている事実を知るとき、食事が喉を通らないほど、つらい思いをしましたし、憲法との関係で大きな矛盾をも感じました。戦争は残虐の限りを尽くし、人の幸せと真逆のものであることを強く実感しました。

その後も、世界では様々な争いがありましたが、日本は憲法9条のあるおかげで、誰も戦争で死んだり怪我したりすることはなく、誰も戦場に行って他国の人を殺すこともなく、という国であり続けました。

この憲法をもって70年経った今、この大きな安心感と平和な暮らしが、脅かされそうとしていること、既に一部は壊されてしまっていることに強い恐怖を感じています。私たちの世代で、たった70年で、この世界の宝物のような憲法を変えることになるのでしょうか。本当に愚かで残念なことです。

私には、20歳、13歳、4歳の孫がいます。この子どもたちの将来を考えるとき、今、私が恐怖を感じる昨今の新安保法制に対して、何も言わずにはいられない思いです。子どもたちが、中学生・高校生・大学生と成長していく過程で、日本国憲法を学び、私たちの世代のように、日本人であることに誇りをもったり、外国に行っても平和憲法を持った日本人という一定の評価をされたりという思いをしてほしいと願います。また、平和を守る思いを次の世代につなげていってほしいと思います。将来にわたってこの子どもたちたちが平和な日本に住むことができなかったら、それは今を生きる私たち大人の責任を放棄することになり、言葉にできないほどの悔いを残します。そして将来の日本を背負っていく子どもたちに対してあまりにも無責任であると思います。

私は、この新安保法制が、大きな権力の力で、少しずつ既成事実化されていく現状に、いたたまれない思いの日々を過ごしています。このようなことが通れば、将来、「この時代に生きていた大人は、何を考えていたのだ」と叱られるでしょう。子どもたちのことを考えると胸が押しつぶされそうになり、苦しいです。日本は三権分立の国です。どうか、裁判所におかれましては、私たちも将来の人たちも、平和に生きる権利を守っていただけるような司法の判断を切に望みます。

オレンジのリストバンドは傍聴券決して外すなと指示が出てをり
傍聴券配布締切時刻後に駆け込み来たる幾人かあり
水曜は休診の西山歯科の西山先生も傍聴に来つ
息荒く駆け込み来たれる先生のジーンズ姿をはじめて見たり

海上自衛官の息子はなぜ死なねばならなかったのか。その死をムダにしないために

樋口　のり子（宮崎市在住）

私の息子は海上自衛官でした、高校を卒業して当時は防衛庁でしたが曹候補学生の試験を受け、合格して2年間の曹候補学生としての訓練を経て3曹という身分になり、護衛艦に配置されました。その護衛艦でわずか7カ月を過ぎたときに自ら命を絶つことになりました。この護衛艦ではわずか1年半の間に、自殺や転落行方不明の方が続出していました。しかも、息子と同じ機関科だけのことでした。

息子は結婚して子どもが生まれたばかりでプライベートでは、幸せいっぱいの暮らしをしていました。しかし、新米3曹として護衛艦の生活はたいへんだったようです。「仕事以外のことで悩む、イジメや虐待が常にある、標的になっている後輩がいる」「僕も宮崎の焼酎『百年の孤独』をせびられている」といった話を聞いていました。

息子が自ら死を選ばなければならなかった理由は何だったのか、真実を知りたいという一心で、自衛隊の調査を待ちました。ところが、半年かけて作られた調査報告書には、息子は仕事ができないことを悩んで亡くなったということになっていました。護衛艦に乗艦するまでの1年間実習船に乗っていましたが、実習日誌には毎日分隊長さんが細かく感想やアドバイスを書き入れてくださっていました。

1年間の実習を終えたとはいえ、別の大きな護衛艦です。しかも、同期の人は一人もいませんでした。先に乗船している人は、身分は海士、海士長で息子より下級になりますが、この護衛艦の仕事は数段息子より

慣れているのです。そこに、班長という同僚先輩がいてこの新米3曹をいたぶろうと思えばどんなことでもできたのでした。そういうことは何にも知らない息子は、この班長の餌食になってしまったのです。

それなのに、調査報告書ではそういうことではなく仕事ができなかったと片付けられてしまいました。息子の命がなくなったことについてあまりにもぞんざいな内容に終始した報告書を作成し、息子の命の尊厳などこれっぽっちも念頭にないのだということが分かったときに、裏切られたという思いと息子のためにもっと調べてやればよかったと悔やまれてなりませんでした。

私の息子は、自衛官の試験を受けるときから、きりっとし始めました。自覚が増してきたのでしょう。親も心配であり、親戚の元自衛隊パイロットだった人に聞いたりしたのですが、今の自衛隊は大丈夫という言葉をうのみにし、また理不尽がこれほどまでとは考えも及びませんでした。

自衛隊に子どもが就職するという家族の思いなど一顧だにしない自衛隊という組織とは知らず、息子は、まじめに仕事を覚えようと手帳にはぎっしりと機関科の仕事や、機械や機器のことが書いてありました。当時曹候補学生の受験生はたいへん多く倍率も14～15倍の高さでした。そのための勉強をして自衛官の道を選ぶ子どもたち、その家族の思いを何一つ慮《おもんぱか》ることなく、まるで使ってしまった薬莢《やっきょう》の如く用無しにされているとつくづく感じました。

私たちは自衛隊が作成した報告書に対して不信感でいっぱいでした、息子の命は帰ってこないのに、この自衛隊の対応は一体どういうことなのだろうと真剣に考えました。

日本は法治国家です。自衛隊を違憲という方々もいらっしゃることは知っていました。しかし、自衛官の命は、憲法のもとに国民として大切にされるべきだと思います。

私は、昭和22年(1947)生まれです、私が生まれた年に憲法が施行されましたので、小学校でも、中学校でも憲法のことは常に学んでいました。中学生のとき、生徒手帳の規則が厳しく憲法に沿っていないとか生徒同士で話し合ったり、男子は丸坊主はいやだとか主張していました。

息子を亡くして報告書を受け取ったあと、私はこれではいけない、こんなことでは息子があまりにもかわいそう、それにこういう国のやり方は憲法の精神に反すると、いつしか私は純粋に司法に頼まなければならないという思いが強くなっていました。幸い、立派な弁護士の先生方が大きく弁護団を組んでくださって、裁判が始まり、ご支援くださる方々がいつも法廷に傍聴に来てくださっていました。そうして私たちは、息子の命の尊厳のために裁判を起こし、第二審福岡高裁で逆転勝訴判決をいただきました。

国も間違うことがあります、そのことはこの裁判を通してはっきりと分かりました。しかし、国の間違いは正さなければなりません。同様の間違いが次々に起きて放置される危険性があるからです。そのために私たちには日本国憲法があるのです。

日本国憲法ができたときの国民の歓喜がつぶさにわかる一冊の本があります。それは、1946年（昭和21）11月に刊行された、時事通信社の『日本国憲法　解説と資料』というものです。

この中には、新憲法がどのようにして作られたかということから、衆議院、貴族院それぞれの国会議員の中からなる帝国憲法改正特別委員会のこと、そして憲法が発布の運びとなった日の国会での衆議院の委員長、貴族院の委員長の答弁や各政党代表者などの発言が、平和憲法ができた喜びにあふれんばかりに書き綴られているのです。

そこに何度も出てくる言葉は、戦争は人類最大の罪悪、明治憲法の特色を逆行し、われらが愛する祖国と同胞を今日の境涯にみちびいたということは痛恨のきわみだということ。二度と再び、政府による戦争が起きないようにと書き綴られ、そうして、このように憲法は書いてあるものだけれども、これから国民が民主主義と平和の憲法としてまさに命を吹き込んでいくものだということが書かれています。

また、各党の代表の国会発言もすべて議事録が記されているのです。憲法がいかに真摯《しんし》に衆議院、貴族院、また憲法改正特別委員会で崇高ともいえる審議を重ねられたか、立法機関の立法機関たる本質が伝わります。

息子の事件が起きたころから、国会では、憲法改正をいう人たちがはっきりし来始めました。そして自衛隊にいじめが多いのは戦争がないからたるんでいるんだ、などという声も聞こえました。

戦時中の下士官いじめはそれはひどいもので、その悪しき伝統が受け継がれているから一般社会では考えもつかない幼稚ないじめが行われているというのに……。なんとしても自衛隊を戦場に駆り出したい人たちに恰好の言いかたのようでした。

そうして、イラク戦争が始まり日本も大方の国民の反対を押し切って自衛隊はイラクへやられました。それからは済《な》し崩《くず》しに、武器、装備品の保有は増大し、ついに武器輸出三原則も解かれ、安保法が制定されました。このときの国会の様子をテレビで見ていましたが、怒号の中で採決が行われ、これほど重大な法案が成立できる状況ではなかったのですが、成立してしまいました。立法機関が法律を作るときは真摯に日本国憲法が作られたときのように臨むべきであって、怒号の中で強行採決してはいけないと思います。

日本国憲法は国民の幸せ、世界の平和への貢献ができるようにと一生懸命に考えて作られました。その爪の垢を煎じて飲んでも足りないくらいに今の国会や内閣のやり方は間違っていると思います。

国民のためにならない、世界の平和にも寄与しない戦争のできる国だけのための安保法は、人類最大の罪悪法だと思えてなりません。これで私たちも未来の国民も平和な社会での生存権を奪われてしまうのです。

このような未来の国民までも不幸にする安保法に違憲判決を下していただきたいのです。

両親から名付けてもらった自分の名前を大切に生きていきます

栗林　和代（宮崎市在住）

奇《く》しくも、今日は私の71回目の誕生日です。私は、昭和22年（1947）11月9日に、谷口正登とマツヨの長女として生まれました。無事私が出生することができたのも、父が無事に戦争から帰って来てくれたおかげです。

名前の和代の「和」は「平和」の「和」で、「代々、平和が続きますように」と、両親が願ってつけてくれたそうです。

私は、平和憲法である日本国憲法の下、大きな病気もせず、弟や妹とともに、貧しくとも元気に育ちました。そして、結婚し、2人の子どもに恵まれ、この春、成人した孫がおります。

このような、平和な暮らしができてきたのも、日本国憲法が平和憲法であったからだと思います。

しかし、安保法制関連法案の制定施行により、日本が戦争に参加できる国になってしまい、私自身とても不安に思っています。

私は、第二次世界大戦で、おじさんが戦死し残された家族の苦難を見てきました。夫を亡くしたおばさん（母の姉）には、3人の男の子と舅《しゅうと》、姑《しゅうとめ》がいました。長男はやむなく中卒で農業を継ぎ、次男は親戚に養子にやられ、つらくてたびたび家出をして実家に帰るということを繰り返していました。三男は、苦学して県外の大学を出て会社に就職しました。盆、正月に3兄弟が集まると、それぞれの育ちへの不平不満で、いつも大喧嘩《げんか》になり、おばさんが泣きながら喧嘩を止めていました。男3人の喧嘩で、襖《ふすま》はボロボロでした。父親が生きていたら、ここまでひどいことにはならなかったと思います。

さらに、長崎・広島の被爆者の方たちの苦しみ、つらさ、悲しさをお聞きして、二度と戦争をしてはいけないとずっと思ってきました。

安保法制関連法案は、私が生まれ育ってきた平和な社会を壊す可能性が極めて高い危険な法律です。以前は、平和や人権を守るための署名（安保法制関連法案反対、沖縄辺野古埋め立て反対）などを、ご近所にもお願いしていましたが、嫌がられるようになり、現在はあまり回っていません。臆病になった自分が恥ずかしいです。私は平和を守るために、もっと勇気を出したいと思います。

裁判所におかれましては、私たちの平穏な暮らしを害する安保法制関連法案を、最後の砦《とりで》である司法の場で、きちんと違憲であると判断してほしいです。

第7回原告の集い
（田中隆氏（東京弁護士会）と上原公子氏（元国立市長）を迎えて　2019年5月9日）

軍国化しています。研究の自由が失われています

小川　和憲（宮崎市在住）

私は戦後の１９４７年（昭和22）に香川県で生まれました。したがいまして直接的には戦争の体験はありません。しかし小学生のころ、広島の原爆を扱った映画（正確な題名は覚えていませんが、ピカドンという言葉が大変印象に残っています）を見ました。そのときの恐怖感は今も忘れられません。

私は、長じてから経済学の研究者になりました。戦前、多くの経済学者、例えば野呂栄太郎、河上肇、矢内原忠雄、大内兵衛などが治安維持法違反で獄につながれたり、大学を追われました。安保法制や特定秘密保護法制定によって、日本が再び戦前のようになり、自由な研究ができなくなるのではないか懸念しております。実際、今すでに講義で自由な話ができない雰囲気になりつつあるように感じております。こうした理由で私は安保法制に反対です。

私は経済学研究者として、特に日本経済が軍国化していくことに大きな懸念を持っています。学問、特に経済学は本来人々の暮らしや人生を豊かにするためにあるべきものです。ところが、「武器輸出三原則の見直し」に始まり、安保法制成立以後は防衛省内に防衛装備庁が作られ、防衛装備品（これは「武器、武器関連備品」のことです）の研究開発、量産、維持などを積極的に進めていく体制となっています。

安保法制以後の防衛大綱・中期防衛力整備計画では明確な仮想敵国を想定し、山口県と秋田県へのイージスアショア配備やＦ35戦闘機の多量の購入、「いずも」の事実上の空母化、宇宙サイバー関連技術装備など

に湯水のように予算がつぎ込まれることが決められています。これにからんで民間企業や大学も軍備のために技術開発に積極的に参加する動きが見られます。

言うまでもありませんが、戦車や戦闘機、武器弾薬などは、国民生活に不可欠の消費財ではなく、直接目的は多数の人々の殺戮《さつりく》と環境破壊に他なりません。また、企業活動に不可欠の生産財を生み出すわけでもありません。平時の経済社会における国民生活にとっては、壮大な無駄であり、浪費と言うほかはありません。

軍需産業が繁栄するとき、多くの人々が殺戮され、あるいは傷ついて不幸になり、建物や自然が破壊されます。戦時下、大量の武器弾薬が使用されればされるほど、軍需産業は、政府の軍事予算から大量の発注を受け、ビジネスは活況を呈し、企業利益が拡大し、株価も上昇します。そして、政府の軍事予算に支えられて、さらに高性能な武器の研究開発がおこなわれ、事業が拡張され、さらには国際武器見本市の開催など武器輸出も堂々と行うという事態です。

日本の大企業が軍需産業に参入していること、それらの大企業には防衛官僚が天下っていることはマスコミでも具体的な数字を示して指摘されています。しかも、それら大企業はアメリカの巨大軍需産業とも密接に関係し、アメリカ企業のライセンスを取得し日本国内で生産し、防衛費がそこに流れるという軍需産業ネットワークに組み込まれています。日米政府、日米軍需産業はシステム的に一体のものであり、アメリカ製の武器のいわゆる「爆買い」もその一環であろうと考えられます。

いわば、国全体が「死の商人とその下僕」に成り下がる状態なのです。これは、戦後アメリカがたどってきた戦争と国防予算と軍需産業の歩みに日本ががっちり組み込まれることに他なりません。そして、軍需産業やこれに関連する企業関係者が潤い、それ以外の民生部門、医療や教育、福祉への予算は相対的に削られ、国民間では所得格差が拡大していきます。アメリカでは徴兵制がなくても高額な教育ローンを支払えない貧困層が軍のリクルートに応じて戦地に赴きます。それと同じ状況が今や日本でも生まれつつあるようです。

これらは、日本国憲法前文や9条の考え方とは対極の世界です。アメリカの「核の傘」のもとにあり、全土に米軍基地を提供し、完全にそのアジア軍事戦略とそれと一体となった経済戦略に組み込まれつつある日本は、本当に独立した国なのだろうかと疑問を持つほどです。


大方の人々は皆、平和を願っています。積極的に戦争をしたい人がいるのかどうか私には分かりませんが、多分少数であろうと思います。国の経済的利益確保のため、あるいは外交カードを保持するために、実際には使われない威嚇のために必要悪として武力を温存せざるを得ないと考えるのが、今の経済大国あるいは覇権大国の為政者の共通認識なのかもしれません。しかし、それを克服し、人間の能力と技術を民生に向けるのが本来あるべき姿であろうと信じます。

そもそも国連ができた目的は戦争を世界から無くし、全世界の人々が人間らしい生活を送ることを実現しようとするところにあったはずです。国連での核兵器禁止条約や平和への権利宣言、毎年行われる核兵器廃絶宣言や平和の誓いの集いなど世界の人々はそれに向けて努力を重ねています。安保法制は完全にその努力を放棄するものであり、日本国憲法に反していることは、法律学の素人である私にさえ明らかです。

軍事大国化日本の姿は、私にとっては耐えがたい苦痛です。軍事費の毎年の膨張、しかも今後もこれが膨張していきそうな政治状況があります。そして、企業活動や学問までが歪められ、「経世済民」という経済学の本来の目的も破壊されています。研究とそれを公にする自由が脅かされています。私の人生が破壊された気持ちです。

裁判所こそが良心の府だと信じたいです。私は絶望したくありません。諦めたくありません。安保法制が議論されているとき、大方の法律家が違憲であると意見を表明しました。それほど明白な違憲の法律に対して、裁判所が違憲と言うのに勇気がいるなら異常事態だと言わざるを得ないと思います。法律家の良心に照らし、まっとうな判決を心から願っております。

異界へとわれは確かに入りぬべし法廷のバーの内側へゆく
弁護団十九人が今日ともにゐてぎゆうぎゆう席をつめ合ひ座る
向日葵は弁護士記章にひらきつつ真中に小さき秤を持てり
裁判官入廷の後いつせいに起立してわれはやや遅れたり

憲法をないがしろにする政権に未来を託すわけにはいきません

清水　忠雄（宮崎市在住）

私は昭和22年（1947）12月、今の日南市大字宮浦（当時は南那珂郡）で生まれ、高校卒業まで過ごしました。戦争についての実体験はありません。戦争に関して、かろうじて知っていることは、父親は少年兵で台湾に渡ってすぐに終戦を迎えたこと、母親の兄が戦死したことくらいです。

両親はすでに他界しているので詳しい内容は分かりませんが、私が小学校のときだったと思いますが、一人の男性が沖縄から訪ねてこられ、戦時中、沖縄から日南市鵜戸に疎開されていて、私の祖母たちにお世話になったということを聞かされたことがあります。私はまだ幼かったので詳しい内容は記憶にありません。

私自身は政治に関心の高い方ではありませんでしたが、身近に政治を感じたのは、大学生のときの大学立法が絡んだ時期だったと思います。学生運動が盛んな時代でしたが、自分たちの生活に関わる問題でデモには参加し、警察と対峙したこともありました。当時、「ごぼう抜き」と言って、警察が参加者を集団から有無を言わさず暴力的に引き抜く手段で取り締まることがありましたが、私は幸いそのような目にはあいませんでした。しかし、当然のことのように右翼という人たちが現れ恫喝されました。警察は右翼の身柄を拘束してもすぐに釈放し、再び私たちの目の前に現れたこともありました。そんな経験から権力と右翼のつながりを実感したことがありました。

悲しいかな、「美しい日本を取り戻す」という美辞麗句を並べ誕生した安倍政権ですが、基本は戦前の日本「天皇の名を借りた統制国家へよみがえること」を目指した、最悪の内閣であると言わざるを得ません。安倍内閣になって成立した一連の法律、特定秘密保護法、武器輸出三原則のなし崩し的な改正、共謀罪、歴代の自民党政権が「憲法違反」としてきた集団的自衛権の一部行使容認、多くの憲法学者や国民の反対を押し切った「安保関連法」などはすべて強行採決により成立させてきました。

大多数の学者・知識人が違憲であるという考えを明らかにし、多くの国民が反対したにもかかわらず、国会の多数を占めていることをよいことに、また、従来の政府見解を180度転換させるために、内閣法制局長官に自分の意に沿う人物を配置するという異例の人事をおこなってまで、強行採決してきたのです。

強行採決の前後の口癖は「国民に懇切丁寧に説明し理解を求める」というものでしたが、いったんこれらの法律が成立してしまうと、国民には情報を知らせず、いつの間にか軍事国家に向けて突っ走っています。言っていることとやっていることがまったく違います。これらの強引な方法がまかり通ったのは官僚上層部の人事権を内閣府に移し、内閣の協力者でなければ出世できない道を作ったことだと思います。その結果が、忖度《そんたく》政治の横行がエスカレートしたということでしょう。

私自身は、これら一連の法律案が国会に上程されるという話が起きるたびに、多くの講演会や勉強会などに参加してきました。その中で、安倍政権が「戦争のできる国づくりを一歩一歩推し進めている」ことを実感し、こんな政権は許すべきではないと反対集会や阻止集会に、時間の許す限り参加してきました。デパート前での毎週金曜日に開催されてきた集会には当初から参加していました。強行採決されたときは、悔しさ、むなしさ、空恐ろしさで胸苦しい思いがしました。

安保関連法が成立して、米軍との一体化はますます強固なものになりつつあり、戦争する国づくりへの布石が打たれ、アメリカが行う戦争への参加を余儀なくされることも予想されます。

安倍政権は、積極的平和主義といういかにも平和を推進しているような呼び方でアメリカの武力頼みの世界戦略に自衛隊を引き込もうとしています。

安倍政権は、「専守防衛」という国是にもとづく「平和国家」としてのあり方を完全に逸脱していることは明らかであり、日本国憲法をないがしろにする政権に日本の未来を託すわけにはいかないと思います。立派なワイマール憲法を持っていたドイツ国民があっという間にナチスとヒットラーにひれ伏した歴史を彷彿とさせる事態が今進行している気がしてなりません。

そんな思いがあり、やむにやまれぬ気持ちでこの訴訟の原告になりました。多くの原告が私と同じ気持ちだろうと思っています。

日本は法治国家だと思っています。「悪法でも法」という言説をよく聞きます。仕組みとしてそうしなければ安定的に国を運営できないということでしょう。しかし、だからといって「悪法」を放置するわけにはいきません。まして、法律がその根本をなす憲法に照らして正しいものなのかどうかとなるとまったく別の問題です。

憲法に違反した法律が、時の政権の数の力により成立し施行される、そんな政治がまかり通ることは許されないことです。そんな何でもありの悪政に対してストップをかける、その判断を下すのが司法（裁判所）だと思います。裁判所として、憲法に照らしてあるべき方向性を示してほしい。そして、平和維持軍や有志連合などの名目により派遣される自衛隊員や日本人が命を落とすことがないような、また、敵対するであろう相手の命を奪うことがないような、平和国家であり続けるためどうあるべきか、判決で示してほしいと思います。

安倍政権は、三権分立と言いながら司法に対して圧力をかけ続けています。それが内閣が持つ任命権であり、その影響が下級の裁判所へと伝わっていることも事実だと思います。

そして、最大の目論見は安保法制関連法を合法化するための憲法改正です。戦後70年余り、平和国家であることを掲げてきた憲法を改正し、戦争する国、戦争できる国へと変質させようとしています。現に安保法制ができて4年間、自衛隊はどんどん実戦さながらの訓練をしており、海外にも派遣され、アメリカにおもねり軍事予算がうなぎ登りですし、日本の空は米軍機が我が物顔で飛び交っています。

その野望を打ち砕くためには、安保法制関連法が憲法違反であるとの明確な判断を裁判所が示すことだと思います。

衣の下に鎧《よろい》をまとい、平和を叫んでも真の平和を希求することにはならないと思います。平和憲法を持つ日本をこんな状態にしてしまっていることが、私は情けなく苦しく悔しいのです。どんな立場にあっても国民一人ひとりの良心と責任が今ほど問われていることはないと思っています。

裁判官の方も人間であり、家族もおられることでしょう。「基本はどうあるべきなのか」を良心に従い判断してほしいと思います。

ベトナム戦争帰還兵の「9条」評価の訴えに応《こた》えるときです

野中　善政（宮崎市在住）

私は太平洋戦争終結2年後の1947年（昭和22）に茨城県鹿島郡波崎町（現神栖市）で生まれました。いわゆる団塊の世代に属します。ベトナム戦争が終結した1975年に東北大学大学院博士課程（地球物理学専攻）を中途退学すると同時に宮崎大学教育学部（当時は学芸学部）に助手として赴任し、同大学に38年間勤務し、2013年（平成25）に退職しました。

偶然、身近の親族に15年戦争（1931～45年）の戦死者や犠牲者がいなかったためか、幼少時、家庭の中では、戦争について神妙な体験談を聞く機会は多くはありませんでした。それでも強く心に残っているのは、やはり父母の話です。

父は本土の高射砲連隊に配属されましたが、父の兄は太平洋戦争初期、ニューギニア戦線に派兵され、運よく戦死は免れました。しかし餓死寸前に追い込まれ、復員後、実家の囲炉裏でネズミを焼いて食べているのを父が目撃し、驚愕《きょうがく》したという話をたびたび聞きました。因《ちな》みに父の兄は戦争中の過酷な体験が災いし、40歳そこそこで、旅行先で倒れ亡くなりました。

戦時中、利根川対岸の銚子の町が空襲されたとき、母自身は病気の曽祖父を抱えて身動きが取れなかったのですが、銚子のある有力商店がつくった新式防空壕に周辺の人々が避難したものの、扉が開かなくなり、多くの人が亡くなったということです。「戦争だけはしたくないな」というのが、理屈ぬきの呪文のような母のつぶやきでした。

私が小学生のときは、戦争の痕跡がまだ、あちこちに残っていました。私が通った小学校の校舎は国民小学校と呼ばれた時代の建物のままでしたが、機銃掃射の痕跡が土台に残っており、学校さえ標的にされる戦争の恐怖を子ども心に喚起させるに十分でした。

１９５０年代後半から60年代前半にアメリカ、ソ連による大気中核実験が頻繁に行われました。実験のたびに放射能を含んだ雨の予報が出され、通学途中で雨に濡れないように教員から注意を受けましたが、地球の広大な面積を領有する大国は何の権利があって、危険な放射能をまき散らすのか、子ども心に不条理を強く感じた次第です。

１９６０年代に高校、大学の授業で日本国憲法を読み、憲法が三つの原則（国民主権、基本的人権の尊重、戦争放棄）からなることを学びました。当時はそもそも自衛隊、日米安保条約は憲法違反であるとの世論が優勢でした。私なりに憲法を読み、また自衛隊は軍隊ではないと説明されているとの注釈を考え併せ、戦争を禁止する主体、禁止される主体が誰なのか、深くは理解が及びませんでしたが、日本国憲法が国際紛争を解決する手段としての戦争の発動、並びに戦力の保持を一切禁止していると理解しました。

大学学部のころ、１９７０年（昭和45）に予定されていた日米安保条約の自動延長に反対し、条約の破棄を政府に求める国民的な運動、いわゆる１９７０年安保闘争が起こりました。各大学の学生組織の連合体が運動の中心になり、国会前や各大学所在地において大規模なデモが実行されました。私自身は積極的に運動に関わりませんでしたが、安保条約破棄を求める学生たちの要求は憲法第12条（自由と人権は国民の不断の努力によって保持しなければならない）に従った、自然な要求であると思われました。なぜなら日本国憲法に服さない米軍の駐留を認める安保条約が日本国憲法と矛盾することは疑い得ませんし、また当時、現実にベトナム戦争が起きており、米軍が日本国内の基地からベトナムに出撃することを黙認すれば日本がベトナム戦争に間接的に関与することになり、憲法第9条の空洞化に繋《つな》がると考えられたからです。

われわれの世代が徴兵されず、ベトナム戦争に派兵されなかったのは、日本国憲法第9条が戦争放棄を、第18条が基本的人権の尊重（望まない苦役を強制されない）を謳っているからであると、この重要性にあらためて気付かされたのは1970年安保闘争から約40年後、アメリカのベトナム帰還兵、アレン・ネルソン氏の著作やビデオ講演に接したときです。

ネルソン氏は1947年、ニューヨーク生まれ、つまり私と同年齢です。ネルソン氏は家庭の経済的困窮を緩和するため、1965年、18歳のときアメリカ海兵隊に志願し、1カ月間、沖縄のキャンプ・ハンセンで凄まじい実戦訓練を受けた後、ベトナムのダナンに送り込まれたとのことです。もし日本国憲法に第9条、第18条がなければ、私自身がベトナム戦争に派兵された可能性がありました。そのことは、ネルソン氏がベトナムに送られた1966年に、2万5千余名もの韓国軍兵士がアメリカの要請によってベトナムに駐留していた事実によって裏付けられます。

ネルソン氏はベトナムの戦場で、ほとんど虐殺に等しい攻撃を上官から命じられたことを告白しています。ネルソン氏は1971年（昭和46）にベトナムからアメリカに帰還しましたが、重度のＰＴＳＤ（心的外傷後ストレス障害）を発症し、家族を離れ、定職がないまま放浪していたとのことです。しかし、偶然、小学校の授業でベトナム戦争の体験を語る機会があり、そのとき小学生から「ネルソンさんは人を殺しましたか？」と問われ、しばらくの逡巡の後「はい」と答えたことが、ＰＴＳＤから立ち直るきっかけになったとネルソン氏は語っています。

1996年に沖縄で米兵による少女暴行事件が起きたというニュースを聞き、ベトナム戦争後も沖縄の米軍基地が存続していることに驚き、「沖縄のために何かをしなければ」との思いで沖縄を再訪しました。その沖縄で日本国憲法第9条を紹介されて深い衝撃を受けた。とネルソン氏は後に次のように述懐しています。《第9条を読んだとき、自分の目を疑いました。あまりに力強くあまりに素晴らしかったからです。日本国憲法第9条はいかなる核兵器よりも強力であり、いかなる国のいかなる軍隊よりも強力なのです》《イギリス、イタリア、フランス、オーストラリア、中国、韓国の子どもたち、みんな戦争を知っています。しかしここ日本では戦争を知りません。憲法第9条が戦争の悲惨さ、恐怖や苦しみからみなさんを救ってきたからです》

ネルソン氏はその後13年間、アメリカおよび日本各地においてベトナム戦争で体験した戦争の悲惨さを語り、世界中の国が憲法9条の理念を共有することが戦争をなくす唯一の道であること、憲法9条に守られてきた日本人は憲法9条を守る義務があることを訴える講演を続け、2009年、ベトナムで浴びた枯葉剤が原因と思われるがんにより、日本で亡くなりました。

ネルソン氏は決して日本の平和を理想化していたわけではありません。憲法9条と自衛隊、日米安保条約が矛盾を孕《はら》んだ関係にあること、また現実に米軍機が嘉手納およびその他の日本国内の基地からベトナムに出撃したことにより、戦争放棄の憲法を掲げているにもかかわらず、日米安保条約により日本がベトナム戦争に間接的に関与する結果になったことを冷静に見ていました。しかし、ベトナム戦争時は、憲法9条に縛られた政府見解によって海外での後方支援、武力行使は明白な憲法違反とされ、日本がベトナム戦争に直接関与することはあり得ず、なかったのです。ベトナム戦争に参戦した韓国と日本の違いが両国の憲法の違いによって生じたことは明らかです。

ベトナム戦争後、安保条約の相手国アメリカの要請によって日本が海外の戦争に直接関与するか否かの瀬戸際に追い込まれたのはイラク戦争です。

２００２年（平成14）ごろ、イラクが大量破壊兵器を保持し続けているとの嫌疑をかけられて国連機関等による査察が行われたが、査察へのイラクの対応が国連安保理決議に反しているという理由で、２００３年３月、米軍を中心とする有志連合軍がイラクに侵攻しました。しかし侵攻の大義名分とされた大量破壊兵器は発見されず、化学兵器は既に廃棄されていたことが明らかになりました。現在ではイラク侵攻は国連決議を無視した国際法違反の武力行使であったと、国際的に看做《みな》すされるに至っています。

イラク戦争時、小泉内閣はアメリカ政府の要請を受け入れて有志連合の後方支援を決め、自衛隊による非戦闘地域での復興、安全確保支援活動を定めたイラク特措法を成立させました。しかし実際には、イラクに派遣された自衛隊の活動の中に航空自衛隊機による米軍兵士の輸送が含まれており、この活動を憲法違反とする「イラク派兵差止・国家賠償訴訟」が各都道府県の３２００名を超える一般市民によって起こされました。

その結果、２００８年（平成20）に名古屋高裁において、平和的生存権侵害に対する原告への国家賠償は棄却されたものの、「航空自衛隊がイラクで行っている武装した米兵の輸送活動は憲法9条1項に違反する」との判断が含まれる判決が下されました。原告訴訟団は平和的生存権の具体的権利性を肯定する画期的な判決と評価しました。判決の詳細はさておき、戦後の民主主義体制の中で培われた司法の良識が示された画期的な判決という点で私も同感です。

太平洋戦争後、アメリカが関与した戦争として、朝鮮戦争（１９５０～53年休戦）、ベトナム戦争（１９６４

〈北爆〉〜75年）、イラク・クウェート戦争（1990年）、アフガニスタン紛争（2001年〜）、イラク戦争（2003〜10年）が起こりましたが、1952年以降、日本は憲法9条を掲げながら日米安保条約に基づく在日米軍基地からの米軍の出撃、補給などを通して、これらの戦争に間接的に関与してきたことは疑いのないところです。一般国民の理解から言えば、憲法9条1項に違反しているように思われます。しかしながら歴代政府は集団的自衛権と個別的自衛権を区別し、後者の個別的自衛権は合憲であり、日米安保条約も個別的自衛権の枠内にあると説明してきました。しかし客観的に見れば、時代を経るに従い、安保条約を根拠として国内米軍基地から出撃する米軍（艦船、軍用機）の活動する地域が広がり、また長期にわたって自衛隊と米軍の行動が一体化するようになっています。

アフガニスタン、イラク戦争に参戦した米軍艦船への燃料補給を任務とする自衛隊のインド洋派遣は2001年のアメリカによるアフガニスタン攻撃から10年間にわたって続けられました。またイラク戦争時、航空自衛隊は米軍兵士の輸送を担いましたが、これは国際法的に軍事行動と解される活動であり、前述のように名古屋高裁において憲法違反と認定されています。このような広域かつ長期にわたる自衛隊と米軍の共働が個別的自衛権に属する防衛活動の枠に収まるのかどうか、私は常々疑問に思ってきました。

このような状況の中で、安倍内閣は2015年に、歴代内閣の見解を覆し、集団的自衛権行使を容認する安保法制法を成立させました。安倍首相は国会答弁で、現行憲法の制約のもとでも、存立危機事態の三要件が満たされれば、集団的自衛権の行使があり得るとの解釈を披露しました。

しかし肝心の存立危機事態の中身、「我が国の存立が脅かされる」とは具体的にどのような事態を指すのか、まったく不明です。素直に解釈すれば、「我が国が武力攻撃された」と読めますが、この点は国会審議では十分明らかにされませんでした。したがって、２０１５年に制定された安保法制法には時の内閣による恣意的解釈の余地が多々残されたままです。

例えば、我が国がA国の攻撃を受けていなくても、我が国と密接な関係にあるB国へのA国による攻撃を我が国の存立危機事態とみなすという解釈に立てば、我が国はA国に反撃できると解せます。これは集団的自衛権の行使そのものであり、憲法第９条１項に明白に違反しています。また条文の解釈が多岐にわたると予想される曖昧な法律の制定は、それ自体が憲法違反です。

実際にも、安保法施行以後、それまで以上に露骨かつ積極的に自衛隊はアメリカ軍、最近ではオーストラリア軍やインド軍とまで共同して、実戦を想定した訓練を行っています。これは憲法９条１項が禁止する「武力による威嚇」ではないでしょうか。

私は自衛官の方々が否応なくアメリカの起こす戦争に協力させられ、私たち国民の血税も、日常生活も、国土もそれに奉仕させられていく現実が恐ろしいです。アメリカが戦後世界中で戦争を起こしてきたことは皆知っています。世界中の罪のない多くの市民が犠牲になり難民となっています。日本がアメリカの起こす戦争に協力するということは、世界の多くの市民の敵になり、加害者になるということです。同時に自分たちも報復や恨みによる危険と隣り合わせになることです。そして、国民が日常的にそれをなんとも感じない、それが日本を守ることだと思い込まされていくことが空恐ろしく、とてつもない絶望感と焦燥感を抱いています。

日本の戦争加担・協力を、完全ではないにせよ防いできたのが日本国憲法９条ですが、もはやそれが完全に空文化させられてはいないでしょうか。日本の戦後史は、その空文化がなし崩し的に進んだ歴史であり、その仕上げこそが安保法制だと多くの心ある国民は知っています。だからこそ、法案審議中に多くの国民、法律家が反対の声を上げました。

安保法制の違憲性判断を回避することは、それを許すことにほかならず、政治的には積極的に推進する役割を果たします。それは法解釈のプロフェッショナルであり、憲法違反の法律適用を許さないという役割を持つ裁判所、裁判官の方々にとって屈辱的なことではないでしょうか。

日本国憲法前文と9条、最高法規などもう一度熟読すると、感動しますが、決して絵空事や理想のための理想を謳うものではないと思います。地球を何度でも破壊できるほどの核兵器や宇宙軍、サイバーなど高度な武器が開発されている現在、いつどこで偶発的な破壊行為が発生しないとも限らない現実を踏まえれば、武力で平和を実現しようとすることこそ非現実的であり、世界中に相互不信と壮大な資源の浪費を強いるものでしかありません。その愚かさに気づき、克服しようとしてきたのが世界の潮流であり、日本国憲法は世界中の人々に向けた現実的な提案であり、日本人の決意と約束を示すものだと思います。

裁判所はその役割に徹し、国民の信頼にこたえてほしいと切に願います。そうでなければ日本はもはや主権国家ではないとさえ思います。

国のためにと志願した父の一生。国の大儀より小さな幸せを守りたい

芥川　仁（宮崎市在住）

私は、１９４７年（昭和22）に愛媛県今治市で生まれ、３歳のときに父親の仕事の都合で宮崎市へ移住し、その後、高校卒業までを宮崎市で育ちました。大学に進学するのを機に上京し、卒業後も主には東京都で仕事をしていましたが、１９８０年に宮崎市へ戻り、それ以後は現在も宮崎市で写真家として仕事をし、家族と生活をしています。

私の父は１９２７年に愛媛県今治市で生まれ、17歳のときに自ら志願して入隊し、１年ほどの期間ですが、海軍の通信兵として東南アジアの島々を転戦したそうです。父は３年前の９月に90歳で亡くなりましたが、その間、戦地での体験を語ることはほとんどありませんでした。父が「東南アジアの島々を転戦した」というのは、何かの機会に断片的に父の口から出た地名や体験談を繋《つな》ぎ合わせて、私が想像したものです。

太平洋戦争が末期となる１９４４年は、サイパン島やビルマ（現ミャンマー）での玉砕の情報が伝えられ神風特攻隊が編成されるなど、すでに敗戦の色が漂い始めた世相の中（具体的な情報として国民にどれほどの内容が伝えられたか私には不明ですが）、17歳の青年が自ら志願して命を惜しまず国家のために戦争へ行くということは、いかに当時の教育が、立憲民主主義国の国民として現時点から振り返ってみれば、一人の人間として生きる幸せを顧みられることなく、国家という巨大な機構に貢献することを求められていたかと強く言わざるを得ません。小さな一つの命、個人としての人間の幸福から最も遠い思想の植え付けがあったわけです。

自らが志願して戦争へ行った父は、敗戦とともに故郷に戻りました。そして、1947年正月、20歳のときに4歳歳上の母と結婚しています。母は、もともと、父の兄の妻でしたが、その兄が戦死したためいったん実家に戻っていた母は、私の祖父母（父の両親）に乞われて、元夫の弟である私の父と結婚しました（おそらく、戦死を怖れて、父の兄の妻としては戸籍に入っていなかったのではと思います）。

その後展開される社会は、17歳、海軍兵として従軍した1年ほどを加えれば、18歳まで信じていた「国家へ忠誠を尽くすことが人の道」という道徳の社会ではなく、個人が尊重される立憲民主主義の社会でした。その後70年余、90歳で亡くなるまでの人生で、父はどのように自分の人生観に辻褄を合わせて日々を過ごしていたのか。話し合う機会はありませんでしたし、人が幸せを感じるのは、どういうときなのかというような人生観に基づく話題は避ける傾向がありました。それは、世代の異なる息子と話しても理解し合うことはできないと諦めていたのか、心底信じていた青年期の信念を否定する社会の中で新たな人生観を構築できないままだったのか、それすらも話したことはありませんでした。

戦場という現場で敵と向かい合わなければならないとき、尋常の精神状態では、その場にいることさえ難しいと想像します。そのためには、事前から教育の現場で国家に忠誠を誓うことが道徳であると、狂気ともいえる教育をすることになります。私の父がそのような教育を受け、自ら志願して戦争へ行くことが正しい道であると信じていたように。

敗戦後、父の生まれ家の家督を継ぐはずの長男は戦死しましたが、その前に二男の父は子どものいなかった（父にとって）叔父の家へ養子に出ていたため、三男の（父にとって）弟が生まれ家の農家を相続しました。しかし、復員してくれば、養子に行った先の叔父夫妻は亡くなっていて、再び、弟が家督を継いだ生まれ家に戻り、2年間ほどは地元の町役場に勤めたようです。結婚後は、自らの居場所を求めたのか、宮崎市へ移住して衣料品店を営み、その後は観葉植物の培養を仕事として一生を終えました。

亡くなった父の90年の人生を思うとき、運命といえば運命ですが、その一生に戦争が色濃く影響を与えていたと、いとおしく切なく思えます。前に述べましたように、母との結婚の経緯も戦争の影響を色濃く受けています。そのこと自体が負の要素とは言えませんが、時代といえば時代、運命といえば運命でした。しかし、人が生きる上で、より自由な選択肢が提供できる社会であろうとすることは、より多くの人々が「幸せ」と感じられる人生に一歩近づく社会を構築することにつながると思います。

両親の人生が戦争のために不幸な人生であったというのではありません。幼少期から青年期にかけて、人生で最も感性豊かな時代を戦争という日常を覆う巨大な暗雲の中で過ごした両親でしたが、敗戦後、結婚してからはそのことを言い訳とせず、自らの力で人生を切り拓いたと尊敬しています。また、その恩恵を両親の子どもとして充分に与えてもらったと感謝しています。

戦後生まれの私は、両親に限らず、戦時教育を受けた親世代の多くの方々の努力によって、戦争を知らずに72年間を過ごすことができました。それは、戦時教育を受けた最後の世代である両親の世代だけではなく、その上の世代も含む多くの国民が戦争で体験した戦場での恐怖や狂気だけではなく、その背後にある一人ひとりの日常の暮らしまでも一方向の道徳観へ巻き込んだ取り返しのつかない結果を、二度と招かないと決意し努力した結果だったのだと感謝しています。

その決意を言葉として表したのが、日本国憲法前文であり第9条の戦争放棄条項だったはずです。だからこそ、敗戦後、70年余、ほとんどの国民が支持し守ってきたのが日本国憲法だったと思います。

敗戦間際に投下された原爆による広島と長崎の被害の大きさは言うまでもなく、空襲で多くの犠牲を払った本土の民間人や、私が大学の卒業論文でテーマとして訪ね歩いた本土復帰前の沖縄で聞いた、地上戦によって県民の4人に1人が亡くなった戦争による犠牲の悲惨さは筆舌に尽くしがたいものがあります。

そんな戦争による犠牲を忘れたかのように、2015年（平成27）9月30日に安保法制11法が公布されたとニュースで知ったとき、「国の存立を全《まっと》うするために必要」と安倍首相の言う国という言葉の背後に、家族で夕餉《ゆうげ》の食卓を囲む一人ひとりの国民の存在はあるのだろうかと疑問に思いました。

両親が思春期を過ごした太平洋戦争の時代は、国のために命を捧げることが道徳と教えられ、父は自ら志願して戦地へ赴きました。親（私には祖父母）は、人生これからという17歳の息子に、「志願までして戦争に行かなくてもよい」と言ってやりたかったことと思います。しかし、その思いを口にすることはできない世間があった。親と子の絆を断ち切る理不尽さを正当化してまで存立させなければならない国は、主客逆転の国家といえます。

憲法前文に明記されています。

「主権が国民にあることを宣言し、憲法を確定する」「そもそも国政は国民の厳粛な信託によるものであって……その福利は国民が享受する」「これは人類普遍の原理であり」と。

安保法制は、このように憲法が掲げた人類普遍の原理を踏みにじり、条文を都合良く解釈して戦争ができる国へと進み、主客逆転国家を許す憲法違反の法律です。

私は写真家として仕事をするなかで、取材をさせていただく一人ひとりの人生、それを取り巻く自然、それらを唯一無二のかけがえのないものとして捉えてきました。宮崎県高千穂町の土呂久鉱毒事件や熊本県の水俣病の取材では、一人ひとりの存在がなぎ倒され無視されてきた歴史的事実を知りました。そんな社会に対する怒り、悲しみと同時に、それでもなお前向きに生きようとされる被害者一人ひとりの存在の偉大さ、素晴らしさ、自然の美しさに魂を揺さぶられてきました。

戦争は「いのち」に対する冒瀆《ぼうとく》以外の何ものでもありません。戦争を前提として「国」のためというときの「国」の背後には一体何があるのか、少なくともかけがえのない一つの小さな「いのち」ではないかと思います。

そのような私にとって、安保法制は、私が生涯をかけて大切にしてきた魂の深いところを根こそぎにされる危機感を抱き、文字通りの苦痛を感じております。

最後に裁判長にお願いします。判決文を書かれる際、憲法前文でいう主権者である国民とは、親や妻や子や孫がいて、朝夕仲睦《なかむつ》まじく食卓を囲み、友と盃を酌み交わし、地域での役割を果たし、一人ひとりがそれぞれの夢や希望を抱き、日々笑い泣き夢み失望し、その日その日を幸せに暮らしたいと願う、名前を持つ個の人間であることを忘れないでください。

「法の支配」が揺らいでいることに強い危機感をおぼえます

前田　裕司（宮崎市在住）

私は、戦後まもない1948年（昭和23）に宮崎で生まれました。直接には、戦争を知りません。父と母は大正の生まれで戦争を体験した世代ですが、私は父や母から、その戦争体験を聞いた記憶がありませんでした。すでに二人とも他界して10年以上が経過する今日、父母からもう少し、父母自身の戦争の体験を聞いておけばよかったと後悔しています。ただ、ほんの少しだけ聞いた話で印象に残っていることが二つあります。私より五つ年上の姉は、東京の板橋区で生まれています。それは、戦前、父母が結婚して東京で生活していたからでした。しかし、1945年3月10日、ちょうど、父の32歳の誕生日のその日に、東京大空襲がありました。幼子を抱えた父は、それを契機に郷里宮崎に戻ってきたという話でした。東京大空襲が父母の生活の場を変えたのでした。

また、身体が弱かったため兵隊に駆り出されずにいた父も、戦争末期には兵器製造に関連する業務に引っ張りだされたとかで、1945年8月9日には、北九州の小倉におりました。三日前の8月6日、人類初の原爆が広島に投下され、小倉は、長崎や新潟などとともに、次の投下先とされていた街でした。そして、8月9日に実際に小倉に2番目の原爆が投下されるところでした。しかし、そのとき小倉上空は雨模様で雲が多く米軍は小倉への投下を断念、急遽、長崎に変更され原爆が落とされたと聞いております。この日、小倉に原爆が投下されていれば、私は、この世に生を受けることはなかったのかもしれません。

私が両親から聞いた話はこの程度ではありましたが、父は医者であった長兄を戦争で亡くし、また、母も朝鮮半島で教員をしていた兄を戦争で亡くしておりました。父母は、平和の尊さを、折に触れ、子どもの私にも伝えておりました。

小学校に上がる前、街の中心部に出ると、いわゆる傷痍《しょうい》軍人が旧日本軍の軍服を着て路傍で無心をしておられる姿に出会いました。子どもの目にもその光景は鮮烈でした。母親は見てはいけないというように、私の手を引いてさっさと歩き、そのような場面を長くは見せないようにしていました。目が潰れていたり、片腕や両腕がなかったり、両足がなかったりした方々などでしたから、子どもに与える衝撃が大きすぎると考えたのかもしれません。思えば、それが私の戦争体験でした。

小学校や中学校での教員は、大正生まれや昭和一桁生まれの方がほとんどで、自ら戦争を体験し、平和の尊さを実感しておられたのでしょう。具体的な場面を思い起こすことはもうできないのですが、平和がいかに大切かという話を随所でしておられました。一方で、自ら勤評反対闘争に取り組み、権利のための闘いが必要であることを、身をもって子どもたちに示していました。

1960年（昭和35）、日米安保条約改定反対闘争のときは小学6年生でしたが、国会周辺での連日の大きなデモ、ハガチー事件、東大生樺美智子さんの死亡などが記憶に焼き付いています。世界というものがようやく分かりはじめ、その諸外国と日本がどうつきあうのか、どうすればよいのかを、子どもながらに考え始めた時期でした。

まだ2～3歳のころだった朝鮮戦争は、まったく知りません。私が初めて実感した戦争はベトナム戦争でした。そのころ高校生になっていました。そして、小田実さんらの「ベトナムに平和を！市民連合」（ベ平連）という組織ができて、アメリカの著名な新聞「ワシントンポスト」に平和の象徴である鳩をあしらった意見広告を載せようと募金運動をしておりました。私は、この考えに共鳴し、生徒会長として全校生徒にこれを呼び掛けました。当時の私には、これが政治運動にあたるなどという認識はなかったのですが、後に、私の行為が職員会議で大問題になったということを知りました。

いずれにしても、私は、子どものころから、平和の尊さ、平和のうちに生きることの大事さを、親からも教員からも教えられ、また、みずからのベトナム戦争に対する認識やささやかな運動によっても実感してきたのでした。

私は１９７７年に弁護士になり、多くの刑事事件の弁護に力を注いできました。刑事弁護人の役割は、「被疑者・被告人の援助者」であり、刑事司法手続の中で、国家と対峙せざるを得ない被疑者・被告人の権利や利益を擁護し、その言い分を徹底して展開することにあります。最善の弁護活動を行い、権力からの批判に抗して国家に異議を申し立て、刑事訴追手続の過程における国家による人権侵害をチェックし、国家の恣意的な身体拘束や不公平・不均衡な量刑を防止し、そして間違っても冤罪《えんざい》が起きないよう努めることにあります。それらの被疑者・被告人に対する誠実な弁護活動が、罪を犯した人の真の更生を図る結果にもなり、そして、弁護人の役割を自覚した弁護活動の存在が、市民生活の安全を守るという社会全体の利益にもつながるはずです。

そして、弁護人が国家への対抗の「よすが」とするのは、まさに、憲法であり訴訟法であり、立憲主義にほかなりません。この立憲主義の考えこそが、弁護人を弁護人として成り立たせるものです。いうまでもなく、憲法は国家の基本的枠組みを定める一方で国家を縛る規範であり、また、訴訟法は国家の権限を規定すると同時にその手続によらなければ訴追できないという国家を縛る規定であるからです。これらに依拠して、何人にも認められた基本的人権を国家に守らせていくことに弁護人の存在意義があります。

刑事裁判で訴追された者の多くは、少数者、異端者といえます。しかし、異端の援助に徹することを通じて、弁護人は、民主的な国家の要請でもある「公正な裁判」を実現する役割を担っています。民主主義の理念が、「開かれた社会」「多元主義」「寛容」にあることを考えれば、異端を弁護する人の存在とその活動を容認する社会・国家こそ、真の民主的な社会・国家であるといえます。弁護人は、その活動が民主社会の実現につながると確信して、被疑者・被告人の援助者に徹するのです。

私は、刑事弁護人の存在は、まさに立憲主義の発想であり、また、真の民主主義の重要な要素であって、刑事弁護人は民主主義の担い手であると考え、誇りを持ってその活動を担ってきました。

しかし、2015年（平成27）、安倍政権による立憲主義をまったく蔑《ないがし》ろにした安保関連法が制定されました。そしてそれが施行され、既に自衛隊が駆けつけ警護も担うという役割の下で、南スーダンへ派遣されました。このような今日の情勢は、私が子どものころから何よりも大切な価値として尊んできた平和、そして、誰もが平和のうちに生存する権利を、著しく危ういものとしています。立憲主義に通じる弁護人の役割に関する考え、弁護人の活動からも、およそ容認しがたい事態となっています。まさに、わが国における「法治」が揺らいでいます。そのような状況を甘受しなければならないことは、私にとっては甚大な精神的苦痛以外の何物でもありません。

私が、このたび、訴訟代理人としてではなく、原告の一人として訴訟の当事者になったのは、一人の人間として、また、弁護人、法律家として、今日の安倍政権が作り出した憲法状況を、絶対に容認することができないからです。

それでも、大切なことは伝えていかねばなりません

久保田　政見（小林市在住）

私は終戦後の１９４８年（昭和23）に生まれました。だから、あの悲惨な戦争の体験はありません。両親や兄弟たちに、戦争があった時代の怖さ、苦しさを聞かされながら育ちました。機銃掃射を受けながら、防空壕に飛び込んだこと、田んぼと畦道の間に腹ばいになって機銃掃射から逃れたこと等何回も聞かされたものです。そして、家族の話の終わりには「戦争に負けて、良かったね。勝っていたら、まだ戦争する国が続いていたかもね」ということ、もう日本は戦争をしないと決めたことを聞かされていました。

戦争をしない国のことを自分の頭では理解するようになったのは中学校３年生の社会科の時間に日本国憲法を教わってからです。憲法９条は暗記しました。憲法９条があるのになぜ、自衛隊が存在するのだろうか。そのときの私には分からないことがいっぱいありましたが、それを理解しようとまではしませんでした。修学旅行で長崎に行き原爆の恐ろしさを資料館で知りました。

私が本当に平和の大切さや日本国憲法の素晴らしさを感じるようになったのは、中学校の教師になってからです。自分が修学旅行の引率者になり、事前指導や平和教育をする側に立たされ、原子爆弾のことや憲法９条のこと、自衛隊が今どんな扱いになって存在しているのか、知らないことばかりでしたが少しずつ理解でき、生徒に話せるようになりました。事前指導では、資料館や遺跡にまつわる実在の人物を題材にし、当時の時代背景を押さえながら授業を組み立てました。子どもたちは目を輝かせて聞いてくれていたように思います。また、事後には被爆者の話をもとに構成劇にして文化祭で発表させていました。

平和教育に力を入れれば入れるほど、校長からよく思われないことを感じることもありましたが、大切なことは伝えていかねばという思いで取り組みました。修学旅行の計画で関西が主流になることもありましたが、私は生徒、保護者とも十分話し合い、長崎か広島どちらかを訪ねる計画を立てることにこだわってきました。子どもたちの心の中に平和の火種は残せたのではないかと考えています。

戦後1947年7月、当時の政府は「新しい憲法のはなし」という中学生向けの教科書を発行しています。日本国憲法に対する政府の考え方が偽りなくしっかり書かれています。その記述をみると自衛隊の存在そのものが憲法違反だと子どもにも理解できるものになっています。その後、政府は考え方を変え、憲法の解釈を変更し、自衛隊を誕生させ、拡大してきました。しかし、専守防衛の組織で、必要最小限の実力組織と規定して、海外で兵力を展開することはしませんでした。その後少しずつ、なし崩し的に法律を変えながら、ついに、新安保法制を数の力で押し通し、集団的自衛権まで認めることになったのです。

憲法前文や9条の考え方が、180度変えられているのです。憲法の平和主義は武力で威嚇する平和ではなく、相互信頼に基づいた対話・外交交渉での平和であるはずです。武力を使えば必ず人が傷つきます。海外で武力を行使すれば、海外の民が死に、そして、自衛隊員の命が失われます。日本が再び過ちを犯すことになります。

日本は本当におかしな国だと感じています。戦争は二度と起こしてはいけないとほとんどの人が言います。しかし、平和の大切さを学校で語ると、考えの偏《かたよ》っている先生と陰口を言われることもありました。埼玉県で9条俳句が、広報誌に掲載されず裁判になりましたが、こんなことは、宮崎県でも起こっています。公民館が貸してもらえなかったり、後援を拒否されたりします。

私の住む小林市でこんなことがありました。市民音楽祭で私の所属する音楽グループの出し物の内容のメッセージ性が強すぎるとクレームがついたのです。言論の自由はどうなっているのだろうと心が折れてしまいそうでした。

真実を述べることに、自分のこれからの人生や出世をかけないといけない状況にある日本社会はやはり、おかしいと思います。憲法違反だと多くの憲法学者が言っていた安保法制がまかり通るのはおかしいのではないでしょうか。

私は、平和な社会を子どもたちに伝え、子どもたちが引き継ぎ守ってくれることを願ってこれまで生きてきました。武力や武力の威嚇で平和や自国の利益を守ろうという考え方、それを当然のように思う思い込み、それこそが戦争の原因だと確信しています。その考え方を克服する、その道筋をつけることが日本国民の役割だと憲法は言っており、私の人生観・教育観もそこにあります。これは夢物語ではないし、世界の大多数の人々はこれを願い、核兵器禁止条約採択や平和への権利宣言に見られるように実際に動き出してもいます。日本国憲法がつくられたときの考え方こそが真理だと考えます。

安保法制は真っ向からこのような私の人生そのものと言ってもよい確信に反します。私のこれまでの人生が全否定された気持ちです。

このおかしな日本でも、三権分立という立派な制度があります。それに命を吹き込んでいただきたいと切に願います。裁判所には、現日本国憲法に従ったごくまともで公正な判断をお願いしたいと心から思います。

国民が、平和の問題に向きあい、意見を表明できる社会を

小玉　かおる（宮崎市在住）

私は、戦後まもない1948年（昭和23）生まれです。両親は教師をしていましたが、戦前のことゆえ、母は5人の子育てに専念するため職を辞め、私はその末子です。幼いころは宮崎市で育ちましたが、小中学校時代は親の仕事の都合で、東京都に住んでいました。高校はいったん宮崎に戻りましたが高校卒業後は再び東京で学生時代を過ごしました。卒業後は、公務員（宮崎県）となりましたがしばらくして退職し、予備校の英語講師を経て後に私立高校の教師として65歳まで働いてきました。

私どもはいわゆる団塊の世代でしたので、小中高は教室の後ろの壁まで机が並べられた、いわゆる『すし詰め教室』の54～55人のクラスでしたが、活気にあふれていました。戦後の暮らしの中で記憶にあるのは、街中の地下通路などで見かける、手足を包帯でぐるぐる巻きにした白装束姿で、箱を前に、じっと座り続ける傷痍軍人の姿です。戦地に出兵させられ手足をもぎ取られ、命からがら帰還してみれば十分な保障もなく、なすすべもなく地べたに座り込んで日々の糧を得るしかなかったのだと思います。彼らの視線の先には、当時、戦後復興に忙しく行きかう人々の足元があったはずです。無念の思いで見ていたことでしょう。子ども心に戦争がもたらした悲惨な現実を意識したときでした。

また、『赤胴鈴之助』という子ども向けのラジオ番組を楽しみに聞いていましたが、それよりも『今日の舞鶴港の帰還者名と住所』を淡々と読み上げるアナウンサーの声を聞き、兵士や引き揚げ者、その日を待ち

わびているだろうご家族の姿を想像しては、胸が苛《さいな》まれる思いがしたことのほうをより鮮明に覚えています。戦地や抑留地で行方不明になった方々の尋ね人の時間もありましたが、そのまま消息不明の方々が大勢います。安保法制ができ戦争できるようになれば、また、このような防げたはずの悲劇が繰り返されます。

こうした経験もあってか、物心ついたときから戦争に対する強い拒否感、嫌悪感、恐怖感がありました。本や映画はもちろんですが、中学校時代に普及し始めたテレビでも、ドラマなどで物語の時代設定が戦前とわかったとたん、「きっとこの幸せな家族の誰かに赤紙が来て死んで還ってくるのだ」と想像してしまい、それまでの一家の幸福感が抗えない力によって切り刻まれていく姿に、痛ましくつらい気持ちになるのでした。反対に、設定が戦後になると、安心して物語に引き込まれていきました。

私は、自分が戦後世代だということに、ある種の誇りがあったように思います。もう戦争はしない、させないという自負のようなものだったかもしれません。ところが、最近、今が戦前になるのかもしれないという、不安、いやそれを超えてより実感に近いものを抱くようになりました。

毎年8月はまつりの季節でもありますが、今年も私の住む宮崎市で8月17、18日に『まつり宮崎』が行われました。たくさんの屋台が軒を連ね、舞台ではお笑い芸人や大物歌手が熱演し、子ども向けのミニスポーツやゲームなどの催しもあり、会場は、家族連れや若者で大賑《にぎ》わいで、子どもも大人も笑い興じていました。

そんな穏やかで和やかな笑顔のあふれる光景のなか、『はたらく車』というコーナーが設けられ、平和を謳歌するためのまつり会場にもかかわらず、その中央に高機動車や軽装甲車など自衛隊車両が堂々と展示されていました。災害派遣時にも使用するとはいえ、小自動小銃隊を輸送したりする場合にも使われるもので、私たちの日常生活に役立つ消防車や救急車などの『はたらく車』とは一線を画するものです。その横では子どもたちが制服を着せてもらい記念写真を撮ったり、模擬体験をしたりしていました。子どもたちに武力や軍隊への抵抗感をなくさせ、当たり前だという感覚を植え付けようとしているように私には思えてなりませんでした。しかも、1台3000万円もする軽装甲車が全国に2000台も配備されているとのこと、つまり私たちの税金が戦争するための準備に使われていることになります。

『広報隊員』とバッジをつけた自衛隊員は、「広報活動」に来たとはばかることなく言っていました。そして、全編カラー印刷で立派な陸海空自衛隊それぞれのパンフレットや、『自衛官への道―新たな自分に出会うために』と題された若者向けのマンガ冊子などが堂々と並べられ、その冊子には、教育・育成のしくみや、福利厚生が安定していること、災害時活動のことなどの記載はあっても、安保法制定のことはもちろん、有事の際どんな任務が想定されるのかという自衛隊本務については一切記載がありませんでした。

本来、市民が平和に楽しむだけのまつり会場が、まさに自衛官へのリクルートに利用されています。ならば、自治体職員の募集、警察官、消防士、医療、福祉、教職員、一般企業の募集もあって然るべきです。まつり会場で自衛隊がリクルートすることに加えて、オープニングに新田原基地から戦闘機4機が飛来して、会場上空を飛ぶこと自体あり得ないことです。

安保関連法案制定によりいつでも戦争できる国へと、着々と準備し整えている姿が垣間見え、見えざる恐怖に怯《おび》えます。物心つかない幼児に、まつり会場で自衛隊をかっこいいと思わせ慣れさせ、あるいは該当年齢の若者の名簿提出を直接自治体に要請したり、とあらゆる手段を駆使してリクルートしようとしているなりふり構わない方針に、恐怖を抱きます。

このように市民社会にさりげなく入り込み日常の一部として市民権を得ようとしているやり方も、すべて安保関連法案が制定されたせいで、私たち市民は苦痛と恐怖にさらされていると言わざるを得ません。

言うまでもなく、私だけでなく平和を希求する国民は、災害救助として活躍する自衛隊には敬意を表し、その存在意義も認めていますが、私には、今にも戦前に戻ってしまうのではないかという恐怖感が募っています。一国民、一市民として、戦争を止められなかったという後悔をしたくないのです。だから、自分なりに勉強できる機会には参加し、安保法制定時はもちろん、特定秘密保護法制定、共謀罪など、戦争につながる政権の動きには反対の声を上げ続けてきました。しかし、それでも戦争への流れが加速していっていると感じざるを得ず、危機感が募る一方です。

私は、元教師として、戦前の教師たちが、生徒を戦地に送り出してしまったことをどれほど後悔していたか、知っています。さらに今日では学校現場で、国旗掲揚・国歌斉唱に関して憲法で保障されている「思想信条の自由」が侵されつつあります。国歌の歌詞には主権在民の思想が盛り込まれていません。民主主義国家の国民として、若者を育てる責務を負っている教員が、その歌詞に疑問を持つのは当然のことです。しかし、それが懲戒処分されるとなると、教員が委縮するのは当然であり、教育現場で子どもたちに本当に伝えるべきことを教えられるはずもありません。

そういう心情の中で、それでも、今自分にできることをやろうという思いでこの裁判に参加しました。権力をもたない市民の思いだけでは、安保関連法案を破棄することに限界を感じます。だからこそ、この裁判を通じて、三権分立の一翼を担う司法たる裁判所に、日本国憲法のもと尊厳ある決断をしていただき、さらにそれを第四の権力と言っても過言ではないマスメディアに、政府からの独立性を死守したうえで大いに報道していただき、国民が、平和の問題にしっかりと向き合い、意見を持ち、表明できる社会を作っていただきたいと思っています。

安保関連法は明らかに憲法違反です

松元　朝則（小林市在住）

２０１５年（平成27）９月19日未明、参議院本会議で安全保障関連法が成立しました。国会での審議を見て、率直に焦燥感と虚しさを感じました。私は今でも「悪夢」を見ているような錯覚に陥ることがあります。民主主義とは何か、何を信じていけばいいのか、政治に何を期待していいのか……。

私は、１９４９年（昭和24）生まれで、いわゆる「団塊世代」です。幼いころ厳しい生活を強いられてきたことを、今でも時々思い出します。

第２次世界大戦で多くの人が犠牲になり、荒廃・廃墟・疲弊したなかから憲法、地方自治法、教育基本法が制定され、戦後復興が始まったと考えています。その結果、経済をはじめ様々な分野で大きな発展を遂げてきたと考えます。

私は日常、憲法のことをを考えて生活しているわけではありません。しかし、憲法は「水と空気」と同じように、私たちが生きていくうえで、なくてはならない必要不可欠なものとして存在していると認識しています。

ところで、近年の政治状況を見ていると「数の力」で重要案件が次々と決められていきます。多数決の原理といえばそれまでですが、何か虚しさを感じます。安全保障関連法の成立は、その典型的な事例です。自衛隊が海外に出て、他国の軍隊と一体となって軍事行動を行うことができるようになるなど考えたこともありません。

そもそも憲法は、小中学校の義務教育課程や高校で、要約すれば「戦争の反省のうえに立って作られ、その精神は国際平和主義、民主主義、主権在民が柱となっている」と教えられました。その後、私自身も様々な書物を読むなかで、そのように認識してきました。

憲法前文には「我が国全土にわたって自由のもたらす恵沢を確保し、政府の行為によって再び戦争の惨禍が起こることのないようにすることを決意し、ここに主権が国民に存することを宣言し」「日本国民は、恒久の平和を念願し、人間相互の関係を支配する崇高な理想を深く自覚するのであって、平和を愛する諸国民の公正と信義に信頼して、われわれの安全と生存を保持しようと決意した」と述べ、第二章戦争の放棄第9条は「日本国民は、正義と秩序を基調とする国際平和を誠実に希求し、国権の発動たる戦争と、武力による威嚇又は武力の行使は、国際紛争を解決する手段としては、永久にこれを放棄する。②前項の目的を達するため、陸海空軍その他の戦力はこれを保持しない。国の交戦権は、これを認めない」と明記されています。

ところで、憲法9条を巡っては、これまで「解釈改憲」「なし崩し改憲」とか様々な経緯をたどってきたことを承知しています。「自衛隊」の存在がその大きな理由と考えます。仮に、百歩譲って「自衛隊」を認めても、それは「自衛のため」(専守防衛)であって、海外に出ていき、軍事行動に参加するなど到底考えられません。

私は、以上の点を念頭に置き、以下の点から安全保障関連法は完全に憲法違反であると主張いたします。

政権側が合憲の根拠としてきた1959年(昭和34)12月の砂川事件最高裁判決は、集団的自衛権には何ら触れられておらず、憲法は集団的自衛権を容認しているという根拠は、自分勝手な解釈でしかありません。

さらに、この判決の前に、当時の最高裁長官が米国の高官とひそかに意見交換していた事実から、米国の圧力が働いていたのは明らかと言わざるを得ません。

自衛隊が創設されたのがこの5年前ですから、集団的自衛権を想定していたとは思われません。

１９７２年10月14日の参議院決算委員会で「他国に加えられた武力攻撃を阻止する集団的自衛権の行使は、憲法上許されない」とした、集団的自衛権と憲法の関係の政府見解を１８０度ひっくり返して、「合憲」とする２０１４年（平成26）７月１日の閣議決定は、学者でもない一般市民の私でも到底理解できるものではありません。矛盾に満ちた根拠をもって、国会で強行採決された安全保障関連法は違法であり、明らかに憲法違反と言わざるを得ません。

法成立後、当時南スーダンに派遣されていた自衛隊が「日報」で戦闘状態にあった事実を、政府は「衝突」と言い換えました。言い換えなければ、ＰＫＯ参加５原則に抵触するばかりか、憲法９条に違反すると考えたからにほかなりません。

私は、以上３点に加えて、親族の中に戦争がいかに恐ろしく、筆舌に尽くせない痛みと苦しみをもたらすかを知っています。えびの市に在住する親戚（いとこの嫁）は、終戦当時、長崎で仕事中に被爆しました。「息子や娘が結婚するまでは体験を語ることはできなかった」と、述懐しています。また、宮崎市に在住する義祖母（長男の嫁祖母）は、終戦前、旧満州に電話交換手として採用されましたが、ここでの恐怖と苦難の話をよくしてくれます。体験記も本にしていますが、戦争がいかに非人道的なものか伝わってきます。

以上の観点から、安全保障関連法がいかに危険なものか、前述した憲法の精神にいかに反するものかを主張するものです。

「どうして戦争をしたの?」「どうして戦争をする国にしようとするの?」

伊地知　真知子（宮崎市在住）

私は戦争が終わって4年後の昭和24年（1949）に生まれました。庭には防空壕があり、昭和19年生まれの長兄は母に抱かれて何度か防空壕に入ったという話を小さいころ聞かされていました。お祭りのときや町角には、傷ついた元軍人さんたちの姿があちらこちらで見られ、子ども心に戦争の傷あとを感じることが多々ありました。

私は子ども心にいだいた疑問をまわりの大人たちに「どうして戦争をしたの」と何度か聞いたりしました。しかし、大人たちはなかなか答えることはしてくれませんでした。戦争を体験していない子どもにとっても戦争の傷あとに対する恐怖心はあるのですから、戦争中の子どもたちにとって、どんなに恐ろしい体験であったことでしょう。

成長していく中で、アジアで2000万人以上の方々が亡くなり、日本でも300万人をこえる方々が命を失っていることを知りました。それぞれの方々にそれぞれの人生があり、戦争がなければ多くの命が輝く人生を歩まれたことでしょう。

子どもを育てる中で出会った絵本で「かわいそうなぞう」のお話があります。人間だけが戦争で犠牲になるのではなく、動物たちも、そして多くの生き物も犠牲になることをあらためて知り、子ども共ども涙を流しながら、飢えて死んだぞうたちに思いをはせました。

戦争とは、殺し殺されること以外の何物でもありません。どんな理由をつけようと、それにつきる行為です。多くの犠牲の中で、私たち日本人は憲法9条をもつ国として戦後の出発をしてきました。そして、この72年間、戦争をしない国として生きてきました。

ベトナム戦争では日本が米軍の出撃基地となりましたが、それでも自衛隊が戦争に参加することはありませんでした。日米同盟があったから日本は戦争することがなかったという説をいう方がありますが、これは大きな間違いです。韓国は米韓の軍事同盟があり、ベトナム戦争に派兵し5000人以上の戦死者を出しています。同じく軍事同盟があっても憲法9条によって戦争への参加をくいとめてきたからこそ、一人の戦死者も一人の外国人も殺さないできたのです。歴代の自民党政府も憲法9条をふみにじることはできませんでした。

しかし、現在の安倍内閣は、閣議決定という一内閣の政治家の判断でこれまでの憲法の精神をふみ倒し、集団的自衛権を認め、2015年（平成27）9月19日に安保法制という戦争法を強行採決しました。平和のうちに生きる権利を有する日本国民として、一部の政治家の判断で憲法に違反する法律を決めることはとうてい許されるものではありません。

法治国家にとって国の基本である憲法違反の法律を許すことは、立憲主義に反し、憲法の精神を逸脱した法律は法律として認められないことも当然のことです。国家権力の乱用もここまでくると独裁政治といわれても仕方ない状況です。

日本は三権分立した国であり、憲法を守る義務がすべての公務員、国会、国会議員には課せられています。これから未来ある子どもたちに、二度と再び戦争の惨禍を体験させることがあってはなりません。

中東でおきている内戦の様子をみれば、街中は破壊され、人々のくらしは想像することすらできない状況です。難民として逃げても生きる場所はなく、国に残っても破壊しつくされる爆弾の下で、どうやって生きていけるのでしょうか。殺し、殺されるのが戦争であることを事実が示しています。

そんな中で、戦闘機や爆弾、武器をつくっている会社だけが暴利をむさぼり、地球を破壊しつくすような環境破壊、古代遺跡の破壊がくりひろげられています。

戦争とは恐ろしい殺戮《さつりく》の行為であり、暴力の行きつくところです。そのような恐怖の思いを憲法９条をもつ日本国民としていだかなければならないのでしょうか。人間としての尊厳と、平和の中で生きる権利を侵害するこの安保法を体をはってでも廃止させたい思いです。

普天間に距離詰めてオスプレイ並びその数は数へがたし見守る
米軍の作りしフェンスが空のあを海のあを区切りわたしを区切る
わが暮らしの地続きに基地あることを辺野古の海は明らかに見しむ
わが視野をはみ出せる海、わが視野に「平和の礎」収まりきらず

ベトナム反戦運動に参加して知った現実を見過ごすわけにはいきません

田崎　哲史（宮崎市在住）

私は戦後の昭和24年（1949）、いわゆる団塊世代の生まれです。戦前に生まれた兄や姉たちのような戦争風景を体験していません。しかし、18年後、学生として上京し、ベトナム反戦運動に出会いました。直接日本人がベトナムの地に派兵されたわけではありませんが、米軍の後方基地として国内基地や港から軍需物資が運び出され、沖縄はその距離的位置から前線基地の役割を果たしていました。そうした戦争に後方から加担していた日本政府に抗議のデモや集会を連日行ってきました。

どんな理屈をつけても「正義の戦争」はあり得ません。戦争は平和で安全な土地と静かな暮らしと生活を奪い、究極的には人の命を奪うことなのです。この世に生きている限り、今を生きている者の責務として、世界から戦争を絶対に撲滅しなければならないと考えます。

2018年（平成30）6月の米朝首脳会談に見られるように、世界は平和への道を模索しています。南北朝鮮が仲良くし、中国とも親交が始まりました。アジアの日本の隣国が、です。

なのに、こうした世界の動きを素直に喜べない日本の政権を担当する政治家たちは「ホンモノの動きなのか？　危うい関係はすぐに崩れる」と揶揄《やゆ》しながら嘲笑的に見ています。北朝鮮の存在を国難として選挙に利用してきた彼らにとっては「世の中平和になってもらっては困る」のが本音ではないだろうか？　とさえ思います。

世界の危機感を煽《あお》り、国際協力の名の下に攻撃のできる軍隊を持つことが新安保法制の狙いだったことを多くの国民は気づいています。そのためにアメリカに盲目的に追随して、高い軍事兵器を唯々諾々と買わされ、米トランプ政権の根幹である軍需産業に貢献しています。

北朝鮮脅威を煽ってイージス・アショアなるミサイル迎撃システムを1基1200億円かけて2基も設置し、1発迎撃弾を撃つと40億円かかり、確実に命中させるためには1回撃つのに2発撃つと聞きました。80億円かけて、一説には3億円の北朝鮮のミサイルを迎撃するというとんだ笑い話にもなっています。

こんな余計なものをわれわれ日本人の社会保障費を削減してまで使わせる必要はまったくありません。世の中の動き、流れに合わせて平和的潮流に動き出せば新安保法制など必要ないのです。

今、必死に辺野古に作ろうとしている沖縄の米軍基地もしかりです。あれは日本および日本人を守るためでなくアメリカのためのもので、対中国戦（米中貿易戦然り）のためであるのです。日米地位協定がある限り、日本政府がどんなに沖縄県民に寄り添うと甘い言葉を述べても、米国の利益しか考えていない米国政府に日本政府は抗しないのです。

それでも、新安保法制以前は、憲法9条が一つの盾となって、日本が軍国化することを止めてきました。ところが、新安保法制によって、日本は米国の軍事戦略にしっかり組み込まれ、軍事にお金も人も出し世界中どこでも戦争のできる国に変わり、それは加速度的に進んできています。米国と一緒に軍事的威嚇をし、さらには実際に軍事攻撃にまで駆り出されようとしています。それも私たちが汗水流して働き取られている血税を湯水のように無駄遣いした挙げ句です。

その結果、私の周りを見ても、多くの人たちが日常生活を送ることに精いっぱいであったり、貧困にあえいだり、将来に希望を持てなくなったりしています。時流に乗って経済的に潤っている人たちがいるかもしれませんが、ごく一握りだろうと思います。格差が広がり、互いの立場を思いやる条件まで崩れていく気がしてなりません。

私は、今を生きる大人として、このような事態を黙って見過ごすわけにはいきません。私は、このような不合理で理不尽で恥ずかしい日本になってしまっていること、そのことへの憤りと悲しみに苛《さいな》まれています。今を生きる大人の責務として、子や孫たちを決して戦場に送ってはならないと考えています。

裁判所、否、裁判官の方々も1人の人間であり、誰かの親であり、子であると思います。日本人に限らず誰かを傷つける戦争を肯定しないと信じます。その使命に従い、人々の人権を守るため、日本国憲法9条に従ったごく当たり前の判決をしていただきたいと思います。

航空祭終はれば天地澄みわたり地上に作られゆく弾薬庫
饗庭野《あへばの》をそれず演習場をそれ秋の田に落ちし照明弾は

こんなに生きにくい世の中に なぜ、なってきているんでしょうか

小川　正子（宮崎市在住）

私は昭和24年（1949）生まれで、概ね宮崎市で育ちました。小学校のころ、橘通りの街頭には白い着物を着て、松葉杖をつき、胸に箱を下げた人を多く見、〝傷痍軍人〟だと聞きました。その姿は目に強く焼き付いています。父は出征し、両親から戦時中の空襲や食糧不足などたいへんだったことを聞いています。また、戦後の平和教育を受けましたので、平和の尊さは様々な場面で聞いて育ちました。特に、学生時代には日本国憲法9条の大事さを学びました。

私自身は、平和憲法のなかで戦争を知らずに生きてきましたが、それが私にとってはごく当たり前のことでした。その尊さを学びつつも、当たり前であるが故に、いつしか戦争は遠い昔の出来事になっていたと思います。それは、ある意味では大変幸せなことでしたが、本当はもっと用心しなければならなかったと思います。

新安保法制が国会で議論される数年前から、何となく世の中が殺伐としてきたように感じていました。それでも日本には戦争放棄の9条があるのだから、戦争をすることはない、安心だと思っていました。

新安保法制は、日本が集団的自衛権を行使できるようになり、「普通の」戦争のできる国と同じになることです。実際新安保法制が成立する前後から、軍事費が膨らみ、新安保法制が成立してからは、いつもトランプ大統領が何を言い出すかでハラハラしなければならなくなっています。米軍や自衛隊の訓練も増え、自

衛隊員もどんどん危険な任務につくようになっているようです。また、物が言いにくい世の中になっていることも感じます。特に、現政権を批判することを表立って言いにくいような空気を感じます。息苦しい思いがします。それと、私たち庶民の暮らしは豊かになるどころか先細りになっていると感じることも増えました。年金をあてにできないなどということも言われています。

最近、子や孫の時代になって、「戦争したらいいんじゃないですか」という若い議員が出てきたりするのを見聞きすると、再び箍《たが》が外れていくどころか、すでに外れかかっているのではないかと不安を覚えています。

新安保法制については、法律の専門家がこぞって憲法違反だと言っていたことを知っています。なぜそういう内容の法律を内閣が決定できて、国会が通してしまったのか、おかしなことだと思います。せめて裁判所は三権分立の一翼として、独立して、おかしいことはおかしい、憲法違反は憲法違反と堂々と判決をしてほしいと心から願います。

「戦争だけは許してはいけない」父母の遺言を守ります

塩田　幸代（宮崎市在住）

私は昭和24年（1949）4月に小林市で生まれました。父と母と三人姉妹で育ちました。今は亡き父母は「戦争だけは許してはいけない」と、日ごろから私たち娘に言っていました。

父は戦争中、海軍兵学校を卒業後、旅順工大（中国）で学徒出陣で徴用された学生たちの教官をしていました。その後、中国各地の戦地に赴きました。戦後は、学生が戦地に送られ、若い命を奪われたことを後悔の念を持って生きていました。海南島での経験を聞いたことがあります。食べるものがなく、蛇やトカゲを食べて飢えをしのいだこと、それは悲惨な状況だったと思います。同級生の半数は戦死し、生き残った自分を責めることもあったようです。時間があると戦死した友人や学生のお墓参りに行っていました。

20年9月8日に復員してきた父が、茗荷《みょうが》ができていたのをみて「これをたくさん食べて忘れたい」とだけ言ったのを、幼かった妹である叔母はいまだに忘れないといいます。それだけつらいことがあったんだなと思ったそうです。生前は戦争だけはしてはいかんと言っていました。

母は戦前は福岡で小学校の教師をしていて、戦中の食糧難でおなかをすかせた子どもたちをたくさん見てきました。また、母の姉は夫を沖縄戦で亡くしました。残された5カ月の息子を叔母は女手一つで育てあげました。母はその一生を寄り添いながら見てきました。母は、沖縄を死守するために命を懸け、幼い一人息子を残して逝った叔父の悔しさを思うと残念でたまらないと言っていました。たくさんのつらい体験があるので、戦争だけはだめと生前言い続けた母です。

私の夫は広島県大竹市の生まれです。広島市から30㌔離れています。昭和20年8月6日は6歳になったばかりでした。広島に住んでいた親戚たちが被爆して夫の家に身を寄せていて、傷口から蛆《うじ》がわいて姉と箸でとっていたことを覚えているといっていました。可愛がってくれた叔母は生涯、体の不調と数カ所のがんで苦しみました。夫は、原爆被爆との因果関係は不明ですが、53歳の若さで3人の愛する娘たちを残して白血病で亡くなりました。また、私の広島出身の親友は被爆2世で体の倦怠感に始終悩まされています。

核の被爆は人の体を蝕《むしば》み続けています。戦争がなければ、早く終戦になっていれば、被爆者とはならず健康で平和な日々を過ごせたはずです。原爆投下という、人間がこれほど惨《むご》いことをやってしまう戦争は二度と起こしてはならないと強く思います。

戦前から戦争直後の苦しい惨状を聞かされて育った私たちは、戦争をすることができない憲法があるおかげで安心して大人になり、子育てをしてきました。ずっとこの平和は続くと思って生きてきたのです。戦後の何もない苦しいときに戦後の立て直しに奔走し、憲法を護り、戦争ができない国にし、努力してきた当時の大人たちに感謝と尊敬の念でいっぱいです。

しかし、安保法制が制定され、憲法をおろそかにし、戦争ができる国になったことで不安に襲われています。このままでは子どもや孫が将来戦争に巻き込まれてしまうかもしれません。私は父母の遺言でもある「戦争だけは許してはいけない」を守りたいと思います。

裁判所には私たちの思いを認めてもらい、安保法制は違憲である判決を出していただきたいです。

父母の戦場体験とベトナム戦時下の沖縄の現実が重なります

上原　公子（宮崎市在住）

私は、大学入学を機に上京し、以来東京で暮らしていましたが、昨年7月に親の介護のために、50年ぶりに宮崎市民になりました。

学生時代は、全共闘運動が全盛で、授業もままならないこともありました。1974年（昭和49）に起こった三菱重工爆破事件の主犯格で死刑囚となった二人はクラスメートです。そして、あさま山荘事件が発生してから、学生運動が崩壊していくその過程を、学生として見聞きをしています。そんな社会状況のなかで青春時代を過ごしました。彼らの主張する武装闘争にはどうしても賛同できず、組織に入ることはありませんでしたが、全共闘時代に生きたものとして、「では自分は社会とどう向き合うのか」という問いを、ずっと自分に課してきました。

1999年（平成11）から2007年の8年間、国立市（東京都）の市長を務めました。2004年に「景観法」制定のきっかけとなった、あの国立市の景観運動時に市民の代表の市長として、市民とともに闘ってきました。

市長在任中、憲法9条の存在にもかかわらず、戦争法である有事関連法等10法が2003年、2004年に小泉政権の下で成立してしまいます。私は、住民の生命財産を守ることを第一の責務を負った行政の長として、戦争法を看過することは到底できませんでした。

そこで、一橋大学の憲法学者であった山内敏弘教授とともに有事関連3法について分析し、当時の総理大臣小泉純一郎氏あてに44項目の質問書を出しました。そしてその結果をもって、２００２年に「有事3法案に関する意見書」を提出しました。特に「武力攻撃事態等における国民の保護のための措置に関する法律」については、有事関連法の専門家であった三人の弁護士の皆さんとともに2年間研究し、共同で『国民保護計画が発動される日』（自治体研究社）を出版しました。これらの、憲法違反、国際条約違反等の問題点については、別途意見書を提出しておりますので、併せてお読みいただければと思います。

この陳述書では、市長として、「平和的生存権」「基本的人権」と「地方自治」の実現にこだわり続けたその原点である、私の生い立ちとその環境について申し述べます。

戦後日本に生まれ育った者は、育った時代によって多少の違いはあっても平和は当然のことと認識しているでしょう。私は戦後間もない１９４９年（昭和24）生まれでしたので、幼少のころは、暮らしの中にまだ戦争のなごりのにおいが色濃く漂っていました。白い服を着て戦闘帽を被った戦傷者が、物乞いのために街角に立っていましたし、お祭りを追って移動する彼らを、列車の中でもよく見かけました。

私の父親は中国戦線で闘った兵隊であり、捕虜の経験もありました。父の兄すなわち私の叔父になる人は、海軍で戦死しています。私が幼いころは、父はお酒が入ると毎晩のように戦場の有様を語っていました。そのほとんどが、中国の極寒地での苦労や、銃弾が飛び交う中での恐怖の話でしたが、それは勇敢な兵士の物語として、語られていました。しかし、その奥には、決して子どもには明かせない残忍な恐怖の体験があったことを、あるとき私は知ってしまいました。

私が漢字が読めるようになったころ、父の書棚の奥深くに隠されていた、一冊の本を見つけたのです。

「殺しつくす」「焼きつくす」「奪いつくす」と書かれた、中国における戦争犯罪の告白書『三光』でした。同じようなことを、父もしていたのかと大きな衝撃を受けましたが、語らない父に、それを問いただすことはしてはいけないことだと感じていました。戦地から帰還した父は、小学校の教員に戻り、それは熱心に子どもの文化活動と、組合活動をしていました。今考えれば、ぬぐえない戦争の罪への贖罪《しょくざい》だったのかもしれません。

とはいえ、戦争を私が実際に体験したわけでもなく、どんなに残酷な話も、幼い私にとってそれは一つの歴史の一齣《ひとこま》としかとらえきれなかったのが本当のことだと思います。

その親や大人たちの話をとおしての戦争の恐怖が、実感となって身を震わしたのは、高校生時代でした。クラスには、沖縄から本土留学をしてきている生徒がいました。1960年代は、沖縄はまだ異国で、パスポートが必要だし、本土の学校に通う子どもは「留学」と称していました。

沖縄からのクラスメートが、みんなの前で、沖縄の現状を泣きながら話してくれました。ベトナム戦争の従軍米兵の、沖縄の人を人間とも思わない傍若無人の実態です。そこに、戦争の持つ非人間的な日常を見た気がします。いかに兵士といえども、人間であればこそ、人を殺すことに躊躇《ちゅうちょ》がありますし、殺される恐怖があります。しかし、一瞬の気の迷いが、敵に隙を見せることになるため、ベトナムに出兵する兵士は、沖縄で人間の心を捨てる訓練をさせられるのです。ベトナム戦争では、戦闘服を着ていないゲリラが必死の抵抗をしていましたから、女であれ老人であれ、たとえ子どもであっても情はかけない野獣の心を持つ必要があったのです。沖縄で野獣化し、ベトナムで、まさに野獣として闘った兵士たちが沖縄に降り立ったときに、その野獣にとって沖縄の人は、非人間として襲う対象となるのです。

その日常の中で、生きざるを得ない沖縄の惨状を聞きながら、私は父の語る戦争の意味を初めて、今も生き続ける戦争として理解することができました。

50年ぶりに共に暮らすようになった母は、１９２９年（昭和４）生まれで、90歳になります。少し認知の症状が出始めています。その母が、毎日繰り返し話すのは、少女時代の二つのことです。のどかで穏やかな幸せな子ども時代のことと、女学校時代に学徒動員で、宮崎市内の学校から延岡市内の軍需工場へ勤労奉仕に駆り出されたことです。

工場内の寄宿舎で休憩をしていたときに、Ｂ29の爆撃を受け、たまたま窓際にいた学友が亡くなってしまいました。そのときのＢ29は、操縦していた米兵の顔が見えるほどの低空飛行で、米兵は笑いながら機銃掃射をしてきました。笑いながら人を殺すという恐怖は、忘れることができないと言います。また、週末ごとに宮崎市の実家に帰る列車は、たびたび機銃掃射を受け、そのたびに列車から飛び降り隠れていたそうです。楽しいはずの実家への帰路は、まさに命がけでした。

人生の終末期になって、記憶が一つずつ消えゆく中で、いまだ鮮明に残っているのが、戦争という死の恐怖であるのは、なんと残酷なことでしょうか。テレビの楽しげな若者たちを見るたびに、「私たちに青春なんかなかった。今の子どもは幸せだ」と繰り返しています。

人生を終えるまで、戦争の恐怖と贖罪を抱えて生きてきた両親と、時代を共にした人々の思いを、私たち戦争二世は否応なく背負って生きています。それは私たちが、罪なき普通の人々の人生を破壊する戦争を、なんとしても回避しなければならないという責任でもあります。

２００３年、２００４年に成立した戦争法である有事関連法は、それでもギリギリ集団的自衛権は踏みとどまりました。しかし、この新安保法制に関しては、集団的自衛権の行使が目的なのは明らかです。新安保法制は、沖縄の恐怖を日本全土にもたらすものです。

いつも戦争は、戦争を指揮する愚かしい幹部の判断で引き起こされてきました。イラクへ派兵された自衛官隊長の佐藤正久氏（現参議院議員）が、「もしオランダ軍が攻撃を受けたら、情報収集の名目で駆けつけ、あえて巻き込まれるという状況を作り出す。（中略）日本の法律で裁かれるのであれば、喜んで裁かれよう」と発言しています。あのときですら、こんな考えをする自衛隊の幹部がいたのですから、宿営地の共同防護等が法的に認められれば、まさに正々堂々と戦争状態を作り出せるのです。

歴史は過ちを繰り返すからこそ、憲法で戦争は二度と繰り返さない歯止めをかけてきました。その歯止めを失わせることになっては、私が背負っている世代としての責任が果たせません。それは私にとっては身を切られるほどの苦しみです。このままでは、戦争のために人生を犠牲にしてきた先達にも、人生を平和のための社会変革に賭けた同胞たちにも顔向けができません。何よりも自分自身を許せないのです。多くの憲法学者が安保法制は違憲であると表明しているこの法に杭を打ち込む有効な手段として、私たちはこの裁判に期待をしています。

日本の司法が良識あることを、世界に示す判断をしていただけることを、切に願っています。

間接被爆の父の苦しみの声を背負って

日野原　義文（木城町在住）

１９５０年（昭和25）生まれの私にとって、幼いころの戦争の爪跡が幾つか、ぼんやりと記憶に残っている程度のものである。そのひとつが、２月ごろの生目神社祭りである。

私は５歳のころ、左目を傷つけてしまい、失明してしまった。そういう私を父親が目の神様と評判だった生目神社につれて行ってくれた。そして、そこで目にしたものは、戦争で傷ついた元軍人たちの姿だった。酷い人になると、片足のない人が松葉杖をついて立っていた。そういった方々は、小さい箱を置いて、今でいうカンパをお願いしていた。それを見て何の知識もない私は、ただ、かわいそうという思いしかなかったと思う。

次に記憶に焼き付いているのは、私の父のことである。私が小学生のころのことだと思うが、深夜寝ている私の横で、父親が、「ひー」という声を上げていることがあった。その当時は、あまり気にしていなかったが、後々思い返してみると思い当たることがあつた。父は戦中、長崎に原爆が投下された数日後に衛生兵として働かされたらしい。生前、ほとんどそれらしきことを語ったことのない父であったが、その現場を目の当たりにした光景が夢に出てきたのではないかと思う。

後に、64歳でがんで亡くなる数年前に被爆者手帳を申請した。長崎の被爆者名簿には父親の名前が記載されているのだが、この父が被爆した後に生まれた私にとって、このことは少しトラウマになっている。このこともあって、私は反原発運動に関わりあっているのである。

私が戦争の悲惨さを知るようになって、その歯がゆさから親に向かって、「なぜ、戦争に反対しなかったのか」と問い詰めるように言ったことがあった。親は、「自分たちには、どうにもできなかった」とだけ答えていたと思う。しかし、これは天に唾を吐きかけたようなもので、その後の私の十字架になっているように思う。

こういった記憶を背負いながら日々の生活の中で、周りを見回すと、また戦前に回帰しているようにおもえる。もちろん、自分の子どもには、「どんなことがあっても、戦争は駄目だ」とはいいきかせている。しかし、そんなことだけでは、この流れはとめられそうにもない。特にここ数年のあいだ、「集団的自衛権」「安保法制」「共謀罪」などといった、戦争ができる国になるための土台作りが進んでいる。

そういった思いのなかで、もう一歩、踏み出して、この「安保法制廃止」の原告になった次第である。

半田滋氏（元東京新聞論説兼編集委員）講演会

満州引き揚げ時の父母の体験と思いを信条として

堀田　孝一（宮崎市在住）

私の両親は、戦時中、満州開拓団として中国に渡り、姉も満州で生まれ、終戦後に引き揚げて来ました。私自身は戦後の生まれですが、両親は私の幼少時から私に対し、食べる物が無く草の葉や蔓《つる》を食べて、痩せこけながら生き延びてきたこと、母がロシア兵に襲われかけたこと、乳飲み子の多くを残留孤児として中国の人々に預けざるを得なかったこと、九死に一生を得て博多港にたどり着いたこと等々、引き揚げ時の地獄のような体験を繰り返し、繰り返し言い聞かせ続け、それが私の信条となっております。

そして、私は、「政府の行為によって再び戦争の惨禍が起ることのないようにすることを決意し」および「平和を愛する諸国民の公正と信義に信頼して、我らの安全と生存を保持しようと決意した」とする現憲法の前文、さらに「国権の発動たる戦争と、武力による威嚇または武力の行使は、国際紛争を解決する手段としては永久にこれを放棄する」とする同9条が、両親の教えに合致していると考えてきました。

このような私にとっての新安保体制は、日本国民が第二次世界大戦・太平洋戦争の戦争体験から得た教訓を踏みにじり、再び戦争の悪夢に日本を引き戻そうとするものでしかありません。

核兵器禁止条約や国連での世界の平和を求める動きを見ても、憲法前文と9条による戦争放棄こそが、人類社会が21世紀の未来社会を展望するスタンダードであり、人類共通の願い・到達目標であり、それを踏みにじる新安保体制は許されないと、私は確信してやみません。

私が高校教諭として3年生の担任をしていたとき、2学期の進路指導で、自衛隊に就職したいという生徒が数名いました。私が「君は、どういう気持ち・考えで自衛隊を選ぶのですか?」と尋ねたところ、彼らは皆「自分は国を守るために自衛隊に行き、頑張りたいと思います」と答えました。私は、「国を守るために頑張るという心根は立派だ」と彼らを送り出しました。自衛隊入隊の際の宣誓書にも「国を守る」とあることを聞き知ってもいました。

しかし、現在の自衛隊は、「国を守る」という目的を逸脱し、新安保体制=戦争法によって、海外でも見ず知らずの人々と戦闘し、殺し殺される任務を負わされることになってしまいました。私は、このように教え子たちの純粋な心が踏みにじられる状況になったことを憂え、彼らを自衛隊に送り出し、励ました責任を痛感し、激しく後悔しています。

戦争孤児の話をしんと聞くときの息子するどく耳を立てつつ
子は読書感想画を描き戦争孤児の涙をみどり色に塗りたり

敗戦の痛みを知っている日本人だからこそ

上川床　喜蔵・加代美（日向市在住）

妻の叔父が戦争に行ったが、何一つ帰って来なかったと聞いています。お墓があるだけです。妻の祖父母は、さぞやつらかったでしょう。私たちは、そんな目に遭いたくありません。

私たちが、特に裁判で安保法制の違憲を訴えたいと考えたのは、敗戦国であり、戦争の痛みを知っている日本人だからです。戦争に行って人間を殺したり、傷つけたりする、その恐ろしい行為に、日本人は耐えられるのでしょうか？　その後の精神的な影響はどうなのでしょうか？　その後の仕事とか、身体的な補償とか、国は全員に責任を持ってくれるのでしょうか？

安保法こそ、私たちが戦争に巻き込まれる原因になります。自衛隊員が戦争に参加しなくてはいけないかもしれないし、将来に徴兵制が可能になるかもしれないと聞いています。

暴力はいけないと教えられていますが、戦争に行ったらその教えを実践できるのでしょうか？　怖いです。どうか戦争のない平和な世界であってほしいです。国を守るためには国防費がもっと必要になってくると思いますが、そのお金はどこから出るのでしょうか？　税金からでしょう。現在でも、私たち夫婦の生活は大変です。同じ税金を使うなら、今必要なことに使ってほしいと強く思います。私たちの日常生活上のこのような思いと新安保法制は、絶対に相容れないのです。

そのような思いから、私たち夫婦は「新安保法反対!!」と訴えたいのです。

「戦争さえなければ」。満州引き揚げ家族の子どもとして

河野　充（宮崎市在住）

私は、宮崎市在住で68歳になります。私の家族は、満州からの引き揚げ者です。ソ連軍に連行された父は、ソ連のカラカンダ収容所（カスピ海の近く）で4年間抑留生活を強いられました。その中で電動カンナで右手親指を切断し、生涯不自由な生活を送りました。また、重労働で肛門から直腸が飛び出るようになり、大手術を何度か受けましたが治らず、一生オムツを当てながら暮らしました。そして、腸捻転と腸閉塞で手術を繰り返しながら衰弱して亡くなりました。

残された家族5人は、10歳の長女が三男を背負い、8歳の長男が鍋・ヤカンの入ったリュックを担ぎ、母が次男と次女の手を引いて、死に物狂いで満州から250キロを引き揚げてきました。引き揚げの初めには2000人ほどいた集団は途中で散り散りになり、最後は50人ほどまでになりました。その中で病気や栄養失調で子どもや夫や妻、親を失う人がたくさん出ました。中には、泣く泣く中国人に子どもを預ける人たちもいました。戦闘に巻き込まれ命を落とす人もいました。母はそんな場面に出くわすたびに、私たちはなぜこんなつらい思いをしなければならないのかと怒りでいっぱいになりました。そして、戦争さえなければこんなことにならなかったのにと戦争を憎みました。

このような多くの国民の悲惨な体験から制定されたのが日本国憲法です。私は38年間教員をしてきましたが、憲法学習のときには、必ず私の家族の体験とともに「悲惨な戦争を二度と起こさない」「武力によって

問題の解決はしない」という国民の誓いが憲法に込められていることを、子どもたちに伝えてきました。

ところが、新安保法制により、集団的自衛権の名のもとに、敵基地攻撃能力の増強が行われています。それは護衛艦「いずも」も攻撃型空母化であり、南西諸島の軍事基地化であり、長距離ミサイルの保有であり、イージス・アショアの配備です。そして、中東湾岸地域への自衛隊派遣の決定までしました。これは事実上の専守防衛の放棄と強力な日米安保の一体化に他なりません。自衛隊が海外派兵され、殺し殺される状況が日に日に迫ってくる状況になっています。「悲惨な戦争を二度と起こさない」「武力による問題解決はしない」という国民の誓いが踏みにじられようとしています。戦争を心から憎む私は、胸の潰れるような思いです。

憲法の授業をすると子どもたちが次のようなことをよく言いました。「憲法があるから、その後日本は一度も戦争をしないし、一人の人間も武器で殺し殺されることがなかったんだよね。日本人って偉いね」と誇らしげに胸を張って笑顔で話してくれました。私はうれしくなって「この憲法の心が世界に広がっていくと戦争のない世界ができるかもしれないね」と答えました。

実際、この日本国憲法の非戦の精神を学んだ中米コスタリカは「兵士よりも多くの教師を」のスローガンのもと、1948年（昭和23）に軍隊を廃止しました。そして70年以上の間、「武力による問題解決」ではなく、共存共栄の永世中立平和国家を追求し、世界トップクラスの社会福祉国家を実現しました。さらには地球幸福度ランキング1位にも輝いています。

このように、日本国憲法の非戦の精神とコスタリカの実践は、人類の成熟した世界の目指すべき姿を明確に提示してくれています。

本裁判が子どもたちや国民の期待に応えられる、世界に胸のはれる判決になることを心から願います。どうか、裁判官の皆さまには、裁判官にしかできない世界の平和に向けた宣言を堂々としてほしいと思います。

「民主主義」とは何か
問い続けてきた者として訴えます

遠田　辰芳（宮崎市在住）

私は42年間、社会科の教員として、人権教育・平和教育などを通して「民主主義とは何か」を生徒とともに考え、その大切さを訴えてきました。理想と現実の狭間のなかで正解を求めることが難しい問題ですが、お互い意見を出し合い議論を尽くし動いてみること、時間はかかるけれども、そのことが民主主義の原点であると再認識しているところです。

安倍政権は、２０１３年（平成25）の特定秘密保護法の可決以来、集団的自衛権行使容認と解釈改憲、共謀罪法等々の強行採決を重ね、議会制民主主義をないがしろにしてきました。この間、多くの方々が批判していますが、特に思い出されるのは、言葉を大事にしてきた大江健三郎氏をも『アベ』と呼び捨てにさせたことや、故金子兜太《とうた》氏が『アベ政治を許さない』と揮毫《きごう》したことなどです。

そして、なによりも私たちにとって見過ごせないことは、２００６年に教育基本法が改定され、今年から「道徳教育」の教科化が推し進められていることです。上からの押しつけで、子どもたちの内面に踏み入り、評価することは、皇国史観を徹底的に教え込まれた戦前を想起させます。これまで民主主義や個人の精神的自由を基本に、教室で理想を語ったり、「嘘はつくな……、正直であれ……、人を貶《おとし》めるな……」と話してきたりしたことが全否定されます。自分の考えと違っていても「かくあれ」と無言の圧力がかけられ、忖度《そんたく》する子ども、ひいては自分の頭で考えることを諦める大人が作り上げられることを危惧します。

個人の損得勘定や利害関係に流され、耳障りのいい言葉で本質が歪められてきています。また、『黒いものを白』と言うことや『長いものには巻かれろ』という態度を、子どもたちに教えているようなものです。

私たちの日常は、子育てや親の介護を抱え、限られた余暇をレジャー・スポーツで楽しみながらもローンの支払いに四苦八苦する状況にあります。そんな私たちの生活を顧みることなく、未来志向を強調しながら過去の歴史を改ざんし、ナショナリズムを鼓舞する政治姿勢は危険極まりありません。年を重ね年金生活者となった今、子ども・孫の世代が、平和で個々人が大切にされる世の中であるよう願い、行動していきたいと思っています。

安倍政権の国民を無視した姿勢に対し強い憤りを覚えます。特に、２０１５年（平成27）の安保法制の強行採決以降の議会制民主主義を無視する理不尽な言動は、戦後の日本が勇気をもって世界に発信してきた平和憲法の理念をも踏みにじるものであり、絶対に許すことができません。

米国と北朝鮮の軍事的衝突が懸念され、非核化協議がどのように進展するのかが不透明ななか、トランプ大統領との前のめりにすぎる関係構築は、「国民の安心・安全」を守るという美名のもと米軍と自衛隊との共同訓練強化、ミサイル迎撃能力を高めたパトリオットＰＡＣ—３システムの導入、イージス・アショアの配備計画、新戦闘機の購入等々、防衛予算の増大と質の変化につながっています。また、日米安保体制にすがるあまり、さらなる軍事的負担が日本に課せられてくることも指摘されています。そのことは、ロシアや中国ばかりではなく、アジア・太平洋近隣諸国からも軍事強国を目指しているのでは、との疑いの目で見られることにもなります。

一方、国民生活を無視し、大企業や富裕層の既得権と利益拡大を最優先する政権は、甚大化する自然災害に対する防災は地方任せ……、まさに、政治が公正・公平に動いていくよう、国民生活を基本に据える民主的な政治システムの構築が望まれます。

世界的に混迷を深める中、トランプ政権に追随し宇宙空間やサイバー空間へと軍事的拡大路線をとることではなく、平和と世界協調を軸に外交を展開することこそが憲法を活かすことになると確信します。

私は今、やむにやまれぬ気持ちでいっぱいです。日本やアジアで多くの犠牲を払ってようやく獲得した平和国家と平和憲法の精神、「日本の国民は絶対戦争はしないのだ」「それが一番自分たちにとっても、他の国々の人々にとってもよいことだ」という確信、そのために、自分の頭で考え、試行錯誤しながらも良い方向に向けて話し合い、行動していく姿勢。私は、それを多くの教え子の心に根付かせてきたつもりでおりました。

そのことが全否定されるような今の状況は断腸の思いです。日本ははっきりと軍事大国になり、世界のどこでも戦争ができる国になってしまっています。世界に破壊と恐怖をもたらす側に成り下がっています。人殺しの道具を開発して他国に売る死の商人にさえなろうとしています。

戦争で紛争が解決した例などありません。新たな争いに発展し、混迷を深めるだけです。世界はそれをいやと言うほど学んだはずです。私は、日本の主権者として、戦争のできる国になることを為政者に許したつもりはありません。戦前と違い、憲法で内心の自由や政治的意見表明の自由を保障されているはずの我々が、このままこれを許すのでは後世に顔向けできません。

日本はいまだに あの戦争の償いが終わっていません

鶴内　敏之（宮崎市在住）

私は、昭和27年（1952）に生まれました。私の父はフィリピンに従軍し砲兵隊それから軍医の手伝いをしていたと聞いております。若いころの父と親戚の人とが談笑する戦地での写真が残っています。父はもう亡くなりましたが戦争のことはほとんど語りませんでした。話したくなかったのだろうと想像しています。90歳代になる母は日向灘に上陸してくる米軍を迎えるべく竹槍訓練をした世代です。娘時代の写真も残っています。数年前、それは「オリンピック作戦」のことだと知りました。昭和20年11月に鹿児島・宮崎に上陸するのが「オリンピック作戦」、21年の3月には相模湾、九十九里浜に上陸するのが「コロネット作戦」でした。両方から首都東京に侵攻する計画だったということです。

日本が無条件降伏をしなければ沖縄戦以上のたくさんの犠牲者が出たのだろうと身震いする思いがします。そのままなら父はフィリピンで戦死し、母はおそらくは玉砕したでしょう。私はいまこうして生きてはいなかったでしょう。

子どものころには、兵隊さんたちが沖縄、朝鮮から陣地作りに来ていたことを何度も聞きました。日本が朝鮮や中国で悪いことをしてきたこともいろいろ聞いています。愚かで悲惨な戦争を私に伝えたかったのだと思います。また、子どものころ母に連れられて実家に行くときには、ゴミ捨て場になっていた防空壕跡が残る道路を通りました。それは大きなもので、幼いころは近づいて覗くような気持ちにもなれない恐ろしい穴でした。その恐ろしい穴も随分前に道路の拡張でなくなりました。

　これが幼いころ、私が感じた「戦争体験」です。直接戦争を体験していなくても、大人たちの話しぶりや実際に見た防空壕跡の穴から、まざまざと戦争の恐ろしさが胸に迫ってきました。その思いは今も私の心に深く刻まれています。

　子どものころから刻まれた戦争の恐ろしさや戦争を憎む気持ちはずっと私の人生に深く根を下ろしてきました。私は、成長していく中で社会のことを知るようになり、日本が軍国主義に陥り太平洋戦争に突き進んだこと、さらには戦後のことを学んできました。その中で、自分にも関係することとして、日本の戦争責任、植民地支配が曖昧な形でしか問われていないことを知ることになりました。戦後73年戦争謝罪は終わっていないと思います。そもそも、犯した罪に終わりはないのでしょう。まして何年経とうが被害者の心は癒えることはないと思います。だから何度でも歴史認識の違いや従軍慰安婦問題等が再燃してきています。償いも終わりはないのかもしれません。それに対して私たちの国は真摯《しんし》に応えてきてはいないと思います。

　未だに国交のない北朝鮮による「拉致問題」の原因の多くは、戦後日本が米国との安保体制のもと、敵対的な関係を続けてきたことだと思います。人と人との関係も相手を責め、それを口実に自分の非を認めなかったり、不信感を募らせたりすることで争い事に発展します。それと同じことが国と国との関係でも起こっているのだと思います。

　戦後の真摯《しんし》な償いも終わらないうちに「安保法制」によって再び日本は他国を敵視し、威嚇したりする国に逆戻りしようとしています。国内でも人を殺したり人が死んだりする殺伐とした世の中に逆戻りしていくと思います。死を迎えなくても、安全な住居を奪われたり、心を病んだりと、その犠牲者は他国にも日本国内にも現に出ていると思います。

軍事的な対立を止めるのが政治の役割のはずなのにそれを進め煽《あお》っているのは、いわゆる制服組ではなく自らは戦闘行為に参加せず危険な任務につくこともない背広組の政治家たちのように思えてなりません。その想像力のなさ、無神経さ、冷酷さに怒りと悲しみを覚えます。

私は仕事上インターネットを活用することがよくあります。映画や音楽にもよく触れています。日本では、顔をしかめたくなるような戦争や暴力を描く映画やゲームが日常的にあふれています。子どもはもちろん大人たちも熱狂しています。「スター・ウォーズ」「指輪物語」も過去や未来、宇宙やファンタジーの世界での戦争物語。そこでは普通、主人公や超人的なヒーローは死ぬこともありません。そのような文化に慣れ親しむうちに、私たちはますます現実の世界で何が起こっているのかを身近な体験として捉えられなくなってしまっているように思います。でも、もう、それらは「安保法制」の成立によって非現実的な物語とは言えなくなったと感じています。

日本の上空を米軍機が我が者顔に飛んで、沖縄だけでなく、日本全国どこでも人口密集地の近くで様々な事故が起こっています。自衛隊訓練でも、事故が起こっています。事故がたまたま自分の身に降りかかっていないのは奇跡のようなものです。しかも、戦闘行為を想定した訓練、無意味なデモンストレーション、あるいは偶発的な出来事で犠牲が起こりかねないのです。このまま行けば、私たちやあなたたちの子どもや孫が、また戦争で現実に死んでいくのではないでしょうか。

憲法9条があるのは戦争で大きな犠牲を強いたアジアや国民に対する戦争謝罪であり、戦争犠牲者に対する謝罪だと思います。

戦争が政治の継続なら、その戦争や紛争が起こる前に話し合いで解決していくのが本来の政治の役割のはずです。ですが、今は、ものの道理さえ平気で踏みにじり、政治が多数決の横暴で戦争の準備、米国が進める戦争威嚇の下請けをしている状態です。それも私たちが納めている税金の無駄遣いをしてのことです。

司法の使命は、本来のあるべき道理を取り戻すことだと思います。今ほど、司法が本当の力を発揮すべきときはないと思います。私も国民の一人として、憲法が私たち国民に課した使命を全うしたく、自分の人権を行使し発展させるとともに、政治が憲法を踏み外しているのを質《ただ》すために努力したいと思います。

段落のかはり目に唾をのむ時の静けさ　陳述を続けたり
われよりもおそらく若い右陪席若き女性の表情《かほ》の険しさ
裁判長もおそらくわれより若いだらう目を上げたればつねに目が合ふ

ソ満国境警備隊の父。シベリア抑留された義父——二人の無念を思う

飯干　富生（国富町在住）

私は、1953年（昭和28）高千穂町で生まれました。私の父は大正8年（1919）農家の次男、母は大正13年農家の次女として生まれ、戦争を直接体験した世代です。父から戦争体験談をよく聞かされました。

父は徴兵検査を受けた際、「甲種合格」となったことが自慢で、昭和16年（1941）に陸軍に召集され、満州のソ満国境警備隊に派遣、昭和19年に満期除隊となりましたが、軍務期間中、上官の気分次第で些細《ささい》なことを口実にした鉄拳制裁が横行し大変つらかったそうです。こんなことでは戦争に勝てるはずがなかったとよく言っていました。

父は除隊後、筑豊炭鉱で石炭掘りの労働者として働きました。作業中に落盤事故で生き埋めとなりましたが、奇跡的に助かったと話してくれました。父の兄と弟たちも戦争体験者で、すぐ下の弟は海軍に召集され潜水艦に乗艦しましたが、千島列島沖で敵軍との交戦で沈没したと戦後に知らされ、遺骨もありません。

私の妻の父は宮崎県日之影町で大正13年に生まれ、現在94歳で療養生活をしています。義父は、昭和20年（1945）9月から昭和24年7月までの約3年間を、シベリアの捕虜収容所での過酷な強制労働と飢餓と極寒にさいなまれた抑留経験者です。

義父はシベリア抑留生活までの話を何度もしてくれました。義父は小学校卒業後地元の石工に弟子入りして働いていましたが、昭和16年に福岡県の三菱炭鉱に勤務し、朝鮮人徴用工と共に石炭掘りに従事しました。

日本軍は、次第に戦局が劣勢となるなか、失地回復を目的として満州のソ満国境に展開していた精鋭部隊を東南アジアの激戦地に送り、それに代わるソ満国境での部隊編成の必要性が生じて、九州管内で徴兵を急ぎました。そのような状況から義父は昭和20年2月に召集令状を受け取り、博多港付近の施設に現役入隊しました。そこでは連日、映画館で日本軍の勝ち戦の映画を見せて、戦意高揚が図られました。約2週間後、博多港から満州に渡り、陸軍第700部隊第1中隊に編入され、大卒の中隊長付き軍馬係に配属されました。

昭和20年8月、広島、長崎に原子爆弾が投下された直後、ソ連軍は日ソ中立条約を破って150万を超える兵力で満州に攻め込み、義父の部隊は圧倒的な兵力の前に降伏しました。数週間、当地で捕虜生活を過ごした後、列車に乗せられたときはこれで日本に帰られると聞かされたようですが、実は正反対で延々と列車は走り続け、降ろされた場所がシベリアの捕虜収容所とわかったときは大いに落胆したと話しました。

強制労働は主にシベリア鉄道沿いのタイガの森林帯でトウヒ・モミの木を伐採し、鉄道貨車に積み込む長さに切断し、線路沿いに井桁に積んでいくもので、厳しいノルマが課せられており、ノルマ未達成は食料、配給品を減らされて困ったそうです。ただ、そんなときに助けてくれたのは収容所の近くに住んでいたロシアの女性たちで、収容所の見張りをしているロシア兵がいないときを見計らって鉄条網の外から、黒パンを投げ込んで、「早く隠しなさい」と合図してくれたので命が繋《つな》がったと聞きました。また、ジャガイモの収穫期になると農家に加勢に出されることがあり、その際にも、内緒で食料をくれたりして、義父は「どんな国でも女性は困っている人を助けてくれて優しい」と繰り返し話してくれました。

収容所では真冬の寒さは非常に厳しく、衣類が無く、紙、木の皮など体に巻ける物は何でも使って、凍えに耐え、掘立て小屋では隣で寝ていた仲間が翌朝には凍死していたことがたびたびあった。遺体を埋葬しようとしても、地面が固く凍結しているため、遺体を1カ所に積み上げておいて、春になってようやく埋葬したが、遺体の凍結が緩むと強烈な腐敗臭が漂う中での穴掘りは大変だったそうです。

収容所には著名な作家や作曲家、芸能人も多くいて、休日には集会を開いて歌や合奏、芝居などが唯一の楽しみだったようで、義父はそのころ習ったロシア民謡のカチューシャをロシア語で歌うこともできました。

昭和23年11月に帰国ができることになりナホトカへ移動しましたが、港に着いたときにはすでに船が出港した後で、愕然《がくぜん》として落胆しながら元の収容所へ引き返したそうです。翌24年7月25日引き揚げ船信洋丸にて陸海軍1960名、一般人25名とともに舞鶴港に上陸、約1週間後故郷の日之影町に帰還しました。

多くの町民が国鉄（当時。その後、高千穂鉄道を経て廃線）日之影駅で出迎えましたが、当時の世相から共産主義に洗脳されているのではないかとの疑いを持たれ公安警察関係者の監視が始まったようですが、義父は、まったくそのようなことには関与していませんでした。しかし、そのような世間の目にさらされることを嫌って、人に会わずに済むように山奥に入り「渡りの炭焼き」で生計を立てることにしたのです。昭和38年、私の妻が小学校に入学することになったことから、ようやく実家での生活を始めました。

義父は、70代ごろまで寝ているときにうわ言や大きな声を出したりしていましたが、これは抑留生活時のことを夢に見ていたのではないかと思います。義父に聞いても答えたくないようですし、思い出したくないこともあるのだと哀しく思います。


戦争はあらゆる国民が様々な手段によって巻き込まれてしまいます。戦争によって人生を狂わされた国民が身近にたくさんいることを実感しています。国と国との関係を清算する手段に戦争を仕掛けるような誤った緊張関係を維持すること、大国の力関係で軍事力、高性能兵器開発競争に明け暮れる世界を見過ごすことはできません。平和な国際関係を築いていくことは私たち世代の責任であり、世界の富を奪い続ける軍事費を削減し、後世のためにエネルギー、食糧、環境保全の諸課題を確実に解決することこそ、世界の願いであると思います。

しかし、2015年、安倍政権による立憲主義をまったく蔑《ないがし》ろにした安保関連法が制定されました。そしてそれが施行され、既に自衛隊が駆けつけ警護も担うという役割の下で、南スーダンへ派遣されました。

この問題では、政府は、南スーダンの首都ジュバは比較的安定した地域であり、派遣に問題はないと言い続けた上、それを裏付ける資料となるはずのPKO派遣部隊の行動記録、日報は廃棄したと防衛大臣が国会で明言して強引に派遣を正当化しました。ところが、今年4月になって、相次いで日報が現存していることがジャーナリストによる防衛省への情報公開請求を通して明らかとなりました。日報にはまさに戦闘が行われていた事実が記載されており、戦闘地域への自衛隊の派遣という憲法違反を隠し続けてきた防衛省、およびPKO派遣を正当化してきた安倍内閣全体の欺瞞《ぎまん》性が明らかとなりました。その責任は重大であり、犯罪行為にも等しいと考えます。

さらに、防衛省は4月16日イラク・サマワの日報を公表しました。当時政府は憲法解釈により海外での武力行使を一切禁じており、自衛隊活動が「他国軍の武力行使との一体化」ととられないよう、「非戦闘地域」という怪しい言葉を考え付きました。そして、2004年11月、小泉純一郎首相は国会の党首討論で「自衛隊が活動している地域は非戦闘地域だ」と本末転倒の答弁で批判を浴びました。公開された日報からは、政府の説明とは違い、現場の隊員にとって危険と隣り合わせの実態が明らかになっています。

当時イラクで活動中だった陸自部隊が作成した日報の内、開示したのは2004年1月20日～06年9月6日の435日分、計1万4929ページです。給水や施設など実際の支援活動を担当した「イラク復興支援群」、サマワの行政機関や日本外務省などとの調整を担った「復興業務支援隊」、撤収作業を担った「後送業務隊」の、各部隊の陸自1佐クラスが、現地の日々の治安状況や装備の具合を記した内容となっています。

２００６年（平成18）1月22日の日報では、宿営地を置いたサマワの治安情勢について「イギリス軍に武装勢力が射撃し、戦闘が拡大」との記述が見られます。また、２００５年6月23日には、陸自の車列が進路脇の爆弾で被害に遭い、宿営地外での活動を自粛せざるを得なくなる緊迫した様子もうかがえます。

さらに、派遣期間中、宿営地付近にはロケット弾が撃ち込まれるケースが複数回あったこともわかりました。２００５年7月5日の日報には、「サマワ宿営地付近にロケット弾着弾。連続発生の可能性は否定できず」と書かれています。

このような自衛隊の日報、記録を国民に隠して、米軍を筆頭にした多国籍軍との共同作戦行動に自衛隊を限りなく参加させることは、国が自ら重大な憲法違反であることを十分認識した上の言語道断の悪質な犯罪行為と言えます。このような安倍政権は、国民の知る権利を奪い、平和主義と民主主義を破壊し続ける危険な政治そのものであり、極めて恐ろしい国を作ろうとする安倍首相の野望を感じさせます。

一人の自衛官も戦死させたくありませんし、外国で人を死傷させてはいけません。武器より医薬品を、水を、食料を提供できる日本、自衛官であってほしいです。私が、原告として本件訴訟の当事者になったのは、一人の人間として、今日の安倍政権が作り出した政治状況を、絶対に容認することができないからです。

「戦争は絶対したらいかん」母の思いを踏みにじることは許さない

久保　照義（都城市在住）

都城市には、「母智丘《もちお》公園」という桜の名所100選にも選ばれているところがあります。子どものころは、桜の時期になるとその母智丘公園に夜桜を見にいくのが我が家の恒例行事でした。

その母智丘公園の桜並木の途中に、白い服を着て、自分の前に募金箱のようなものを置いている人がいました。その人たちは、片腕や両腕のない人、また片足のない人などでした。いわゆる傷痍軍人の人です。帽子は昔の兵隊がかぶっていたようなカーキ色のもの、足に同じくカーキ色の脚絆《きゃはん》を巻いている人もいたと記憶しています。親からは「戦争で傷ついた人だけど、何がしかの手当が出ているんだ」と聞きました。なので、募金に応じた記憶はありません。しかし、そのことは私が戦争というものを意識する大きな出来事の一つでした。

そして、もう一つは母の言葉です。5年前に82歳で他界した母は、私たちが子どものころ、ことあるごとに「戦争は絶対したらいかん」「戦争はもうこりごりだ」とよく話していました。

1932（昭和7）年生まれの母は6人姉妹の長女でした。この年の5年後に日中戦争が始まり、さらにその4年後にはアメリカとの戦争が始まるという、まさに戦争のまっただ中で、子ども時代を過ごしてきたわけです。

小学校の高学年くらいになると、学校にはあまり通えず、家が農家だったので農作業の手伝いをしていて、その後、中学校には通うことなく、すぐ下の3つ違いの妹と2人で畑仕事をやらされたと言っていました。そして、時には片道3時間かけて、隣県の財部町（現曽於市）の正部という山間の親戚の家まで、妹と2人で荷車を引いて野菜や荷物を運んだと話していました。荷車は、ゴムのタイヤではなく木の車輪に鉄を巻いた物で、とても重く、草履を履くとすぐ壊れてしまうので、裸足で行くつらい道のりでした。

祖母は、当時の百貨店からの仕事を受けて、着物の仕立てをしていて、畑仕事の主力はもっぱら母たち二人でした。空襲があると、昼は祖父の親元の少しおおきな防空壕へ、夜の場合は家の近くにあった小さめの防空壕に逃げ込んだそうです。なにしろ、小さい妹たちを連れて防空壕に避難させるのは、とても大変だったことだろうと想像できます。

そんな様子は、私が子どものころ、夜中に地震があると母は飛び起きてきて、とても慌てて「ほら、地震だから早く起きて」と私たちを起こしにきていた様子からもうかがうことができました。母にとって、それは戦争中に妹たちを連れて防空壕に避難させていた、空襲のときと同じような心境だったのではと思います。

祖父は、戦争に召集され、一度目は無事に家に帰ってきましたが、その後にもう一度、召集され戦地に行ったそうです。2回目の出征のときには、33歳くらいだったということでしたが、一番下の妹はまだ生まれて20日しか経っていませんでした。

祖父がどの方面の戦場に送られたか聞いた記憶はありません。戦争が終わって、上海の港から船に乗って帰国しようとしていたようですが、日本に帰り着く前に船の中で死んでしまったということでした。歯がずいぶん悪くなっており、ものを食べるのに不自由をしていたと聞きました。そのとき祖父は36歳だったそうです。亡くなったのは、戦争が終わってから2カ月あとのことでした。日本に帰る船の中で、「家には小さな子どもがたくさんいるから、なんとしても帰らなければならない」と話していたと、同じ船に乗っていた人が報せてくれたとのことでした。

戦争が終わったときには、母たち姉妹は先ほど話した、財部町の親戚の家に避難をしていました。「戦争に負けたから、女の子はよその国の兵隊に乱暴をされるのではないか」といわれていたからと聞きました。

戦争が終わった1945年（昭和20）、母は13歳です。それから、結婚する19歳までひたすら農作業に明け暮れていたそうです。当時は、田んぼや畑で収穫できる食べ物があったので、なんとか生き延びることができたと言っていました。そして、貧乏をすることも毎日の農作業も、周りの家でもどこでも同じような境遇だったから、とくに苦労だと思ったことはなかったといいます。ただ、祖父は働きものだったそうで、母は「生きていれば学校にいけたはずなのに」とそのことが一番悔しそうでした。

祖母が健在のころ、祖母の所に母たちの姉妹がその連れ合いも含めて集まっていたときのことです。大阪にいる5番目の妹の連れ合いが当時、鉄鋼関係の会社で働いていました。話の途中でその叔父が「戦争でも始まれば少しは会社の景気もよくなるのに」と言いました。そうしたら、母が「いや、戦争は絶対いかん」と顔色を変えて大きな声で言いました。その場の空気は少しの間、凍り付いたようになりました。私は、そのときのことを忘れることができません。物心ついたころから聞かされていた「戦争は絶対いかん」というのは、母の心からの言葉だったんだと思いました。

そんな戦争を経験した、多くの人たちがきっと私の母のように「もう二度と戦争はいやだ」「戦争はもうこりごりだ」という気持ちだったろうと思います。そして、そんな気持ちの表れが憲法9条に代表される平和主義につながっていると私は確信します。

今年2月、アメリカのトランプ大統領は「安倍首相からノーベル平和賞に推薦された」と明かしたとの報道がありました。米朝首脳会談を行って、それまで何回もミサイルを発射していた北朝鮮の動きが止まり情勢が沈静化したことで「平和賞を」となったのでしょう。武力での威嚇より、対話をすることが緊張を緩和するんだということをよく示したエピソードだと思います。

安保法制で、日米の軍事における一体化を進めようとする政府は、護衛艦いずもを空母仕様にしたり、地上イージスを秋田と山口に導入しようとしています。また、F35戦闘機を100機以上購入しようとしています。2018年12月6日の東京新聞によると、「たとえば米国製の戦闘機F35は1機100億円以上する。都市部で定員90人の認可保育所を建てる場合、厚生労働省は建物費用を約2億円と想定しており、土地があれば1機分で少なくとも50カ所、4500人分を建てることができる。防衛省は2024年度までに42機購入する予定だが、さらに約100機を追加購入する方針が5日、明らかになった。昨年度の保育所の待機児童は全国に2万7千人。6機で全員分の保育所を建てられる計算だ」というのです。

安保法制の下、同盟関係強化のために、米国製の兵器を大量に購入しようとすることで軍事費は膨れ上がっています。一方で、子育てや年金・医療など、暮らしにかかわる予算は削減されています。私たち国民が安心して暮らしてゆくことが脅かされていると思います。

2013年特定秘密保護法が成立しました。2014年には、武器輸出三原則に代わって防衛装備移転三原則ができ、集団的自衛権の行使を認める閣議決定が行われました。さらに、2016年、改正通信傍受法。そして2017年6月には組織的犯罪防止法（いわゆる共謀罪法）が成立しています。

国民の知る権利を奪い、武器を売り買いし、他国の戦争に参加して、それらに声を上げようとする国民を取り締まる。安保法制は、そのような流れの中心を占めており、この国が自ら戦争に向かう意思を示しているように思えてなりません。

安保法制の下で、密接な同盟関係にある国の紛争に日本の自衛隊が参戦することになれば、紛争の相手国から日本も敵国とみなされることは必然です。そしてそのことによって、私たちの国が戦争に巻き込まれる、私たちの国が攻撃の対象になる可能性が極めて高くなることは、容易に想像することができます。

憲法前文には「われらは全世界の国民が、ひとしく恐怖と欠乏から免れ、平和のうちに生存する権利を有することを確認する」とあります。安保法制によって、この「平和のうちに生存する権利」が脅かされようとしています。

日本国憲法は、前文に続いて第1章で「天皇」について、そして第2章が「戦争放棄」の第9条です。そのあとに、国民の権利と義務や国会、内閣、司法などが記されています。戦争放棄の「平和主義」を優先的に示していると思います。現行の憲法の下で、良識を持って生きていこうとする人は、どんな立場にある人も憲法の示す平和主義のもと、1ミリも戦争に近づかないように考え、行動することが、この社会で生きる者の務めだと私は考えます。

裁判所におかれては、「もう二度と戦争はいやだ」と強く思った多くの人々の思いに応える判断をお願いいたします。

今井高樹氏（日本国際ボランティアセンター JVC代表理事）講演会

Ⅳ

「もはや戦後ではない」高度成長の時代に生まれた者として

「戦争の悲惨は理解できない」語ってくれた義父の想いを思う

大田原　良治（宮崎市在住）

私は、1954年（昭和29）に宮崎市で生まれました。父と母は昭和3年（1928）、昭和6年の生まれで戦争を体験した世代です。私は、父や母から、その戦争体験を聞きました。

母からは1945年のアメリカの戦闘機による宮崎大空襲の話を聞きました。母が14歳のときでした。宮崎市中心付近にて大きな爆弾の音が相次いで起き、あちこちで火災が起き、しまいには一面が火の海であった、とても怖くて怖くて震えが止まらなかった、という話でした。

父からは、父の兄が徴兵されて戦死したこと、田んぼで農作業していたときにグラマンに狙い撃ちされたこと、しかし山積みされた籾わらの陰に回り、難を逃れたことを聞きました。

すでに他界した義父は生前、一度だけ私と二人のとき、戦争体験を語ってくれました。義父は第二次世界大戦で徴兵され、主としてニューギニアに派兵されたこと、島から島へ移動の際、爆撃に遭って9回も船から海へと投げ出されたこと、ニューギニアでは山間部を移動し、多くの日本兵が戦闘でなくマラリアで死亡したこと、飢えと渇きで葉っぱや虫などを食べたり、現地人をスパイ容疑でサーベルにて首をはねたりしたこと、あまりのひもじさで死亡した日本兵の肉を食べたこと、そして空爆を受け、島（どの島かは不明）の日本軍の飛行場が爆撃を受け、飛行機と友軍が全滅したこと、結局、配備された連隊約2000名のうち、生きて日本に帰ったのは6名だけだったこと、などを語ってくれました。義父の足には銃弾の傷跡がありました。戦争の悲惨さは今の時代の人に話してもとても理解できないことだ、と最後に語ってくれました。

戦後、日本は憲法9条のおかげで海外で戦争を行うことなく、海外の人々を殺したり殺されたりすることなく、平和に過ごすことができました。アジアなどの周りの国からも侵略した過去の歴史を反省し、侵略しない国として、また危険性のない国として認知されてきました。戦争は殺人であり、破壊であり、人々が苦労して営み育んだ文化・建造物を一瞬で破壊し、人々を路頭に迷わせるものです。

私は、日本は恒久的平和を願う現日本国憲法のもとで、戦争をしない国としての明確な地位を確立し、各国の紛争の仲介役となる役割が果たせれば、と願っています。

しかし、安倍内閣は内閣法制局長官をすげ替え、解釈で憲法を変え、安保関連法を国会で強行採決しました。アメリカの意向を受け、自衛隊を日米ガイドラインに沿って、アメリカの戦闘に加担する軍隊に変えようとしています。さらに先の衆議院選では憲法に自衛隊を明記するという論法で、公約に掲げ、アメリカに追随して自衛隊を海外派遣することを狙っています。

今日の政権の動きは、日本が世界に誇ってきた平和憲法（憲法9条）の精神を投げ捨て、誰もが平和のうちに生存する権利を、著しく危ういものとしています。安保関連法は憲法違反の法令です。個人としても日本国民としても断じて容認しがたいものです。そのような事態を甘受しなければならないことは、私にとっても多くの国民にとっても甚大な精神的苦痛です。

私がこのたび、原告の一人として訴訟の当事者になったのは、一人の人間として、今日の安倍政権が作り出した違憲状態を容認できないからです。

先輩たちが命がけで築いてきた「平和と民主主義」が壊されるのは許せません

野地　一行（日向市在住）

私は、40年余りの職業人生の中で、労働運動からたくさんのことを学びました。そして、平和と人権が守られる社会でなければ労働者は生きていけないと強く思うようになり、この裁判の原告になりました。

２０１８年（平成30）２月21日の第３回口頭弁論期日で意見陳述をした、私たちの労働運動の大先輩である臼崎巌さんが、同年８月、膵臓がんのため亡くなりました。87歳でした。臼崎さんは、戦後まもなくから労働運動に加わり、とりわけ臨時工や民間の小さな職場で働く人たちの劣悪な労働条件を改善させるために闘ってこられました。また、臼崎さんは、労働運動の後輩である私たちに、自らの戦争体験を語りながら「戦争だけは絶対にしてはならない」と言い続けてこられました。亡くなる１カ月前に入院してからも、抗がん剤治療を断り、病床から「平和憲法を守り生かす署名」をお願いする電話をかけ続けておられました。文字どおり命をかけて平和のための闘いを貫いた方でした。

戦争体験もなく、戦争について説得力のある具体的話などできない私が、裁判所に陳述書を提出することにしたのは、臼崎さんはじめ戦争体験者が命がけで伝えようとしていたことを、少しでも私たちが次の世代に語り次いでいかなければならない、それが今を生きる私たちの義務ではないかと思ったからです。

私は、戦後10年目の１９５５年（昭和30）に静岡で生まれ、７歳のときに家族とともに、父の故郷、宮崎県門川町に帰ってきました。父は、1918年（大正7）生まれで、その青春時代は満州事変から太平洋戦争という戦争一色でした。父は、23歳で学校を卒業すると同時に陸軍に入り、南方戦線スマトラ島に送られました。26歳で敗戦を迎え、2年2カ月の抑留生活を経て、何とか生きて日本に帰ってきました。

私が幼いころ、大人たちはみんな戦争体験者でした。母は、延岡空襲で実家を失って西臼杵の親戚の家に避難していたとき、病気で死んだ幼い妹を母（私の祖母）が薪を集めてきて自分の手で火葬したんだよと言っていました。話し好きの近所の親戚のおばさんは、よもやま話が一段落した後は、海軍飛行兵だった弟がミッドウェー海戦で名誉の戦死を遂げたという話をよくしていました。家によく酒を飲みに来ていた父の友だちは、戦争で片足を失くし、義足を引きずりながら歩いていました。大人たちは口を揃えて「戦争は二度としたらいかん」と言っていましたが、戦闘や空襲の生々しい話はあまりしてくれませんでした。2001年（平成13）に82歳で亡くなった父も、学生時代の話や戦後の苦労話はしても、戦地での話は、自分からはしませんでした。

一度だけ父に、「戦争では、人が人を殺すのか？」というようなことを尋ねたことがあります。父は、戦友から聞いた話だとして、前線で偵察に出た斥候の兵士が、敵の兵士とばったり出くわしたりしても、大概の場合は「うっ」と驚いて目を合わせた後は、撃ち合ったりせず、お互い気がつかなかったふりをして静かに離れていくのだそうです。父は「気違いにならんと人は殺せんわな」と言いました。

1967年（昭和42）、私が小学6年のときの担任の先生は、〝戦争放棄〟の日本国憲法がいかに素晴らしいかを、繰り返し熱く語っていました。「出しゃばれ、出しゃばれ」が口癖で、「何でもいいから、とにかく手を挙げて意見を言いなさい」と言っていました。先生は、民主主義とは何かを私たちに教えようとしていたのだと、今思います。

それから50年あまりが経ちました。学校では、平和や憲法のことを教えなくなり、戦争体験を語れる人もいなくなりつつあります。戦後70年、２０１５年のＮＨＫ世論調査では、広島、長崎の原爆投下日を答えられた人が、３割しかいませんでした。

そんななかで、憲法の解釈を変え集団的自衛権を認める、この安保法制が強行されたのです。「繰り返してはならない」と小さいころに教え込まれた〝戦争への道〟が、目の前に現れてきたように、私には思えました。

安倍政権は、２０１７年には、南スーダンへの派遣部隊に、「駆けつけ警護」や「宿営地の共同防衛」など、安保関連法に基づく新たな任務を課しました。一方、沖縄では、民意を無視し自然を壊して、米軍辺野古新基地の建設が強行されつつあります。防衛費はすでに5兆円を超え、戦闘機や巡航ミサイルなど先制攻撃型の兵器を次々と増やし、空母まで持つようになりました。そして、宮古島や奄美大島など南西諸島の自衛隊基地を増強し、離島奪還を想定した陸上自衛隊の大演習が行われています。まさに〝尖閣有事〟を想定した訓練です。いよいよ北朝鮮や中国との戦争準備に入っているように、私には感じられます。

「戦争は二度としたらいかん」と言っていた父の世代の戦争体験者たちは、今の政治状況を見て何というでしょうか？　あの戦争の反省のもとに、先輩たちが営々と築き上げてきた「平和と民主主義」が、一権力者の「解釈改憲」でなし崩しに壊されていくことは、私にとって耐えがたい苦痛であります。私の愛する子どもや孫たちを戦争に巻き込むおそれのある、憲法違反の「安保関連法」が、一日も早く廃止されることを願っています。

「依らしむべし知らしむべからず」に安住しているわけにはいきません

川口　和也（日南市在住）

私は、１９５５年（昭和30）５月に日南市大字酒谷乙・通称西之園で生まれました。戦後のいわゆる高度経済成長期に教育を受けた世代です。もちろん、直接の戦争体験はありません。親は戦争を体験した世代ですが、あまり話を聞くことはなく、中学・高校、特に高校時代に戦争のことを教師から聞く程度でした。また戦後日本がアメリカと結んだ安保条約に関しては高校時代に教師から話を聞きました。いわゆる60年安保闘争、70年安保闘争の話でしたが、憲法９条で戦争を放棄した日本が、アメリカの核の傘の下で軍備を事実上拡張しつつあること、それは本来日本国憲法の立場とは矛盾していることなどだったと思います。教師の言っている意味は理解できましたが、やむを得ないところもあるのかなと漠然と思っていました。

私が平和や安保条約のことなどについて自ら深く学び考えるようになったのは市役所に勤務し、労働運動に関わるようになってからです。その中で、自分たちの暮らしの中で、もっとも基盤となるのが平和であり、平和なくして生命の保障も、安全な日常生活も、人間らしい労働条件の確保も、自由な意見表明や議論や学問も、豊かで幸福な人生もありえない。最も必要不可欠なのが平和であると確信するようになりました。考えてみれば当たり前のことなのですが、その当たり前のことを心に刻みつけるまでには多くの学びを必要としました。

戦後教育の中で戦争については悲惨な出来事とその結果のみ前面に出ているように思います。もちろん事実を知ることは重要ですが、本来はなぜ戦争が起きたのかが一番大事で、二度と繰り返してはならないというなら、戦争の原因となるものを克服する道を国民自らが真剣に考えていく必要があるはずです。そのような教育がまったくなされていないところに大きな問題があると感じています。

私の世代が受けた教育も、どちらかと言えば学力競争主義のもと、表面だけの知識を詰め込まれ、じっくり自分の頭で物事を理解し、考える時間を与えられなかったように思います。とくに政治教育は皆無でした。自分たちの生活や人生を決めるのが政治であることは避けられません。それを決める権利を自らが持っているのに、それに関心を持つことそのものが何か特殊なことであるかのような社会の雰囲気も、そのことと無関係ではないように思います。

とくに戦争は時の政府が行うものですから、政治に無関心ということは、時の政治が戦争を起こすことに気づかないまま戦争に巻き込まれることを認めることになると思います。戦争はだいたい、経済的な行き詰まりの中、国民の不満をそらすため、軍需産業の経済的利益に軍部や政治部門の利権がからんで起こされる例が多いと思います。宗教もからむ例はありますが、経済問題と無関係な例は少ないと思います。それは歴史が物語っていることです。

昭和初期から日本が戦争に突き進んでいった裏にどのような経済があり、誰の利益保持などがあったのか、その検証が国民に分かる形で示されていないこと、国民一人一人が考える材料が公になっていないことは、「依らしむべし知らしむべからず」という国民を馬鹿にした考えを今もなお為政者が持っているということだと思えてなりません。次々に明らかになる戦後のアメリカとの密約などを見ても本当にそう思います。

新安保法制は、日本が直接攻められてもいないのに、同盟国を助けるために日本が攻撃することを認めるものです。どんなに理屈をこねても、集団的自衛権は攻撃される相手国からすれば日本が先制攻撃をしてきたという受け取り方をされることは必定です。日本が他国に積極的に武力攻撃することを、戦争放棄を謳う日本国憲法が認めているわけがありません。他国に戦争をしかければ、当然日本や日本人が攻撃されても仕方がない立場になります。これは日本人の生命・自由・幸福を守ることと正反対のことであり、私たちの暮らしの基礎にある平和を破壊することは明らかです。

最近では、先制攻撃能力を持つ戦闘機やサイバー戦争、宇宙軍とエスカレートしていますが、人間の力でコントロールすることさえ困難な軍事技術が逆に訓練中の事故を引き起こし、無駄に自衛隊員や軍人の生命を奪っているような気もします。このような愚かなことをいつまで人類は続けるのか、暗澹《あんたん》たる思いをしています。その優れた技術を軍事ではなく人間の幸福のために活用できる英知があるはずです。

私は、私も子孫も安心して暮らしてゆくためには平和な社会が基礎であると確信し、それを信条に生きてきました。新安保法制は、私の信条を打ち砕き、すでに私も私の子孫も危険な状態になっています。いてもたってもいられない気持ちになります。

裁判所には、三権分立の一翼として、その独立をしっかり守ってほしいと願います。憲法の上に立った当然の判断をしてほしいと願います。決して表面的な「国益」などという立法府や行政府への忖度《そんたく》に陥らず、純粋に憲法に照らし、新安保法制が許されるものであるのか、を明確に、かつ積極的に判断していただきたいと心から思います。

情報がコントロールされ始め、その上に戦争の法が……許せません

森﨑　志津子（綾町在住）

私は、昭和33年（１９５８）７月25日、宮崎県都城市で生まれました。結婚を機に宮崎市内に住むようになり、夫との間に４人の子どもに恵まれました。今回、この裁判に参加したのは、数の力で強引に通されてしまった新安保法制に強い危機感をもっており、自分の子どもたちが生きる未来の日本が戦争をする国にならないように、何か行動を起こさなければと思ったからです。

私は、今から15年ほど前、宮崎県綾町に九州電力が巨大鉄塔を建てるという問題が生じた際、反対する住民運動に参加しました。企業の利益のために、個人が犠牲になったり、自然が壊されていくことに強い問題意識を持ちました。そこから、原発の問題にも関心を持ち、反対運動などにも長年取り組んできました。

今から5年ほど前だったと思いますが、あるとき、原発の反対運動で知り合った人から、特定秘密保護法の問題点について話を聞きました。「特定秘密保護法が成立すると、国民は正しい情報を受け取れずに、だまされてしまう危険がある」ということでした。しかし、正直に言って、私はそれまでそんなことを考えたこともなかったので、信じられませんでした。ほどなくして、特定秘密保護法は成立しました。

その後、自分と同じように原発などの問題に取り組んでいる人のつながりで、さまざまな勉強会に参加してきました。特定秘密法が成立して一年くらい経ったころ、内閣が集団的自衛権の行使を容認する閣議決定を行いました。私は、参加したいろいろな勉強会の中で、憲法についての理解を深めていたので、この閣議

決定が憲法違反であるということはすぐに理解できました。

その後まもなく、新安保法制が国会に提出されるという事態になりました。国会の論戦をテレビで見ていると、新安保法制が先の閣議決定に基づいたもので、やはり憲法に違反するものであることが明らかでした。しかし、おそらく、多くの国民にとっては閣議決定や新安保法制の問題点がよくわからないままに状況が進んでいったのではないかと思います。当時、国会の論戦も全然かみ合っていませんでしたし、結局そのまま強引に国会で可決されました。テレビなどでそうした国会の異様な光景を目にしても、きっと多くの人は、何か問題があるということはわかっても、それがどういう問題なのか、どれくらい深刻な問題なのかということは十分に理解していなかったと思います。マスコミも、すごく及び腰で、大切なことを十分に報じていませんでした。

このときになって私はようやく、特定秘密保護法は危険だという話の意味がわかりました。国民に提供される情報がコントロールされるということがどういうことなのか、実感しました。国にとって重要なことを判断するためには、その判断材料となる情報が必要だけれども、その情報そのものを政府が隠してしまったら、国民が正しい判断を行うことはできない。政府が情報を出さないことが許されてしまうということは、どんなに怖いことなのだろうと思いました。

国民は、主権者として、国家が間違ったことをしないように監視しなくてはなりません。そのことは憲法に書いてあります。しかし、その監視がまったく実現できていないのが今の日本だと思います。

日本がこれまで、長年にわたって戦争をせずにやってこれたのは、日本国憲法があったからこそであるというのは、明白です。この憲法を変える必要はありません。しかし、新安保法制が成立したことが示しているとおり、この憲法がどんどん揺らいでいます。現に、安倍首相は憲法9条の改正に本気で乗り出そうとしています。

日本が戦争をすることになるとすれば、それは軍需産業のための戦争といわざるを得ないと思います。戦争が現実化すれば、軍事費に多くのお金が費やされ、一方、社会福祉に充てられる予算は削られていくでしょう。国民の多くはそんなことを望むはずがないのに、一部の者の利益のため税金の使われ方も変わるのです。今の日本はそういう国になろうとしています。そんな国になることを本気で望む国民が一体どれだけいるのでしょうか。今の日本は、政治家と国民の考えが乖離《かいり》していると思います。

私の弟には精神障害があり、彼は療育手帳を持ち、障害年金を受給して生活しています。もし、社会福祉の予算が減らされたら、弟のような社会的弱者に一番にしわ寄せがくるでしょう。どの国でも、どの時代でも、戦争のしわ寄せを最初に受けるのは、社会的弱者です。すべての人が幸福に生きられるようになるために、日本はまだまだ社会福祉の充実が必要です。社会福祉を後退させてまで守るべき国益などないと思います。

何より、自衛隊の方々や将来徴兵制で真っ先に戦場へ送られることになる若者の命に勝るものはありません。どんな理由があっても戦争は絶対にあってはなりません。弟や、まだ若い息子のことを思うと、非常に不安でつらく苦しい思いになります。

以上のような思いで、今回の裁判に参加しました。裁判官の皆様には、三権分立の一翼を担う憲法の番人としての名誉にかけて、日本国憲法に基づき、しっかり判断してほしいと思います。

防衛予算増大の裏で〝生命を奪う〟政治が進行しています

高田　慎吾（宮崎市在住）

私は1961年（昭和36）8月15日に北海道名寄市で生まれました。小学校4年生のころに本屋で『原子雲わく』という本を購入しました。それまで何度か目にしていた原子爆弾が爆発して立ち上るキノコ雲の下の惨状を具体的に知り大きな衝撃を受けました。小学生のときにテレビでたくさんの戦争映画を見ました。どの映画もアメリカ軍が善で日本軍やドイツ軍が悪の内容でした。その後ドイツ軍に興味を持ち、ナチスのホロコーストを知りました。

高校1年生のときに新田次郎の『八甲田山死の彷徨』を原作にしたラジオ番組や映画が作られました。高校の学園祭の仮装行列で私のクラスは八甲田山をテーマに行ったところ30クラス中4位でした。大きなプラカードで「戦争反対」「平和」等とアピールしました。高校3年の仮装行列ではゲゲゲの鬼太郎がリバイバルしたときでそれをテーマにしました。大きなお墓をいくつか作り、表は「〇〇先生の墓」と書き、裏には「戦争反対」「人類に平和を」と書きました。30クラス中1位でした。平和のアピールは私の発案ではなく誰かが書き始めみんなが賛同して書いたものでした。

大学時代に広島や長崎を訪れ、奄美の加計呂麻島で日本軍陣地跡や兵器の格納場所を見、就職後沖縄のガマに入る機会を得ました。森村誠一『731部隊悪魔の飽食』が発刊されました。大学生のときに湾岸戦争が始まり、日本から国連平和維持軍に数兆円のお金が支払われました。日本国民の税金が戦争に使われたことに驚愕しました。戦争に巻き込まれるのは運命ではなく悪政の最たるものとの認識が徐々に作られていきました。35歳のときにポーランドのアウシュビッツに行きました。

私は現在勤務医をしております。新安保法制の成立以来、戦争のための兵器、弾薬、訓練等に防衛予算の名目で5兆円以上のお金がつぎ込まれています。その一方で医療や福祉の予算は年々削減され、国は憲法の理念に基づいて作られてきた社会保障を縮小し続けています。医師の数を増やさない政策のため医師の労働は長時間・過密となり過労死したり、精神的に病んでしまう医師が増えてきました。

勤務先の病院の外来に通院されている方の中には老老介護されている方が多数おられます。一例を挙げると、94歳の女性が病弱な90歳の妹の介護をしている例があります。94歳の方は認知症状もなく室内での歩行は問題ないため介護保険の適応にならず、年金は月に数万円で同じアパートに住んでいる妹の世話をしながら生活しておられます。

急性肺炎や憩室炎といった急性疾患は20年前には入院治療を行うのが普通でした。しかし、近年は外来で連日点滴の加療を受ける方が増えてきました。仕事を休めない、休むと辞めさせられる、代わりの者がいない、経済的に入院費が払えないという理由です。日本経済の冷え込みの影響と社会保障費削減によって医療を受ける権利が制限されている結果だと日々感じています。

私の患者さんの中には広島で被爆された方が2人いらっしゃいました。お一人は広島の看護学校に在籍されていたときに被爆され、1945年（昭和20）8月6日から7日、8日と一睡もせずに患者さんの治療にあたり、被爆者の対応に一段落ついたあとで広島から宮崎まで徒歩で帰ってこられました。もう一人の方は被爆でたくさんの友人を亡くされ、その友人たちの親御さんに会うのがつらいと言っていました。その方は大動脈弓部に動脈瘤が発生し、手術を勧めましたが、「被爆で亡くなった友人の親御さんに会わせる顔がない」との理由で手術を拒否され、大動脈瘤破裂で亡くなられました。

昭和8年（1933）生まれの私の父の話では、戦争中、友だちはみんなお弁当にトウモロコシを持ってきていました。父親は白米のお弁当でしたが、友だちのお弁当が美味しそうに見えて何度か取り替えました。戦後米軍が進駐してきて土足で父の家の中に入ってきて、祖父の部屋から電柱にとまっていたカラスをいきなり撃ち落としました。

戦争中に陸軍の食料の増産対策で、宮崎から北海道の私の生まれ育った村に派遣された患者さんがいました。父のいとこに当たるおじさんは東南アジアの戦線に派遣され、無事帰還されましたが多くを語られませんでした。母方の私の祖父は神社の境内で竹槍訓練をさせられました。父の実家は木工場で戦時中は海軍からの注文で製材しました。父は小学校のときに飛行機の燃料の原料にするとのことで松ヤニ集めをさせられました。北海道の片田舎の農業や木工場、小学生や中学生までが戦争のために働かされました。

戦争は、戦中・戦後も人々を不幸にします。新安保法制では自衛隊が米軍の支援を行う「米軍の武器等を守る」目的で戦闘が行われます。

積極的平和主義という言葉のもと、集団的自衛権の行使容認が閣議決定され新安保法制が制定されました。将来、日本がアメリカの戦争に巻き込まれる状況を想像すると、我が家の知的障害のある長男や中学生の次男の未来が暗いものになっていきます。防衛装備庁が武器を世界に売り出すことの先頭に立ち、私たちの税金が人を殺す道具を防衛設備と名を変えて世界に売られる。そして誰かがそれを使って殺し合う。考えるだけでも気持ちが悪くなります。

戦前の政権と軍部は「満蒙が生命線」と叫んで20万人以上の日本人を満州に入植させて、最後は置き去りにして見捨てました。今の首相は今の憲法を「恥ずかしい」と言い、自民党の改憲草案では主権者を天皇とし、国民を臣民とする戦前の憲法に似たものを提案しています。戦後70年以上他国に向かって銃弾を放っていない自衛隊を米軍の戦争に参加させようとしています。

国民の生命を守ることを最優先にしない日本政府の姿勢が２０２０年（令和２）１月からの新型コロナウイルスパンデミックの中で示されました。感染対策よりも経済対策を優先する施策です。「Ｇｏ ｔｏ トラベル」、「Ｇｏ ｔｏ イート」で結果的にコロナ感染を拡大させました。そのようなパンデミックの中でも新田原基地では米軍の訓練が行われ、えびのでは日仏の共同軍事訓練がおこなわれました。

事実と異なる言葉を使って憲法をないがしろにし、今の憲法は時代遅れという姿勢は、戦前の政府・軍部のように陰謀で戦争を開始する危険を感じます。専守防衛の自衛隊が米軍と共に上陸強襲訓練を行っています。大義のないアメリカの戦争を支持したり、北朝鮮の制裁に対話を第一に位置づけず、武力の行使を支持したり、日米同盟の強化を強く主張する人たちは、戦後築かれてきた日本の平和を破壊し、再び国民を戦争の中に引きずり込む可能性が高いと思います。それに否応なく引きずられることは、人々の生命と健康と幸福のために医師となった私、父親でもある私には到底耐えられません。

憲法は国民の福祉の源。勝手な解釈変更は許されません

岩切　達哉（宮崎市在住）

私は、1961年（昭和36）1月2日、宮崎県延岡市下伊形町で父正人、母敏子の第三子三男として出生し、延岡市立一ヶ岡小学校、同土々呂中学校、宮崎県立延岡高校を卒業しました。高校卒業と同時に宮崎県庁に就職し、働いてきました。1983年11月に現在の妻と結婚し、4人の子どもを育てました。

県庁では、主に保健所や福祉事務所、児童相談所で働いてきました。仕事の傍ら、自治労宮崎県庁職員労働組合員となり、青年部長や書記長、執行委員長の役員を務めました。2014年（平成26）3月31日宮崎県庁を退職し、翌年4月12日執行の第18回宮崎県議会議員選挙に宮崎市選挙区から立候補し当選しました。現在、2期目の県議会議員として活動しています。

私は、労働運動を通じて、日本が、過去の戦争の反省を真摯《しんし》に行い二度と戦争を繰り返すことがないようにとの思いから、数多くの平和を守るための活動に参加してきました。それらの活動の中では、実際に戦争に参加した方々から経験談を伺う企画もありました。また、近代戦争が国家間の経済闘争を解決させる最終手段として選択されたもので、人為的に引き起こされたものであることも学んできました。

経済的利益を追求する手段として戦争が選択されることを学んだ私は、戦争を強く否定する考えを持つようになりました。犠牲になるのは一般の庶民であって、利益を得るのは企業や資本家という構図の中で行われる戦争を一切認めることはできないと強く思っています。

２０１５年（平成27）９月19日未明に参議院本会議において、自民党などの賛成で成立した安全保障関連法案は、「国際平和支援法」と「平和安全法制整備法」からなり、集団的自衛権の行使を可能にすることを中心的な目的としています。国際平和支援法は国際的な有事に際して外国の軍隊に協力支援を行うとしており、過去の憲法解釈を改め集団的自衛権の行使を認めるものです。この集団的自衛権行使が日本憲法と矛盾することは明白です。

従来政府は「憲法９条は国際紛争解決の手段としての武力による威嚇または武力行使を禁じており、自国の防衛以外に武力行使はできない」と説明してきました。自衛隊発足時にもどのような役割であるかを答弁した大村防衛庁長官は、１９５４年（昭和29）12月22日の衆議院予算委員会で、「もとより我が国に対する武力攻撃が発生している場合を前提としている」と答弁しており、我が国が持つのは個別的自衛権であり、そのことは憲法に違反するものではないなどと説明しています。

一貫してそのような態度であったのにもかかわらず、一時の内閣が現憲法の解釈として、「集団的自衛権も持つし、その行使もできる」としたことは、憲法そのものの存在価値を著しく毀損《きそん》した行為です。現憲法がどのように書かれていようが、政府がこう考えるとするだけで、物事が決められるとすれば、他の憲法条項に依拠する各種法律・制度も何ら根拠を持たなくなるのではないでしょうか。

私は、社会福祉に強い関心を持っておりますが、憲法13条の幸福追求権、憲法25条の生存権などから生活保護法をはじめ、福祉関連の法律が作られています。しかしながら現状の福祉行政は、少子高齢化の中、かかる経費を抑制することばかりが行政目標となり、制度を必要とする方々から多くの不満をうかがいます。そこでその充実を求めた折に、「いや、幸福など追求させない、生存は自分の力で成し遂げよ」など、国民の権利を認めない解釈が時の政府によって可能となるならば、私たちの福祉は何に頼ればいいのでしょうか。まさに、日本の国家の中心に日本国憲法は存在しています。簡単に解釈変更して政治が行われることが許されてはなりません。安全保障関連法案を提出した安倍内閣は、憲法を遵守する姿勢に欠けています。私は、安全保障関連法案成立のときに、政府は権力を持てばいかなる法律であっても自らに都合よく解釈しうるのだということを、多くの国民に示したと思いました。私は、職場や家庭、地域などの小さな集団でも、権力を持つ方がその権力によって集団の意思を勝手に決定することが増えていると感じています。例えば、家庭でのドメスティックバイオレンスや虐待の増加、職場での各種ハラスメントの増加などはその一例ではないでしょうか。「言うことを聞け、自分に従え」とする態度です。本来人々が対等な立場で支え合うことで発展があると思われますが、社会は民主主義の大事さを忘れていく方向にあると感じています。

安全保障関連法は憲法に違反し無効な法律です。この国の発展と安寧を取り戻すためにも、裁判所は、憲法に適合するかしないかを決定する権限を行使し、安全保障関連法は憲法に違反していると明確な判決を出されるよう強く希望します。

内村涼子氏（東京弁護士会・写真）と
小西誠氏（軍事ジャーナリスト）を迎えて

「平和の塔」の歴史を知り、「逆の墨塗り」の時代に抗する

下村　美代子（宮崎市在住）

私は、昭和40年（1965）7月29日、宮崎市の観光名所・平和台の近くで生まれ、地元の池内小学校、大宮中学校で学び、高校を出て神戸の大学で教育学を専攻しました。卒業後は地元に帰り、子どもに関係する仕事につき、今は保育士の資格を取って保育所に勤務しています。

私は、戦争を知らない世代で、「平和台」に立っている塔に刻まれた「八紘一宇」のことも何も知らず、教えもされないまま、宮崎市が見渡せるきれいなところだなと思って、長崎の平和像のある広場と同じ感覚で、遠足に来たり、遊び場としていました。しかし、原爆記念日などに「平和の塔」が注目されないのはなぜかなと、不思議に思うこともありました。

あるとき、「平和の塔」の中を見るイベントがあり、参加したところ、中にレリーフが存置してあり、戦艦や戦闘機が描かれ世界を軍事的に支配するような図に驚きました。そしてこの塔は、紀元2600年とされた昭和15年、戦争の大義名分・戦意高揚のために、学徒を動員して、国内外のあちこちから略奪したり献納させた多数の石（中には中国・南京市から奪ってきた城門の麒麟《キリン》の石などもありました）を積んだ土台の上に巨大な塔を作ったのだそうです。

「八紘一宇」のもと、侵略戦争が遂行され、何千万人もの人が死に、国内でも数百万人が死亡し、悲惨なことになりました。

戦後、「八紘一宇」の文字は塗りこめて見えなくし、塔を飾る軍神の像等も撤去され、「平和の塔」へ素早く変身したようですが、その後、日本でのオリンピック（1964年）を機に、塗りこめた八紘一宇の文字を掘り返して塔を飾る像も復活したと聞きました。私は、戦時期の象徴である「八紘一宇」の塔が、「平和の塔」として観光名所として案内されるようになった以後に生まれたのですが、以上のような歴史を知るにつけ、『何も知らなかった、知らされていなかった』ことに愕然としました。

戦後教科書が墨み塗りをされたように、「八紘一宇」の文字等もいったん埋めこめられたが、掘り返されました。憲法と両輪としてできた教育基本法が変えられました。墨塗りされた「教育勅語」の精神も「道徳教育」の名前で入れ込まれようとしています。いろんな「逆の墨塗り」が行われようとしているようで本当に恐ろしいことです。

政府は南スーダンに自衛隊を派遣しました。戦闘地域であること、戦闘状態にあることを隠すために、日誌が隠されました。政府は、日誌はないと嘘を吐きました。

戦時中、大本営は嘘（負けているのに勝った勝った等）を発表し続けたということです。国民は知らぬ間に戦争に投げ込まれ、加害者にさせられ、被害者になりました。現在政府は、安保法制が憲法に反していないと言い訳するために「嘘から嘘」をついています。文科省関係でも、厚労省関係でも嘘が次々出てきています。

嘘は泥棒の始まりと言いますが、嘘は戦争の始まりでもあると思います。

憲法9条があったからこそ、私たちは戦争で誰も殺さず誰も殺されずに73年間を過ごすことができたと思います。安保法制のみならず根本的にこの9条が大きく変えられ、自由と生活を抑圧される野蛮な戦争体制に引き戻されようとしていることに言いしれない怒りと不安を感じています。

私は、すべての子どもが生き生きと成長できるよう、可能性を無限に開花させる手伝いをしたいと保育園で日々奮闘しています。子どもにとって、抑圧がどんなに悪い影響を及ぼすか、経済格差がどんなに子どもをみじめにさせるか、子どもを人と認めて対応することがどんなに大事かを日々感じています。

戦争体制は、子どもたちを押しつぶしてしまい、人間としての尊厳を育てません。戦争は相手国の子どもたちを否応なく巻き込み殺してしまいます。こんな無慈悲、不道徳なことは認めるわけにはいかないのです。戦争体制になってしまっては遅いのです。後の世において、「なぜ戦争体制を許したのか」と言われたくありません。

今私たちができることは、「戦争は反対」「憲法改悪は反対」「ファシズムに反対し、民主主義を守ろう」と声に出して言うことではないでしょうか。私は、この裁判に私たちのこの声を受け止めてもらいたく、また憲法順守義務を負う裁判官に「安保法制は違憲」の判断をしてもらいたく、原告になりました。

私は、戦争を許す安保法体制、憲法改悪の諸政策によって、日々苦痛を味わっています。この法制が違憲無効であり、その不法行為による損害を蒙っていることを認め、損害賠償請求の訴えを認容してください。

ホームステイ先のファミリーといつまでも笑顔で抱き合いたいのです

橋元　まゆみ（高鍋町在住）

私は、昭和41年（1966）9月14日に宮崎県日南市で生を受けました。子どものころは、自然豊かな場所で伸び伸びと過ごすことができました。しかし、思えば終戦後わずか21年でここまで日本を豊かにしてくれたのは紛《まぎ》れもなく、過去の戦争で大切な命を奪い奪われ〝NO〟も言えずに戦場で散っていかれた尊い命です。その上にあるのが今の日本であることは事実です。

私の父は、現在の日南市南郷という小さな町で生まれ育ち、父からはよく戦時中の話を聴かされていました。鉄等は、兵器や銃弾、戦闘機を作るためにすべて国に差し出さねばならず、さらに家の近くには線路が通っていたので運搬の阻止を狙ってか、たびたび爆撃を受け、死に物狂いで防空壕に逃げ震え続けていた……と真剣な眼差しで話してくれました。

母は農村地で育ったので爆撃等はなかったらしいのですが、小さな体で竹やりを持たされ、米軍に見立てたわら人形に向かって「えい！　やー！」と突き刺し戦う訓練をさせられていたらしく、母は「今思えば、洗脳されていたんだろうね……呆れるわ」とポツリとつぶやいていました。

私には、大切にしたい命がたくさんあります。家族、友人、現在小児科病棟の保育士として働いている身として、病と闘っている小さな患者さんたちが、早く元気になって未来が平和で幸せな世界である中で育ってほしいと願っています。戦争が、そして戦争の準備がこれらの大切にしたい生命や日常生活を脅かすことを考えると本当に胸の潰れる思いがします。

私は中学生のとき「戦争と平和」という題で、全校生徒の前で自分の思いを発表した経験があります。特攻隊について、感情のみで「お国のためだかなんだか知らないけれども、この世に授かった大切な命をゴミのように捨て去る戦争は二度と起こしてはいけない」と綴ったのを鮮明に覚えています。まさしく「戦争を知らない子どもたち」でした。洗脳の恐ろしさ、知らないこと知ろうとしないことがどれほど怖いことなのか、今強烈に実感しています。

新安保法制の議論が始まったとき、「こんな馬鹿げた法案が成立するはずがない」と軽視していた自分がいかに愚か者であったか。時の政権によって悪にでも善にでもなる「民主主義」国家の日本。情報に踊らされ〝日本が脅威にさらされている〟〝自国は自分たちで武器を使用してでも守らねば！〟〝アメリカが攻撃されたら同盟国である日本も一緒に戦わなければ国際社会から非難される〟。このような言説が何となくまことしやかに流され、真実や本質が知らされず国民がそれを許していく、それを目の当たりにして限りない絶望感を抱いてしまいました。ひどくショックでした。

不思議でならないのは、原爆投下を含め戦争の悲惨さを嫌というほど味わった日本が、わざわざ戦争に加担するような道に舵を切ったことです。日本は、世界で唯一の原爆被災国であるのは世界的に周知されています。今なお苦しみ続けて生きている方がたくさんいらっしゃいます。戦争の恐ろしさ、哀しみ、つらさは今を生きている日本国民そして裁判官の皆様方も、充分過ぎるほどわかっておられると信じております。

だからこそわれわれ日本人が果たすべき役目は、戦争に加担するのではなく、同じ人間同士が争って大切な命を失わせることは決して行うべきではなく、「言葉」という立派な授けものを駆使して争いごとを解決する道標を作ることなのではないでしょうか。

私が安保法違憲訴訟の原告団に加わった理由が、もう一つあります。私は、旅が大好きで成人してからいろいろな文化の違う国を旅してきました。その旅ごとに出会った人々の優しさ、笑顔。海外に出たからこそわかった日本の素晴らしさ。そして地球は本当に美しい。

そう思わせてくれたのは、私が26歳のとき初めて一年間ホームステイさせていただいたニュージーランドでした。ステイ先のファミリーは私以上に日本を知っており、日本を愛してくれている人たちです。この素晴らしい出会いはもうかれこれ26年の付き合いになり、毎年お互いの健康と近況を確認し合うかのように、クリスマスの時期にはプレゼント交換を続けています。

もし、安保法によりアメリカ等同盟国が戦争を始めてしまったら、国は後方支援という名のもと武器を使用して1人でも命を奪ったり奪われたりしたならば、日本は相手国から敵国とみなされ、日本人の命も奪われることは誰でも予想できます。このような事態になったら、海外渡航禁止令も出されるかもしれません。現に、新安保法制以降日本の海外NGOが海外での活動がしにくくなっているとも聞いています。

私は、命ある限り自由に世界中を旅していきたいです。そして、ニュージーランドのファミリーたちと笑顔で抱き合いたいのです。新安保法制は日本人を守るどころか、仮想敵国を想定して国と国との対立を煽《あお》り、結果として日本人が海外の人々と自由に交流することさえ阻むことにつながりかねません。戦争中は国と国との争いのために、民間人同士の交流も制限されてしまいます。長年の海外の友人たちと自由に交流したいという、私のささやかな願いも奪われてしまいます。それこそ日本国憲法13条が定める生命・自由・幸福追求権を奪うものに他なりません。そのような恐ろしい憲法違反の新安保法制は早急に廃止されるべきです。

法律の素人である私ですら、馬鹿げた法律であると感じた新安保法制、そして成立後の実態を見ても、アメリカのための法律としか思えない新安保法制です。法の専門家がこぞって違憲とした新安保法制、悪法というしかないこの法律の廃止に向けて、法の番人・人権の砦《とりで》である裁判所に、私は望みをかけています。もし、裁判所までもが新安保法制を許すなら、日本は独立国家ではありません。日本の裁判所として、日本国憲法の真髄に照らし、新安保法制が違憲であることを堂々と宣言してほしいと思います。

原告のわが緊張をほぐさむとスマホ開きて子の写真見す
陳述書緻密に修正してくれしこの人もまた母親である
開始時刻迫ればわれは水を飲み201号法廷へ向かふ
すでにほぼ満席の傍聴席にややひるみわれは奥へ進めり

「七代先まで考えて」、戦争放棄・命の尊さを訴えます

長友　純子（宮崎市在住）

私は１９６８年（昭和43）に福岡で生まれ、宮崎で育ちました。高校を卒業後上京、19歳のときに英国に短期留学した際、黒人のルームメイトと出会い、人種差別問題に関心を持つようになりました。

宮崎に戻ってから、いくつかのＮＰＯ法人や市民団体で活動し、映画の自主上映会を開催したり、戦争と平和の問題や原発問題、環境問題、子育て問題などに取り組んできました。東北の大震災後に立ち上げた「３・11虹のかけはしプロジェクト」では、避難、移住してきたお母さんたちと交流し、安保関連法に反対するママたちの会のお母さんたちとつながり、男女混合名簿導入に向けての取り組みにも参加してきました。現在、２児の母親です。

私は母方の祖父を戦争で亡くしています。中国大陸とフィリピン、二度の出兵をし、昭和20年（１９４５）6月にフィリピン・ミンダナオ島で戦死したとされています。「されています」という表現を使ったのは、祖母のもとに届いた封筒には、祖父の骨はおろか、遺品はなく、木片しか入っていなかったからです。

あと2カ月もすれば終戦だったのに、と悔やまれてなりません。敗戦の色合いが濃かった時期に、出兵しなければならなかったのだろうか、と国の判断も納得し兼ねます。アメリカや現地のゲリラ戦に対抗するだけの戦闘力も残っていなかったのに、まともな食糧もない中で、過酷なジャングルで飢餓と闘い、最期はどのように人生を終えたのかさえ、私たち遺族は知ることができないままです。

戦争に召集されることがなければ、家族思いの優しい警察官だった祖父。戦地からの便りも、家族の安否を気遣うものばかりでした。一線に出ることがわかった祖父は、自分の死を覚悟し、残された家族が安全な場所で生きていけるよう、細かく手配をし、祖母に託していました。郵便物は軍により検閲されていたので、一線に出ることも書けませんでしたが、祖父は事前に祖母と暗号を交わし、「!!」マークがついていたら、それが最後だと取りきめをしていました。私たち遺族は、そのマークが書かれたはがきを後に発見しました。これを受け取った当時の祖母の気持ちはいかばかりだったか、と胸が苦しくなりました。

その祖母は、生前、戦時中・戦後の泣き言は一切語りませんでした。しかし、夫を戦争で亡くした方を対象に実施された靖国参拝に参加した際に記した文集には、大黒柱をなくし、女手一つで子どもを育てた当時の苦しかった心情が綴られていました。

私は、子どものころから、「なぜ人間は、戦争をするんだろう? 人殺しはやっちゃいけないことなのに、なぜたくさんの人が殺されても罪にならず、勝てば英雄になるんだろう?」と疑問を持っていました。知覧や鹿屋の特攻基地や、広島の原爆資料館へも何度か足を運んだり、特攻隊の生き残りの方や、原爆で被爆された方や、食糧がなく芋のつるを食べていたという父など戦争体験者から話を聴き、戦争とは何かを考えるようになりました。

大人になって、戦争はやってはいけないという道徳観でなく、戦争＝ビジネスであり、戦争をして儲けるという軍産複合体ができあがっていることを知りました。これは、かなりのショックでした。被害者の悲惨な状況を学んできただけに、こんな状況を意図的に作る国のトップがいて、国民も阻止せず、国際的にも自国に利益があれば戦争に参加することに。

戦争を放棄した国で生きていた私にとって、1991年（平成3）、湾岸戦争で国際連合が多国籍軍を派遣し、「砂漠の嵐作戦」と称してイラクの空爆が始まったあの映像とショックは忘れることができません。攻撃が決まる以前から、建物・インフラなど、どこをどのように破壊し、再建すればどれだけ経済効果があるか、青写真が作られています。攻撃を仕掛けるには大義名分が必要なため、報復戦争と見せかけ、よそ様の国を攻撃し、命を奪うこともまかりとおっています。諜報活動や情報操作により、市民や世論を洗脳・扇動する専門機関だってあります。

外国だけの話でなく、我が国でも武器を製造している大企業があり、「武器輸出原則禁止」撤廃という国の流れもあって、我が国で軍事産業展示会も開催されるようになっています。その兵器により犠牲になるのは常に民です。

我が国では安全利用の下に原発で使用されているウランだが、人も土壌も何年にも永きにわたって汚染された劣化ウラン弾による被害は今も続きます。これは私が、情報操作されていない情報を発信し、持続可能な社会を作ろうという主旨の非営利団体で活動していたとき、2004年イラクで人質となった高遠菜穂子さんが自己責任論で日本中からバッシングされた際、実際はどうだったのか、現地では何が起きていたのか知りたいと、彼女を講演ゲストで呼んだときに知ったことです。

「これが現実。目をそらさないで見てほしい」とスライドを交えて見聞きしたものは、化学兵器を使用されたと見られる死体や、モスクから出る市民がシューティングゲームのように撃たれる場面、ここに記述するのもはばかられるような精神的屈辱を浴びせられた国民の姿、敵兵の愚行の数々で、当時、日本のメディアでは発信されていないものでした。日本は民主主義社会だから、情報操作なんてされていないと思っていた自分の無知さを恥じました。

劣化ウラン弾の被害は、今も続き、新しく誕生する命も五体満足では生まれてこず、苦しんでいます。「ヒバクシャ」という言葉は、今や日本のみならず、ウラン採掘に従事した人、核兵器を製造している地域の住民、使用された国々、またチェルノブイリなど原発による被害国でも広がっています。

劣化ウラン弾だけでなく、毒ガスや白リン弾などさまざまな化学兵器が使用され、私たちと同じ民間人が大勢犠牲になっています。アウシュビッツ収容所におけるユダヤ人大虐殺など、われわれはむごいことだと学びながら、なぜ現在も戦争で罪のない人々を殺し、それが罪にもならないどころか、英雄として扱われるのか、その感覚は私には理解しかねます。

たとえ命が助かっても、女性たちは辱められ、子どもたちも心身ともに大きな傷を負っているケースもあります……。これは、国を率いるリーダーが、命の尊厳を第一に考えず、経済を優先させているからであり、それに追従する者がいるからです。また、マザー・テレサの言葉にもあるように、自分は無関係だと他人事のように思い、見て見ぬふりをする無関心が現状を作っていると思います。

私は独身のときから戦争には反対で、ニュースなどでも「戦争」という言葉を止め、「無差別大量殺りく・破壊行為」と言い換えれば、自分たちがやっていることがどんなに野蛮で愚かなことなのか思い知り、反省するのでは、とこの言葉が軽々しく使用されるたびに思っていました。

家庭を持ち、子どもが二人生まれ、現在平和を望む思いはさらに強くなっています。当然のことながら、この子たちを戦争に出し、命を失わせるために産んだのではありません。我が子だけではない、世界中の子どもたちが、大人の愚かな都合によって失われるべきではありません。母親として、ただただ、子どもたちの安全と笑顔を守っていきたいと願っています。

共謀罪や集団的自衛権の行使容認、武器輸出原則禁止撤廃……などの動きから、この国が戦争できる体制へと移行しているのがわかります。民主主義と言いながら、国民に丁寧な説明もないまま、国民が反対している中、強行採択される現在の日本。戦争反対と言えば、非国民と呼ばれ、酷い仕打ちを受けた時代に逆行しそうで怖いです。今まで自由に思想を語れていたものが、誰かが通報するかもしれないとの疑心暗鬼になり、人が信頼できなくなります。言論の自由をなくし、「戦争反対」とプラカードを持ったりデモに参加しただけで逮捕されるような時代になるかもしれないと、恐怖を感じます。

北御門二郎さんのように、兵役を拒否すれば逮捕、軍法会議にかけられ最悪の場合は銃殺刑、と覚悟してまでトルストイの「絶対非暴力」を貫けるだろうかと自問自答する日々です。

そして、子どもは……？　お国のために自分が死ぬか、人殺しをしなければならないなんて、考えただけでゾッとします。

私は、下の子が低出生体重児でＮＩＣＵに入院していたので、思うように抱くこともできず、一カ月間離れて暮らさなければなりませんでした。さらに、自分が結核の疑いがあると言われ、「半年間隔離入院をしなければならない。赤ちゃんはおばあちゃんが育てるか、施設を考えてください」と、医師から言われました。結果は陰性だったのですが、あのとき、子どもと引き離される親のつらい気持ちを嫌というほど味わいました。泣いて泣いて涙枯れるまで泣き、こんな残酷なことはないと思いました。子を想う親の気持ちは、子が幾つになっても同じです。戦争で親に先立つなんて、そんな不幸な国はありません。

また、姉が国際結婚をしているため、仲の良い子どもたちが従弟同士で戦うなんて想像もしたくありません。逆に、お互いが国際友好のために活躍する姿は想像できるのですが。

われわれ人間は、有史以来、殺戮《さつりく》を繰り返してきました。その悲惨さは充分に学んだはずです。野蛮で愚かな行為を繰り返してはなりません。戦争は人命だけでなく、有能な知的財産までも失います。これは国にとっても不利益だと思います。戦争でたくさんの若者が命を奪われましたが、その芽を摘まれなければ、どれだけの才能が開花していたかと思います。その才能を、我が国が戦争せず生きていける知恵に変える努力をしていかなければ。

戦争という殺し合いからは卒業し、新しい時代を創る。それを世界に示すのは、原爆を落とされた悲惨さを知り、また戦後、憲法９条によって戦争放棄を実践してきた我が国ではないかと思います。「金だけ出して、兵士は出さない」と非難されようが、「原爆を落とされ、戦争に負けた悲惨さを知る我が国は絶対に戦争を許さない。日本国民は恒久平和を選択している」と堂々と言えばよいのです。

私は、戦争で犠牲になった方々の想いはどうだったか、現代のわれわれに何を伝えたいだろうか、と、常々考えます。「天皇万歳、お国のために喜んで命を捧げます」と教育され、表向きはそういって亡くなっていった方々も、家族に宛てた手紙を読むと、親を思い、残していく伴侶や子、家族を思う心で溢れています。また、子どもや夫を失った女性たちの想いはいかばかりか……。

後に戦争擁護のような歌も詠んでいますが、やはり与謝野晶子の、弟の出兵に対する「君死にたまふことなかれ」の「生きて帰ってきてほしい」という思いは、身内の本心だろうと思います。頭では、お国のために散るのが日本男子たるものと思っていても、本心は生きてほしいのです。日露戦争真っ只中で男尊女卑だったこの時代に、女性がこの歌を世に出したその文人魂は素晴らしいことと思います。そのような子や家族に対する正直な気持ちが、再び、危険な思想と言われぬ我が国であってほしいです。

毎年、県護国神社での慰霊祭には可能な限り子どもたちも参列させていますが、祖父は私たちに何を伝えたいでしょうか。せっかくつながったこの命のリレーを、また戦争で失うのも仕方がない、と思うでしょうか？　いや、それはありません。祖父は、子孫が代々、安全で笑顔でいられるように、永久平和を願っているに違いないと思います。自分たちのような思いは二度としないでくれよ、と。あんな体験は自分たちだけで十分だ。殺し合わなくてよい時代を生きなさい、尊重し合って生きなさい、と。

これまで、市民活動などを通して平和を訴えてきましたが、大きな権力に異を唱える者は、とりわけ当県のような保守県では風当たりが強いです。原発のときもそうでした。独身のときは、何も失うものも守るものもなく、自分の考えだけで行動できましたが、結婚してからは、夫が准公務員ということもあり、おおっぴらに活動ができなくなってしまいました。職場でも、報道関係にいたため、公平でなくてはならないという理由で、国に異を唱えるような市民活動は控えるように上司から注意されたこともあります。

また、自身でも、「反対」というネガティブなエネルギーは怒りの感情とつながりやすく、平穏な人々には受け入れ難い場合があり、結果、万人には拡がらないという閉塞感がありました。

反対だと意思表示することは大切なのですが、根底にある「命の尊さ」や「相手を想う心、愛」が置き去りになり、反対のエネルギーのみが表に出てぶつかり合うことに違和感があったし、世界平和はまず自分・家庭からと思っているので、家庭内不和は望むところではありませんでした。

それらの事情から、自分の想いを訴える方法を変えました。今は地道だけれど、自分にできる確実な道を歩んでいます。

それは、我が子二人を経済優先でなく、命を第一に選択できる愛の人間に育てることです。これをやり遂げれば、確実にこの世で二人は戦争を選択しない人間が増えることになります。日本中、世界中の親たちが、我が子をそのように育てたら、戦争よりも命や愛を選ぶ人間が地球上に溢れるでしょう。たったそれだけのことなのです。どんな人間も母親から生まれているのですから。

そのためには、まず自分自身が愛で満たされていること、そして、子どもたちに語り継ぐことが必要だと思っています。

今の平和は当たり前ではなく、たくさんの犠牲の下にあること。この平和は一部の人たちによって簡単に覆される危険性があること。しかも、知らず知らずのうちに。情報を鵜呑みにしてはなりません。

平和であるためには、まず自分自身を愛し、大切にすること。そして、自分が大切なように、国が違っても相手もまた大切な存在であるから尊重すること。だから戦争してよい、ということではありません。自分の国を愛するように、相手も自国を愛しているんだということを理解した上で話し合いをすること。我が国には、８世紀に聖徳太子によって制定された17条憲法の「和を以て貴しと為す」のように、議論を尽くして調和を形成する精神が残っているはずです。

これからは、自国のことだけでなく、同じ地球人として、資源の奪い合いでなく、どのようにすればシェアしていけるか、知恵を出し合い、お互い尊重し合って生きてほしいと思います。

私が大切にしている言葉に、「七代先まで考えて決定する」というネイティブアメリカンの言葉があります。現代の日本の政治は、あまりにも目先のことしか考えていないように思います。われわれ一人ひとりが、七代先の子どもたちのために、今何を考え行動しなければならないのか考えれば、破壊行動や負の遺産を押し付けるような選択はしないのではないかと思います。

祖父母から命をつなぎ、戦争と平和の問題に向き合って人生を歩んできた私、母親となり、子どもたちの安全と笑顔を守っていきたいと願う私にとって、今回の新安保法制の成立は私の人生や人格を根こそぎに否定し圧し潰すような苦痛を私に与えています。

新安保法制法案の強行採決がなされた際には、署名活動しかできず、自身の非力さを思い知り、途方にくれていましたが、良心ある弁護士の方々が立ち上がってくださったことは心強く、我が国の司法が生きていることに希望の光を見出し、安保法制違憲訴訟原告となりました。

「戦争は絶対にしてはいけない」と、当たり前のことが当たり前のように声があげられる我が国であってほしいと願います。

小2の息子は、ニュースでシリアなどの紛争映像を見ると、「日本は平和だからよかった」と安心したように言います。もう少し歳を重ねれば、世界で起きる紛争も、自分たちも決して無関係でないことを学んでいくでしょうが、今の子どもなりの素直な本音でもあると思います。

「平和でよかった」というこの安心感が永久に続くように。そして、世界中の子どもたちが安全で笑顔でいられるように。地球上から紛争がなくなることが夢でなく現実となるように、微力ではありますが、ここに一原告として戦争放棄、命の尊さを訴えます。

判決期日予告チラシ

母として、歌人として、キリスト教信者として、「言葉」の力を信じて

宮下　玲子（宮崎市在住）

私は1969年（昭和44）生まれで、新聞記者の夫と8歳の息子と暮らしています。東京で生まれ育ち、結婚後は宮城県に住んでいましたが、東日本大震災後に母子で宮崎市に移住、3年前に夫も宮崎で就職して移住しています。二十歳代の終わりごろより「大口玲子」の筆名で歌人として活動しており、短歌集や短歌についての文章など、著書が7冊あります。カルチャー教室の短歌講座の講師、新聞や雑誌の短歌欄の選者などをつとめています。2008年（平成20）にカトリックの洗礼を受けたキリスト教信者です。

私は子どものころから読書が好きで、特に史実や記録に基づいた作品を読み、人間についてまた社会について多くのことを知りたいと願いながら本を読んでいました。読書体験の中で、『アンネの日記』（アンネ・フランク著　1975　文藝春秋）『ひめゆりの少女たち』（那須田稔著　1977　借成社）『ガラスのうさぎ』（高木敏子著　1977　金の星社）など、自分と同じ年頃の少女が戦争に巻き込まれて命を絶たれたり、家族を失ったりするということがめずらしくなかった時代がほんの数十年前にあったということを知り、衝撃を受けました。

今の時代を生きる自分自身にも、同じようなことが起こるのだろうかという不安に押しつぶされそうになったとき、中学校の社会科の時間に日本国憲法を習いました。日本国憲法前文と第9条を暗記することが夏休みの宿題でしたが、「政府の行為によって再び戦争の惨禍が起ることのないやうにする」「全世界の国民が、

ひとしく恐怖と欠乏から免かれ、平和のうちに生存する権利を有する」「武力による威嚇又は武力の行使は、国際紛争を解決する手段としては、永久にこれを放棄する」など、先の戦争に対する真摯《しんし》な反省に基づき平和主義を強く訴える文言に、深い感銘を受けました。同時に、戦争によって自分と家族の命や健康が害されることはないのだという安心感に満たされ、平和憲法のある日本に生まれたことを誇らしく感じていました。

現在8歳の息子がおり、息子も読書が大好きです。最近は小学校の図書室へ行って、自分で好きな本を選んで読むことも多くなりました。そして先日、息子は「学校で『まちんと』（松谷みよ子著 1983 借成社）っていう絵本を読んだ。すごくこわかった」と言ったのです。広島の原爆で傷を負った女の子が、「まちんと（もうちょっと）」と言って母親にトマトをねだりながら死んでいく物語ですが、息子もかつての私と同じように、自分と同じ小さい子どもが戦争で命を奪われるということに大きなショックを受けたのでしょう。そして、自分にも同じことが起こるのではないかという不安におそわれたのでしょう。しかし現在、私は母親として「これは72年前の話だよ、こんな悲しいことが起こらないように、日本は絶対に戦争しない国になったんだよ」と断言して息子を安心させることができません。安全保障関連法の採決が強行され、施行されたことにより、「戦争放棄」という憲法の理念が言葉だけのものになったと感じているからです。

息子は小学校2年生ですが、「小学生新聞」を愛読しており、新聞記者の夫の影響もあって、日々のニュースに関心を持っています。そしてかつての私がそうであったように、社会のことを大人以上に敏感に受けとめているように見受けられます。「（南スーダンに派遣される自衛隊員の映像を見ながら）あの人たちは戦争をしにいくの？」「武器は人を殺すものでしょ」「僕もいつか戦争に巻き込まれて死ぬのかな」など、息子が今の時代の空気を感じ取り、疑問や不安を口にするたびに、母親として何と答えたらよいかわからず、涙ぐんでしまうことさえあります。戦争で死んでいった小さい子どもたちに、自分の息子が重なってしまい、戦争を描いた絵本を読むことができなくなりました。

また、強行採決の様子を映像で見た息子は、「この人たちけんかしてるの？」と驚いていました。選挙で選ばれ、国民の代表である国会議員の怒号や野次が飛ぶ中、混乱して言葉も聞き取れないような状況で、国の重要な法律が決められたのだということを、母親として子どもにどう説明すればよいのかわかりません。小学校の教室で同じようなことが起こったら、私たち大人は何と言うでしょうか。あのような暴力的で異様な状況の中で行われた話し合いを正当なものとして認め、子どもたちに説明することができるでしょうか。

私は、安全保障関連法が審議されていたころからずっと、深い絶望感の中で苦しんでいます。息子自身が感じているであろう不安や疑問はそのまま、母親である私自身の不安や疑問でもあります。強行採決後は特に、子どもに確信を持って平和を語ることができず、日本の政治や政治家についても良きものとして説明することができなくなり、無力感から考え込んだり涙ぐんだりすることもあります。母親として安心して子育てをしているとは言えず、子育ての喜びを損なわれていると感じています。


短歌という文学に携わり、言葉で表現することについて日々考えている者として、憲法の条文は変わっていないのに、解釈を変えて集団的自衛権の行使を認め、自衛隊の活動範囲や武器使用の基準が拡大されたということに納得できません。言葉がないがしろにされ、言葉が勝手に使われている状況に、表現者として強い怒りを覚えます。

２０１５年（平成27）７月30日、安倍晋三首相は参院特別委員会の集中審議において、「（集団的自衛権の行使を容認しても、他国の）戦争に巻き込まれることは絶対にないと断言したい」と述べています。「絶対に」と言いつつ、「断言する」ではなく「断言したい」と言っているところに、確実性のないことが明らかです。「〜たい」は、あくまでも希望や願望を表す表現です。そもそも、将来の国際情勢において、「絶対に」という確定はできないのではないでしょうか。「戦争に巻き込まれることは絶対にないと断言したい」と言われても、私はそれを確かなものとして信じることができません。

また、同じ審議において中谷元防衛大臣は「弾薬は武器ではない」と答弁しています。この「弾薬」で建物が破壊されたり人が傷ついたり死んだりしても、それは平和維持活動（ＰＫＯ）として国際平和に貢献していることになるのでしょうか。中谷元防衛大臣はさらに、８月３日の参院特別委員会で、「手榴弾は武器ではなく『弾薬』であるため他国軍に提供できる」との認識を示し、８月４日の審議では「ミサイルは弾薬か」との質問を受けて「ミサイルは提供の対象として想定していない」が、「あえて当てはめるとすれば、弾薬に整理できる」と答え、「武器には含まれない弾薬」との見解を示しています。「消耗品」は武器ではないから、弾薬も手榴弾もミサイルも武器ではない、だから他国軍に提供することができる、それは平和を維持するための活動である、という考え方は、かなり突飛で奇抜な発想です。国会という場で、このような言葉が答弁として通用することに驚き、強い嫌悪感を覚えます。

また、２０１５年９月19日に安倍首相が「（安保関連法案は）戦争を未然に防ぐ法律です」と言ったことにも驚き、違和感を覚えました。自衛隊の海外での武力行使を可能にした法案で、戦争に巻き込まれることはあっても、戦争を防ぐことができるのでしょうか。武器の用途は、破壊と殺傷あるいは威嚇以外にありえません。この表現は論理的に大きな飛躍があると感じます。

さらに、２０１７年２月８日、稲田朋美防衛大臣は南スーダンのＰＫＯに参加する自衛隊の日報で現地の「戦闘」が報告されていた問題について、「事実行為としての殺傷行為はあったが、憲法９条上の問題になる言葉は使うべきではないことから、武力衝突という言葉を使っている」と述べています。これは、言葉を言い換えることによって、強引に正当化していることにほかなりません。

言葉遊びや文学におけるレトリックではなく、国会議員の発言としてこのような言葉遣いが通用するということに驚き、強い嫌悪感を覚えます。政治の言葉は、言い換えや誇張、婉曲《えんきょく》表現などを避け、わかりやすく明快であるべきです。

2015年6月に朝日新聞社が行ったアンケートに回答した憲法学者122人のうち、安全保障関連法が違憲であると回答した人が104人、合憲であると回答した人は2人です。また、集団的自衛権の行使を可能にする安倍内閣の閣議決定については、妥当でないとする人が116人、妥当であるとする人は0（ゼロ）です。このように、専門家がはっきりと異議をとなえている問題について、国民に対して誠実に説明して理解を求めることをせず、言葉の上でなんとかつじつまを合わせて安全保障関連法を無理やり押し通そうとしているとしか思えず、現政権に対する不信感がつのるばかりです。

さらに、自民党の高村副総裁が同年9月6日に青森市内で講演した中で「安全保障というのは、国民のために必要だということで、（国民の理解が）十分得られてなくてもやらなければいけないときがある」と発言したことには強い恐怖と不安を感じます。国会議員が国民にきちんと説明して審議を尽くす努力を放棄するならば、言葉の意味や価値はないと言っていることになります。言葉が力を持たない状況の中、数の力で強行採決していくということが繰り返されていることから、ますます国会議員の言葉が信頼できなくなり、深い失望に陥りました。本当に「国民のため」ということであるならば、なぜわかりやすくはっきりとした言葉で説明しないのでしょうか。わかりづらい不明瞭な表現を故意に使って、穏便に表面をとりつくろい、国民の目を欺いていると思われてもしかたのない状況であると思います。

2016年に刊行され、第21回若山牧水賞を受賞して高い評価を得ている吉川宏志氏の歌集『鳥の見しもの』には次のような短歌があります。

　皐月闇のなかで振られてゆくルビの交戦権《ころすじゆう》は、これを認めない《みとめる》

「交戦権は、これを認めない」は憲法9条第2項にある言葉ですが、無理やりルビをふってまったく違った内容に変えてしまうような暴力的な言葉遣いの強引さ、その強引さによって安全保障関連法が可決されて成立したということは、表現者として許しがたいことです。言葉が言葉としての意味をなさないのであれば、それはもはや日本語の崩壊だというしかありません。さらに、このように「はじめに結論ありき」で、緻密な議論がなされず、専門家の意見もないがしろにされ、つじつまを合わせるための一方的な説明ばかりが認められて強行採決に至ったということは、これ以外の意見に耳を貸さず、認めないということです。このような空気が当たり前になったとき、私たち一人ひとりが自由にものを考えて発言するという、憲法21条で保障されている「表現の自由」が奪われることにも繋がっていくことに強い危機感を覚えます。言葉をもって表現することを自分の中心に置いている者として、このような現状に不安と恐怖を感じています。

歌人として同じ危機感を持つ人も多く、安全保障関連法の成立をきっかけに、2015年から翌年にかけて、「時代の危機」をテーマとしたシンポジウムが連続して開催されています。同年9月27日には「時代の危機に抵抗する短歌」(京都教育文化センター　140人)、12月6日には「時代の危機と向き合う短歌」(早稲田大学大隈大講堂　390人)、翌年2月5日には「時代の危機に立ち上がる短歌」(沖縄県青年会館　140人)と、三か所で開催されたシンポジウムでは、安保法案と言葉の問題について、また短歌の表現について真剣な討論が重ねられました。表現者という立場から、今の状況に黙ってはいられないという危機感と問題意識を持っている歌人は多いのです。

歌人であり細胞生物学者でもある永田和宏氏は、シンポジウムのときに行われた講演で次のように述べています。

「私は政治的、あるいは社会的なことを詠うのが、歌の使命だとは全く思いません。ただ、自分がここだけは譲れない、避けて通れないと思ったときには、歌でいかに対峙できるか、自分に問うてみる必要があると思っております。私は本来あまり政治的な人間ではありませんし、これまでそんなに積極的に政治、社会のことを詠った歌人ではありませんでしたが、第二次安倍内閣以降の動きを見て、ここだけは譲れないという思いがひしひしとします。戦後七十年の中で、今が一番危うい時期ではないかと」（２０１６年12月６日）。この「危うい」というのは、民主主義の危機ということであると思います。言葉が崩壊し、国会での答弁が空疎なものとなり、憲法に明記されていることが無意味となれば、民主主義と立憲主義も崩壊していることになるのではないでしょうか。

ここまで述べてきたような状況は、歌人である私に大きな悲しみと苦痛をもたらしました。歌人として虚しい気持ちにさせられるし、日本語の将来についても希望が持てず、歌人として非常に苦しい立場に追い込まれていると感じています。

私はカトリック信者として、イエス・キリストの「互いに愛し合いなさい」（「ヨハネによる福音書」13章34節）という教えに従い、イエス・キリストの平和のうちに生きたいと心から願っています。安全保障関連法が国の法律として成立し、自衛隊が武器を持って海外に派遣されることは、どのように考えても「互いに愛し合いなさい」という教えに反するものだと受けとめています。

日本のカトリック教会は、戦後70年にあたり司教団メッセージを発表していますが、その中で「教会は人間のいのちと尊厳に関する問題に沈黙できない」と述べています。カトリック教会は特定の政治的立場に立つものではありませんが、安全保障関連法の成立と施行は、人間の命と尊厳に関わる問題であり、信仰者としての良心から見過ごすことはできないというのです。

「戦争をしない」「武器を持たない」という日本国憲法の不戦の理念は、キリスト者である私にとってはイエス・キリストの教えにそのまま重なると感じています。戦争と武器の放棄は、人類の普遍的な理想です。カトリック教会において、「平和」とは、単に戦争がないということでもなければ、武力によって敵対する力の均衡を保持することでもありません。すべての人々が互いに愛し合い、お互いを尊重し、調和を保つことによって築かれるのが、真の平和であるというのが、私たちカトリック信者の考え方です。ですから、自衛隊が海外で活動するということについて、「海の向こうの活動であり、自分には関係ないこと」として見過ごすことはできません。

日本のカトリック教会はまた、2016年4月7日に「今こそ武力によらない平和を——安全保障関連法の施行にあたって」という文書を出しています。その中には、以下のような文言があります。

「(安全保障関連法)を人間の問題として受けとめ、福音の精神でもって判断し、行動しなければなりません」「戦争放棄は、キリスト者にとってキリストの福音そのものからの要請であり、宗教者としていのちを尊重する立場からの切なる願いであり、人類全体にとっての手放すことのできない理想なのです」「安全保障関連法は、カトリック教会が目指す平和への道とは相容れない法律ではないでしょうか。なぜなら、それは、国際的緊張を高めて、敵がい心をあおり、人を戦争へと駆り立てているからです」。

私はカトリック信者として、また、ひとりの人間として、この主張に深く賛同するものです。

また、教皇フランシスコは、2017年1月1日に「非暴力、平和を実現するための政治体制」というタイトルのメッセージを出しています。その中で、福者パウロ六世の言葉として、「（野心に満ちた国家主義の緊張でもなく、暴力による征服でもなく、間違った市民社会をもたらす抑圧でもなく）、平和こそ人類の発展のために必要な唯一の」道であるという断言、そして「次に、国際間の紛争は、人間の思慮ある方法では解決できないと信じ込む危険です。つまり人間の権利や、正義や、公平に根ざした試みでは解決できず、殺人的な力だけでしか解決できないと信じ込む危険です」という警告が引用されています。

これは50年前の言葉ですが、「日本国民の命と平和な暮らしを守るため」「国際社会の平和と安定への貢献を可能にするため」という名分で安全保障関連法が成立し、それを受けて自衛隊が南スーダンに派遣されているまさに今こそ、私たちはこの言葉に耳を傾けるべきではないかと身にしみて感じます。そして教皇フランシスコ自身はこのメッセージの中で「今、イエスの真の弟子であることは、非暴力というイエスの提案を受け入れることでもあります」「わたしは積極的で創造的な非暴力のもとに行われる平和構築のあらゆる取り組みに、教会が協力することを誓います」と力強く述べています。

私は、カトリック信者として、またひとりの人間として、非暴力とそのもとに行われる平和を実現するために生きたいと強く願っています。他国が攻撃されたときに一緒に反撃することができるという集団的自衛権を認め、自衛隊の武器使用や活動範囲を拡大する安全保障関連法が成立したことにより、非暴力による平和の実現が大きく妨げられていることは、私にとって耐え難い苦痛です。安全保障関連法がある限り、武力による攻撃が認められ、非暴力による平和は実現しないということを、日本における非常に悲しい現実として受けとめています。

すべての人が、平和のうちに幸せに生きることができる世界が実現することを、心から願っています。

新安保法制は「争える」ための法律です

若山　治憲（宮崎市在住）

私は１９７０年（昭和45）埼玉県で生まれ、４人家族の中で育ちました。大学に進学後、東京の会社で働きました。33歳で結婚し、女の子１人が生まれ３人家族となりましたが、２０１１年（平成23）３月、東日本大震災が発生し、福島第一原子力発電所が事故を起こしました。数日後に放射能の雲が関東に到達し、子どもの身を案じた妻は１週間後に彼女の故郷である宮崎に、子どもとともに一時避難しました。

その後なかなか収束しない原発事故を横目に今後どうするかいろいろ悩みましたが、事故の３年後の２０１４年に私が宮崎に移り住み、家族で宮崎に暮らすことになりました。

私が宮崎に移り住む決断をしたのは、「まずは子どものため」という気持ちでした。子どもにはこれから長い人生があり、未来があります。生活環境における、これまで体験したこともなかったほどの放射能が、万が一、我が子の健康へ悪影響を及ぼす可能性があるのであれば、親としてせめて大人になるまでは、できるだけ影響のないところで生活させてあげたい、という思いでした。

私が新安保法制に反対する理由の一つは、原発事故をきっかけに宮崎に移住したときと同様、「子どものため」です。我が子も含め、子どもたちが、戦闘地に赴く可能性が高くなるから、ということです。

新安保法制の成立・施行は、私たち家族に恐怖を与えました。「攻めてきた敵から守る」から「仲間がやられそうになったら一緒になって戦う」ということへの方向転換は、つまり戦闘地に赴いた自衛隊の方々が負傷や死亡して帰ってくる可能性がこれまで以上に高くなるということです。アメリカ合衆国において、戦闘地から帰って来た兵士がＰＴＳＤを患い、社会復帰ができなかったり、自死に追い込まれたという報告をいくつも確認することができます。

そのような形で戦闘に再び参加できなくなる人が増えれば、将来的には戦闘地へ赴く任務を担う自衛隊の隊員のみならず、その他の人たちも何らかの形で半強制的に参加させられる可能性が考えられます。そうした場合、真っ先に対象となるのは我が子を含めた若い世代です。新安保法制の施行によってそのように考えるのは自然なことであり、とても不安な気持ちになります。

もう一つの反対理由は、私がカトリック信者であり、この法律によって今後さらに多くの人が殺されることになるかもしれないことに、心を痛めるからです。

カトリックでは、人を殺すことは罪であり、自死をも戒め、国家による殺人である「死刑」にも反対しています。カトリックでは「互いに愛し合いなさい」と教えられています。もちろん信者として、戦争に関わることは何が何でも避けたいことであり、家族や友人、知り合いばかりでなく、見知らぬ他国の人も、たとえ人を殺してしまった人さえも、殺されることを望みません。

また、近年の戦闘の例で見ると、殺される人の多くは一般の市民です。弱者ほど危険にさらされるのが現実であり、そこに今後日本という国が加担するかもしれないと考えると、つらい気持ちになります。

新安保法制は、私たちを70年近く守ってきた日本国憲法に背くものです。併せて、年々高まる防衛費、近隣諸国との小競り合い、沖縄の住人たちの民意にも関わらず暴力的に埋め立てが進む辺野古沖、そしていつの間にか世間に溢れる愛国主義の主張など、親としてこれほど子どもの未来を案じて気持ちが暗くなることはありません。政府には、他国と一緒に武力で抑え込むのではなく、粘り強い話し合いによって解決するという信念を持っていただき、血を流さずに平和へと他国を導く役割を積極的に担ってくださるよう、切に願います。

裁判所のみなさまにお願いしたいのは、私たちすべての人たちの子どもたちや子孫など、後世の人たちに誇れる判断をしていただきたいということです。私たちが後世の人たちに残すべきものは何でしょうか？他の国の人たちと争わず、共に幸せになることを目指し、平和でありつづける、そのための礎を残していくことが私たちの後世の人たちへの思いやりではないでしょうか。そのためにも「争える」ための法律である新安保法制が廃止されることを願っています。

書きとめて赤で下線を強くひく「控訴を視野に入れる」の部分
黄鶲《きびたき》の声あざやかに聞きとめて平和のうちに生存したい
原告総数二百七十九名と思ひつつバーの内側へ行く

安保法制訴訟で問われる日本の法制度

吉井　千周（都城市在住）

私は１９７２（昭和47）年に鹿児島県で生まれ育ちました。中学・高校とバブル期のころでしたが、高校卒業後は家計の事情で大学に進学することを断念し、１９９１年（平成３）から東京で配送業に従事しました。朝３時に起床しコンビニエンスストアや駅の売店などに雑誌を運ぶ仕事です。日々10キロから20キロの重さの本を担いで、まだ運転されていない駅の構内に雑誌を運んでいました。当時の若者には３Ｋと呼ばれて敬遠されていた仕事で、渋谷区の６畳一間の社宅の部屋に同年代の若者二人で寝起きをしました。こうした進路を進んだ同級生は私一人でした。

「若いときの苦労は買ってでもしろ」という言葉がありますが、大学に進学する友人たちを心底うらやましく思いました。そんな生活のなか、「日本で生きるわたしたちにはどのような権利があり、どのようにして平等な世界を作ればよいのか」学びたいと思うようになりました。その後一念発起し大学入学を志しました。勉強の甲斐あって翌１９９２年、ありがたいことに授業料免除をうけ日本育英会のおかげで鹿児島大学法文学部法学科に入学できました。

大学の授業で初めて体系的に日本国憲法を学びました。国民は国家に対し憲法で規制をかけ、国家は国民との契約である憲法に従い人権を守り、我々の日常生活を守るために様々な法律を策定するという立憲主義のあり方、何よりも憲法前文や第97条の条文に心を打たれました。人権は人類の永年にわたる努力の成果であり、その人権を守るために憲法が存在するということ、端的に言えば「憲法はいつも国民の味方である」

ということが憲法の趣旨にあるという事実は私を勇気づけてくれました。

その後、私は、大学の専門課程に進み法社会学という学問に出会いました。法社会学を一言で説明するならば、「どのような条件がそろえば法がうまく機能するのか」、また「どのような条件の下で新たな法が発生するのか」ということを研究する学問です。なかでも私が興味を持って研究したのが、薩摩川内市の原子力発電所の建設に関して発生した反対運動です。反対運動に参加した人や土地を追われた人々へのインタビューを繰り返す中で、一度満州に渡りながらも、敗戦後に日本に戻り再度開拓したという体験談を聞きました。そして、もう国策に翻弄されたくはないという願いを聞きました。満州での開拓、敗戦を通して声にならない怒りと悲しみを経て、さらに岬を追い出された人々の表にはならなかった声を知り、こうした人々の力になりたいと思いました。そしてこうした人々の声を拾い上げることを一生の仕事にしようと研究者への道を志すようになりました。

鹿児島大学卒業後は慶應義塾大学大学院の修士課程・博士課程に進学しました。これらもすべて日本育英会および借金によるもので、25年たった45歳の秋に全額を返済できました。慶應義塾大学大学院在学中には、タイのチュラロンコン大学社会調査研究所に客員研究員としてロータリー財団の資金をいただき留学することができました。タイ滞在中は、山間部に居住する少数民族モン族の研究を行い、タイ語を話せない彼らが日々どうやって自らの権利を法にしたがって主張するのか研究を続けてきました。貧しいモン族の方々の声に耳を傾けながら、日本国憲法のように人権が記してあることの重要性を再度知ることになりました。

２００1年（平成13）には山中でのフィールドワーク中に事故にあって右手を損傷しました。命があったのが不思議なぐらいのケガで、帰国後は障害者として認定されました。自暴自棄になりそうなときもありましたが、周囲の人々にも、障害者手帳の制度にも大いに助けられました。そして幸いなことに２００５年からは、現在の職場である国立都城工業高等専門学校一般科目に法学の専任教員の職を得ることができました。２０１９年3月現在で13年間勤務することになります。また現在では宮崎大学をはじめとした宮崎県内・県外の複数の大学からお声をかけていただき、日本国憲法を各大学で教えています。これからの前途ある学生たちに授業を通し、学生たちに、日本が国民にどのように権利を保護し、この豊かで平和な生活を保障しているのかを教え、その国民としてどう振る舞うべきであるかを指導することは大きな喜びであります。

これまで私の個人的な経験を申し上げさせていただいたのは、この日本にある諸制度が私を今日まで生きながらえさせてくれたと皆様に申し上げたかったのです。日本国憲法があるおかげで私は今日まで生きてきました。

残念ですが、憲法に書かれている内容が私たちの国で十分に実現されているとは言えません。例えば「法の下の平等」が記載される日本国憲法ですが、２０１９年には東京医大・聖マリアンナ医科大学の入試において女子学生のみ点数を不当に減点するという女性差別問題が露見しました。日本のみならずすべての国家にはまだまだ数々の差別問題が残っています。ですが、人が人として尊重される世界を作ることの重要性を高らかにうたい、人が人としてありのまま生きられる国家を国民に約束した日本国憲法は、私にとっては希望でもあり、厳しい経済状態の中で勉学を続けられない学生たちには支えとなっているとも感じます。「憲法に掲げられた理想を実現する」ために一人の国民として、一人の教育者としてこうした日本国憲法と向かい合うことができることは大きな喜びです。目の前で貧困にあえぎドロップアウトをしていく子どもたちをつなぎ止める根拠を求めるとしたら、国民と国との契約書である憲法に立ち戻るしかないと考えます。

平和主義についても同様です。国が日本国憲法を通じて私たちにどのような約束をしたのかは、日本国憲法が発布された１９４７年、文部省が発行した『あたらしい憲法のはなし』に次のように書かれています。

「じぶんの国のことばかりを考え、じぶんの国のためばかりを考えて、ほかの国の立場を考えないでは、世界中の国が、なかよくしてゆくことはできません。世界中の国が、いくさをしないで、なかよくやってゆくことを、国際平和主義といいます。だから民主主義ということは、この国際平和主義と、たいへんふかい関係があるのです。こんどの憲法で民主主義のやりかたをきめたからには、またほかの国にたいしても国際平和主義でやってゆくということになるのは、あたりまえであります。この国際平和主義をわすれて、じぶんの国のことばかり考えていたので、とうとう戦争をはじめてしまったのです。そこであたらしい憲法では、前文の中に、これからは、この国際平和主義でやってゆくということを、力強いことばで書いてあります。またこの考えが、あとでのべる戦争の放棄、すなわち、これからは、いっさい、いくさはしないということをきめることになってゆくのであります。」

当時の子どもたちに優しく語られたこの文章からは、新しくスタートを切ったこの日本において、平和な社会を作っていこうという意思を読み取ることができます。憲法を通して新政府が私たちに示した「これからは、いっさい、いくさはしないということをきめることになってゆく」というメッセージは、世界紛争が続く今日においても理想の一つとして重要なものです。

しかし、2015年（平成27）に制定された「我が国及び国際社会の平和及び安全の確保に資するための自衛隊法等の一部を改正する法律（平成27年9月30日法律第76号）」（通称平和安全法制整備法）、「国際平和共同対処事態に際して我が国が実施する諸外国の軍隊等に対する協力支援活動等に関する法律（平成27年9月30日法律第77号）」（通称国際平和支援法）の二つの法律（通称「安全保障法制」）が7月16日に衆議院本会議で、同年9月19日に参議院本会議で強行採決され、大いに落胆ました。十分な議論がないばかりか、法学者の意見はもちろんこれまでの判例を軽視した非常に問題の多い法改正であると思いました。

この採択にあたって、２０１５年6月4日に衆院憲法審査会で参考人質疑が行われました。参考人は与党と次世代の党が推薦した早稲田大学の長谷部恭男教授、民主党が推薦した慶應義塾大学の小林節名誉教授、維新の党が推薦した早稲田大学の笹田栄司教授でした。いずれの研究者も憲法学の大家であり、この３人のいずれもが、憲法解釈変更による集団的自衛権の行使を含む新たな安全保障関連法案は憲法違反だと指摘しました。何よりも、与党が招聘《しょうへい》した長谷部恭男教授でさえ「憲法違反だ。従来の政府見解の基本的な論理の枠内では説明がつかない」と発言しました。

また、この参考人質疑の直後、テレビ朝日『報道ステーション』２０１５年6月15日の放送において、憲法学者を対象に行ったアンケートの結果を発表しました。このアンケートは6月6日から12日にかけて憲法学者１９８人を対象に行われました。この調査については１５１人の法学者が返信し、「今回の安保法制は、憲法違反にあたると考えますか？」という問いについて、全体の84・1％《パーセント》にあたる１２７人が「憲法違反にあたる」と回答しました。これ以外にも19人（12・6％《パーセント》）が「憲法違反の疑いがある」と回答しました。「憲法違反の疑いはない」と回答したのはわずかに３人でした。

こうした学者の声が無視されたことは大変悲しむべきことです。学問の世界における「正しさ」は多数決によってもたらされるものではありません。加えて、上述した有名教授３人のネームバリューだけで憲法違反の判断をするという性質のものでもありません。また研究者がいつも世界を正しく牽引《けんいん》していくというものでもないかもしれません。しかしながら、今回の安保法制が憲法違反だとする憲法学者たちの指摘は分野は違えども同じ法学者である私には非常に納得できる内容でした。そして、憲法学者の多くが今回の安保法制を違憲とするのは、集団的自衛権の行使は憲法9条の解釈からは容認することができない、という点にあります。そしてこの点について、安保法制を採決した政府与党からは何一つ論理的な説明はなされていません。論理的に説明のつかないことを認めるほど、戦後の日本人は無力でもないはずです。

私自身も法学者の末席にいるものとして、以下のような疑問を示しておきたいと思います。

今回の安保法制では「我が国及び国際社会の平和及び安全の確保に資するための自衛隊法等の一部を改正する法律」において、自衛隊法第76条を以下のように改正しています。

第76条　内閣総理大臣は、次に掲げる事態に際して、我が国を防衛するため必要があると認める場合には、自衛隊の全部又は一部の出動を命ずることができる。この場合においては、武力攻撃事態等及び存立危機事態における我が国の平和と独立並びに国及び国民の安全の確保に関する法律（平成十五年法律第七十九号）第九条の定めるところにより、国会の承認を得なければならない。

一　我が国に対する外部からの武力攻撃が発生した事態又は我が国に対する外部からの武力攻撃が発生する明白な危険が切迫していると認められるに至つた事態

二　我が国と密接な関係にある他国に対する武力攻撃が発生し、これにより我が国の存立が脅かされ、国民の生命、自由及び幸福追求の権利が根底から覆される明白な危険がある事態

2　内閣総理大臣は、出動の必要がなくなつたときは、直ちに、自衛隊の撤収を命じなければならない。

しかしながら、2015年当時の改正前の法体制下で、政府与党は「ホルムズ海峡で武力行使ができる」という趣旨の発言を安倍首相が行っています。すなわち、この改正をしなくとも武力行使をすることができると安倍首相は主張しています。安保関連法を改正しなくとも自衛隊を海外派遣できるのだと安倍首相自身

が述べています。

また集団的自衛権を合憲とみなすのはこれまでの政府解釈から見ても無理があります。2014年5月15日に安倍内閣総理大臣は記者会見で、集団的自衛権の正当性を訴えました。また2015年6月8日に行った内外記者会見において、砂川事件の最高裁判決を引き合いに出し、政府解釈と司法解釈に相違がないと主張しています。ですが、砂川事件の裁判は、日米安全保障条約の合憲性を争ったものにすぎず、集団的自衛権について争われたものではありません。日本が自衛隊を編成して個別的自衛権を行使できるかどうかということすら争点になっていません。砂川判決を集団的自衛権についての合憲性を認めたものとして解釈するのは、最高裁判決の曲解であり、論理的な破綻のみならず司法を極めて軽視した発言であると考えます。関係のない裁判の判決文を引き合いに出して、集団的自衛権を肯定することはできず、安保法制の合憲性を主張することはできません。憲法第99条にあるとおり憲法尊重擁護義務のある首相・政府関係者が、立憲主義を否定し、政府が自らを規制するための憲法を曲解して解釈し、最高裁判決を自己都合で解釈することに司法への軽視が見て取れます。

私は一研究者として、一教育者として、こうした論理的に破綻した内容の憲法解釈を根拠に持つ安保法制を学生たちに教えるわけにはいきません。法学という学問は、決してこのような論理的に破綻した内容の法解釈を時の政権の見解によって歪めることを是とするような学問ではありませんでした。このような矛盾した首相の行動を学生に説明するのは教員として非常に心苦しく感じています。政府の恣意的な解釈によって学問的正当性が無視され、学生に論理一貫性のない説明をしなくてはならないという矛盾に私は苦しんでいます。少なくとも学問は中立の立場をとるべきで、学問的な正しさを身につけるためだけに私はこれまでの人生を捧げてきました。また学生にも同様の学問的な美しさだけが調和する世界の素晴らしさを伝えたいと思っています。

裁判官の皆様にお願いです。私の勤務する高等専門学校はもちろん、私が指導する数々の大学には、生活の苦しい学生も多く在籍しています。その学問の美しい世界に身を捧げようと、過酷な家庭環境の中であっても学びを続けている貧しくも若い学生はたくさんいます。この裁判に関わっている裁判官、国側代理人の皆さんは、苦しい司法試験を経て法曹職にたどり着いたはずです。その道は決して平坦ではなく、司法試験で得たことは試験合格のためだけの知識だけではなかったのではないでしょうか。みなさんも憲法の持つ理念に深く心を動かされたときがあったのではないでしょうか。過去の判例や学説に敬意を払い、正義を実現するという目的のために司法試験を受験されたのではなかったのですか。「政治家の政策にそって、憲法の解釈を、また最高裁判決ですら変更する」といった乱暴な議論を是認することに皆様の良心は耐えられるのでしょうか。

今回の安保法制は、恣意的な憲法解釈・判例解釈によって集団的自衛権を合憲化することで、これまで多くの司法関係者が苦心して維持し、積み上げてきた司法制度を軽視し、その存在を否定してしまう内容です。そして、今回の安保法制に関する一連の裁判は、現政権が軽視している司法制度や学問について、司法とはいかなる機能を持ち、法学とはどのような学問であり、われわれ「法の専門家」によって生み出される正義がなぜ維持されなくてはならないのかを再考するための裁判であると考えます。

私たちの世代は戦争を経験しておらず、戦争の悲惨さを間接的にしか知ることはできません。しかし、前人の残した記録、判決文から学ぶこともできるはずです。

白血病で亡くなった広島出身の父の願いを思う

塩田　充恵（宮崎市在住）

私の父は広島出身、母は宮崎出身です。父の職場が大阪にあったため、太陽の塔で有名な千里市で真夏に私は生まれました。出産直後に母は手術が必要になり、そのため父方の祖母が広島から大阪にやってきて、姉の面倒を見、病院に毎日顔を出してくれて大変助かったと母がよく言っております。優しい祖母でした。

私の生まれた時代は第二次ベビーブームの終わりごろ、１９７０年代です。三人姉妹の真ん中で、のんびりと10歳まで関西の自然豊かな田舎に住み、その後、小中高大学卒業まで更にのんびりと宮崎で過ごしました。身体的にも精神的にも豊かな育ち方をさせてもらえ、両祖父母、両親には感謝をしております。

自分の意見を言いやすい環境に恵まれていたため、中学生のときに子どもの権利条約批准や一ッ葉松林伐採反対運動などに参加しておりました。その前後から医師になりたいという無謀な夢を見ておりました。父が、娘たちの誰かが弁護士か、医者か、薬剤師になってくれたら嬉しいと言っておりましたが、それを言われていなくても人に興味を持ち、人の役に立ちたい、と常に願い好奇心旺盛な子ども時代を過ごしました。高校生のときに父が白血病で亡くなり、のんびりとしていられなくなりましたが、運良く医師になることができました。残念なのは亡くなった父に、娘の誰も成人式の着物姿を、私は医師になった姿を見せることができなかったことです。

私はおそらく被爆２世です。「おそらく」というのはそれを確認できなかったからです。父は１９３０年代生まれで、終戦時は小学校へ上がる前、広島に住んでいました。父は、娘の私が言うのもなんですが、頭脳明晰、スポーツ万能、責任感があり、くそまじめで頑固、面倒見がよかった印象です。目つきが悪く、顔が怖く見えていたため、娘の中で一番顔が似ている私に、いつも笑顔でいるように、と事あるごとに言っておりました。口数の少ない父でしたが、戦争に関することには特に無口でした。

父が日本人の平均余命よりも20歳以上早く病死したのは、私が高校生のころ、夏休みの最後の日でした。その後医師として仕事をするようになって思い返すに、つくづく腑に落ちない死でした。父方の祖父母は100歳近くまで生きました。祖父に至っては息を引き取る数時間前まで自分の足で排泄をし、頑固であり続けたようです。祖父の死亡を確認した医師を「死因に老衰と久しぶりに書いた。歯が一本も欠けておらずすべて自分の歯である」と驚かせたそうです。大変優しい祖父母が大好きでした。遺伝的にも長命であろうし、薬学博士だった父は健康には人一倍気をつけていました。

人の死に対し腑に落ちる、腑に落ちないは考えるだけ無駄なことです。しかし私は、父の死を思い出すときに、父は被爆者であったと考えると腑に落ちる気がします。『はだしのゲン』を読んだのは小学生高学年です。衝撃を受けました。その後、父の何回目かの命日を父方の親戚と過ごしていた大学生のころ、父が被爆者かどうかを広島の父の兄弟に尋ねたことがあります。以前、ピカドンの体験がある、と聞いていた気がしていたからです。この質問に対し、いつも温厚な親戚たちが見たことのない激しさで否定してきたため、この質問は二度とするまい、と心に誓いました。想像ですが、戦後に広島出身であることで偏見や差別があったのではないか、その差別から父、母、私たち姉妹を守りたい気持ちが強かった上での、被爆者であることとの激しい否定であったのではと思います。心優しい親戚は嘘をつかなくてはならなかったのです。父方の親類は皆元気で、いとこ、いとこ半、はとこに至るまで皆健康で、遠方に住んでいるのでめったに会えませんが、私は大好きです。ただ、おそらく父は被爆者であろう、と確信したのもこのときです。私の大切な家族、親戚を苦しめた戦争は絶対に反対です。

大学を卒業し念願の医師になってのち、いろいろな要因が重なって私はうつ病になり倒れました。闘病後、今はうつ病と付き合いつつ、医師として職場復帰し、楽しく生活しております。8月になると、私は決まって体調を崩します。広島、長崎原爆投下、自分の誕生日、終戦記念日、父の命日。8月は多くのことを考える月です。8月には必ず誓います。決して戦争は許されないことだ、二度と起こしてはならない、と。2021年1月に子どもが生まれ誇り高く被爆3世として育てたいと思っています。戦争のこと、父のことを多く語って聞かせたいです。何より、平和は大切である、と。平和は今を生きている私にとって、心から望んでいることです。

こんなにも平和を望み、世界中で戦争反対が叫ばれているのに、日本という国は、あたかも戦争をしたいのでは、と外国から勘違いされてしまいそうな、憲法に違反するような動きが政府でも国会でも見られるのが、嫌で嫌で仕方ありません。平和を心から願う私にとって、新安保法制は脅威です。「安全保障」という名称に反し、戦争を推し進めるもののように感じます。まったく「安全」ではありません。

新安保法制が成立して以後自衛隊は、アメリカ軍やそのほかの国と一緒になって戦闘訓練を数多くしています。最新鋭の軍事技術を導入した戦闘機なども高額な価格で購入し、取り入れています。訓練中の事故で生命を失う自衛隊員もでてきています。海外に行く自衛隊員の生命は保障されない状態になっていると感じます。日本が戦争をしたがっている国だと他国から思われてしまえば、日本や日本人が憎しみと不信を買うことになります。

北朝鮮は、最近は日本海に落ちるような距離のミサイルを撃っています。アメリカ大統領はそれらのミサイルをそれほど問題としていないようです。韓国はGSOMIAを破棄しました。新安保法制が成立した後こそ、アメリカと北朝鮮、アメリカとイランなど、互いの軍事威嚇と軍備競争が激化したように感じます。本当にアメリカに日本を守ってもらうことができるのか、またアメリカが推し進める軍事的な威嚇の枠組みに入ることで日本が本当に安全なのか疑問に思うことが多々あります。

憲法9条は「軍事による威嚇」も禁止しているはずなのに、近隣諸国と摩擦を起こして、戦争の火種を作って、いったい誰が平和を守るのでしょう。日々、戦争がまた起きるのではないか、と不安でいっぱいです。人の役に立ちたいという医師としての私の願いは同時に、世界中の誰も無駄に身体、心、生命を粗末に扱われてほしくないという願いでもあります。病気を治したい、予防したいと強く願い学ぶほど、日々の生活条件、生活環境、自然社会環境の重要性に気づきます。医療費、治療が受けられるかどうかもこれらに大きく影響されます。戦争や戦争がもたらす貧困がこれらを台無しにすることは言うまでもありませんが、戦争にはならなくても、常に戦争の不安を感じ、軍事優先の社会にあるストレスは人々の心身の健康を大きく蝕《むしば》むと思います。また、聞けば医療関係者は軍事目的で事実上徴用されることがあり、すでにそのような例があるとも漏れ聞いております。病気の人、傷ついた人を助けることを厭《いと》うわけではありませんが、武力行使で人が傷つくこと、戦時下で人が無駄に病気にかかってしまうこと（第二次世界大戦中にはそのようなことが多数あったことを学びました）を許してはならないと思うのです。

新安保法制が国会で議論されているとき、多くの法の専門家はほとんど日本国憲法違反であると表明しておりました。裁判所には、私の平和を願う気持ちを認め、願いを踏みにじる新安保法制を違憲であると堂々と宣言していただきたいと思います。

命が消費されていく社会に不安を覚えます

40代女性（小林市在住）

私はいま、3人の子育ての真っ最中です。どうかこの子たちの未来が明るいものでありますように、といつも祈ってきました。

また私は、保育士として、たくさんの子どもたちに愛情をかけて働いてきました。どの子も、その子らしく幸せな人生を歩んでほしいと常々感じてきました。

私の亡き祖父母は、戦中、中国大陸へ渡り、敗戦により命からがら逃げ帰ってきました。先に帰ってきた祖父が、祖母がいつ帰ってくるかとやきもきしながら、毎日駅で、引き上げてくる列車を待っていた、という話を何度も伝え聞きました。

祖母は、逃避行の最中に第1子である伯父を出産し、乳飲み子を抱えて小林駅に帰ってきたそうです。祖父母が生きて帰ってきてくれたから私の命があり、私は愛する3人の子どもを産み、育てることができています。

社会の問題に関心を持つようになったのは、私が小学生のころからだと思います。知り合いに障害者の青年がいて、社会的弱者といわれる人たちが社会から排除されていく構造を、子どもながらに感じた経験からだと思います。

その後、保育士として働く中で、また自分の子育てを通じて、社会の動きを感じ取ってきました。

現在は、保育士の仕事はいったん中断し、社会病理にアクセスできる仕事をしたいと考え、精神保健福祉士の資格を得るために学生として勉強中です。精神保健福祉士は、権利擁護が業務の一部になるため、社会福祉関連の法律を中心に、憲法や世界の動向なども学んでいます。

このような私にとって、新安保法制法の強行は、私の生きる意味さえ揺るがすものでした。私は、私や私の大切な人たちが、戦争の加害者になることも被害者になることにも耐えられません。

私は、新安保法制法が成立してから、日々つらく苦しい思いをしています。

日本国憲法は、私たちが平和に生きる権利を保障し、戦争を放棄し、武力による威嚇や武力の行使を禁じ、戦力の不保持を定めて、「戦前のように、我が子が戦争に駆り出されるようなことは絶対ない」という絶対的な安心感を私に与えてきました。ところが多くの国民の反対を押し切って、憲法を踏みにじって強行採決された新安保法制法は、こうした絶対的な安心感を奪ってしまいました。

この絶対的安心感があるのとないのとでは、私を含め、子育てをする母親にとって、どれだけ大きな違いがあることか、裁判官にはどうかご理解いただきたいと思います。

私は、憲法に反する新安保法制法が強行されてから、どうすれば子どもたちを戦争に行かせずに済むだろうか、どんな子育てをすればそのリスクを減らせるだろうか、とそんなことを考えて子育てするようになりました。これは私を含めた子育て世代にとって、精神衛生上たいへんストレスフルなことです。

日本の若年者の自殺率が上がっていますが、これ以上日本の子どもたちの未来を灰色に染めるようなことは、本当にストップしてほしいと思います。命が消費されていく社会構造に恐怖を覚えます。

この法律ができて喜んでいるのは、一部の大人だけではありませんか。子どもたちには何の罪も責任もありません。将来を担うのは子どもたちです。いま政治に参加することができない子どもたちです。子どもたちの命に無責任な新安保法制を放っておくことが、私にはできません。

こんな法律を使わなくても、平和を維持できるよう、周辺の国々と仲よくやっていく、権利侵害をし合わないためにはどうすればよいのか、そんなことを大人が子どもたちに伝えていくべきです。本来それを可能な限り追究し実践するのが政治力であり、それを支える教育に力を入れるべきで、それが私たち大人の役目だと、私は一母親として思います。

本当の意味で権利を擁護するとはどういうことでしょうか。どうか、私たち庶民の生きる希望を、子どもたちの将来を奪わないでほしいと思います。すべての子どもたちの未来を守るためのご判断を、よろしくお願いいたします。

判決前の裁判所までの行進
(2021年5月26日)

いつの間にか戦争になることが恐ろしいのです

宮田　香子（宮崎市在住）

私は戦後生まれの鹿児島県出身です。私の父は学徒動員での体験をいつも苦々しく語っていました。戦争が始まったときも、「この戦争で日本は大変なことになる」と思っていたと聞かされたことがあります。知覧の特攻隊のことなどもよく話題になり、「戦争は絶対にいかん」と言っていました。私もそれを聞きながら育ったので、平和が一番大事だと常々考えるようになったと思います。

「安保法制法」そのものについて、十分な議論がされることなく、知らないうちにあれよあれよという間に決まってしまったという感じがあります。そもそも、軍事のことは私たち一般の国民にはとてもわかりにくいのです。

それにもかかわらず、軍事のこと、平和のことは、私たちの毎日の生活をしらずしらず支配し、変えていきます。それを一般市民が予測する術《すべ》はほとんどないのがこれまでの歴史ではないかと思います。

父の話を聞いても、いつの間にか戦争になり、10代の若者が学業を放棄させられ、命を投げ出させられるという理不尽があれよあれよという間に現実となったのです。一般市民にとって、現実的にどんなことが起こりうるか、想像もできない、まさにそのことが恐ろしいと思います。

友人の息子さんが自衛隊にいて、隊員の中に自殺する人がたびたびいるという話を聞きました。「自衛隊」という名のもとに、「自衛」の解釈の幅をどんどん広げていっている気がして怖いと思います。

特に安保法制ができてからは、「攻撃こそ防御」とでも言うかのように、訓練の内容も攻撃型に変わっていると新聞報道などを見て、底知れぬ怖さを感じます。このままでは、また日本は戦争する国になり、絶対に国民の犠牲は避けられないと思います。次世代に戦争の体験を繰り返させたくない、と切に思います。

裁判官の皆様には、世の中の大きな声だけをとりあげるのではなく、小さな声にも耳を傾けてほしいと思います。小さな声こそが世界を動かす力になります。何よりも大切な「いのち」のために。

判決前・裁判所前での演説
（2021年5月26日）

V

転換する潮流、新たな模索の時代に生まれた者として

広島と長崎で被爆した父母のこと、そして第2の故郷・沖縄のこと

後藤　辰郎（宮崎市在住）

私は新安保法案が成立してから、日々つらく苦しい想いをしています。毎月のように報道される、沖縄の米軍による沖縄県民に対する人権を蹂躙《じゅうりん》した行動。これまでどれほどの県民が泣かされ、苦渋を強いられてきたことか。また性的暴行により尊い命を奪われた女性たちも少なくない。しかし、これらを無視し日米同盟のもとさらなる基地強化に向かっていることは、何としても許し難いものがあります。

新安保法制は私の体験と生活信条とは絶対に相容れないもので、私の生きる意味さえ揺るがせるものです。仕事で32年間通った沖縄、特に先島諸島は美しく、世界に誇れる自然や生き物たちの宝庫です。島々の人々には平和で豊かな暮らしがあり、私にとっては、今までの人生の半分を過ごしたかけがえのない第二の故郷です。しかし、今、与那国や石垣、宮古には自衛隊基地が大きく増強されようとしています。国防の名のもとに軍事化されていく島々が、真っ先に大国の標的にされることを危惧しています。

私や私の親族・友人など身近な人が戦争や戦地を体験しています。私も私の大切な人たちも、絶対に戦争の加害者になることも被害者になることにも耐えられません。

父は海軍兵として広島で、母は三菱重工業の勤労学徒動員として長崎で被爆しました。父はすでに他界し、

母は重度の認知症ですが、以前は原爆投下の日が来るたびに当時の様子を語って聞かせました。なんとか助かった母は救助活動をすることになり、全身焼けただれ生死をさ迷っている人、「水をください。水をください」とか細く訴える人々、地獄さながらだったと言います。なかでもつらかったのは、爆風で破れた妊婦の腹部から死んだ赤ちゃんが見えていたときだったようです。当時中学生くらいの母には相当ショックな光景だったと思います。

私が特に裁判で安保法制の違憲を訴えたいと考えたのは、次のようなことからです。国防のもとに際限なく軍備を拡大することや、米国と一緒になって戦争に加担する恐れのある法整備をしたことは、リスクが増大するのみで平和が保たれることは決してありません。尊い生命や素晴らしい自然や人としての豊かな暮らしを守るためには、弛《たゆ》まない平和への希求を持って他国との関係を築き上げることが大切だと思います。因《ちな》みに北朝鮮と国交を樹立している国は１６３カ国以上あります。

強行採決。それでもなお、私はあきらめません

杉﨑　佳代子（香川県高松市在住）

私は、昭和50年（1975）長野県茅野市で生まれ、小学5年生まで自然いっぱいの田舎で、高校卒業まで松本市で生活し、東京の大学を卒業後、紡績（オーストラリアなどから糸を輸入し布にして染色し洋服にする）の仕事につきました。その後結婚して、夫の転勤とともに全国を移動し、平成28年（2016）以降宮崎に住んでいます。

小学生のころ、祖父の体に銃弾がかすめた跡があると聞き、戦争を生々しく感じたことがありました。祖母からは戦争直後は食べるものがなくて、蛋白源として蛇やカエルを食べたという私の想像を超える話を聞き、また、戦時中東京から長野に疎開してきた人たちの困難な状況や、長野でも周りに多くの戦死者が出たことを聞き、子どもながら戦争は怖いもの、つらいものと印象付けられました。

毎年8月には、戦争の話題・悲惨さがテレビや新聞で取り上げられており、小学校の授業では、先生から戦争の本などの読み聞かせがあり、「戦火の中を赤ちゃんを抱いて逃げ惑う母親」の挿絵が忘れられません。

小学校で、沖縄からの疎開船が潜水艦に撃沈され、大勢の子どもたち千数百人が死んだという「対馬丸」という映画を見たときの衝撃を忘れることはできません。戦火の中の沖縄を逃れて安全なところに向かっていた疎開船が攻撃の的になり、お父さんお母さんと永遠の別れになるなどの理不尽さは理解を超えるものでしたが、戦争は怖い、嫌だという生理的な感覚、戦争は絶対にいけない、戦争を許してはいけないという考えが染みつき、その思いが私の中に深く根を下ろしています。

安保法制が強行採決されたとき、私は福岡に住んでいました。当時私は、「普通の女性が市議会議員になろう」という運動に参加しており、憲法カフェにも行き、憲法9条を守ろうとの話し合いもしてきていたところでした。私の3人の息子は、長男が小学6年生、二男が小学1年生、三男が幼稚園の年中でした。強行採決の事態を見て、本当に不安と怒りでいっぱいになりました。自衛隊が海外に出ていって戦争することは絶対に避けなければならないと思いました。

息子たちが戦争に行く事態になることは絶対に許せません。子どもたちに、戦争のできる未来を渡すのは絶対に嫌です。私は、殺しあいをする悲惨な戦争のために、息子たちを産んだのでは決してありません。戦争のできる国づくりに向けて、マイナンバー制度、共謀罪、道徳の教科書、などなど、次第に外堀から埋められて身動きがとれなくなってきていると感じています。そのような現状を周りの人が知らない、考えない状態にも危機感、焦りを感じています。マス・メディアの方向性にも怖いものを感じます。

安保法制強行採決の際には、私は、居ても立ってもおられず、『いま怒らないで、いつ怒るの!?』というメッセージをスケッチブックに書いて、天神の街頭で行われるデモに初めて参加しました。

多くの人たちの反対の声を無視して強行採決をした権力の横暴を目の当たりにし、あらがえないほどの大きな力に絶望を感じました。しかし、政治をあきらめるということは、子どもたちの未来をあきらめるということです。できることはしなければならないとの思いで安保法制違憲訴訟の原告になりました。

立法、行政がダメなら司法に頑張ってもらうしかありません。裁判官には平和憲法を守る義務があるはずです。裁判所におかれては、国民・私たちの声に耳を傾け、「安保法制は違憲・無効」「安保法制によって生じた私たちの苦痛に対して慰謝料を払うよう」憲法にのっとり、正しい判決をされることを期待いたします。

家事・育児・介護に日々を追われる身として

戸田　直佳（宮崎市在住）

私は、昭和53年（1978）に宮崎県に生まれ、現在フルタイムで仕事をしながら、男の子を育てている母親です。実母の体調がすぐれないので、介護もしています。

安保法制が施行され、集団的自衛権が行使され、自衛隊が国の防衛とは関係のない戦地へ派遣されること、それをきっかけに、日本が自国の防衛とは関係なく、あらゆる戦争に積極的に加担していくのではないかと思うと、日々不安で、安心して子どもを育てられません。

なぜなら、自分の国が加害者になる可能性が高く、自分の国が加害者であることを子どもに説明できないこと、将来的に子どもも戦争に巻き込まれ、また、被害者になるだけでなく加害者になるかもしれないことなど、不安に思っている気持ちをあげたらきりがないからです。

また、私は仕事をしながら、家事、育児、介護をして一生懸命生きていますが、まったく生活は楽ではありません。育児をサポートしてくれるサービスも充実しておらず、介護費用もどんどん削減されています。

なぜ、国は、兵器の購入や戦争に参加することには、あっという間に予算をくみ、つぎこむのに、国を支えている私たちのような子育て世代、介護もしている世代の方に目を向けてくれないのでしょうか。まったく理解できませんし、これでは、生活していけません。

どんな理由があろうと、理屈を述べようと、戦争はただの理不尽でしかないと私は思っており、それは歴史的にも証明されています。戦争は、個人の意思とは関係なく有無を言わさず、国民を巻き込み、国民は巻き込まれるのであって、戦争は過去の出来事ではないのです。

ただでさえ、毎日の暮らしが大変なのに、私たちの暮らしをさらに妨害および危険にさらしている安保法案を、最後の砦《とりで》である司法の場で、きちんと違憲であると判断してほしいと思います。

主文読み上げられたるを聞きてすぐ法廷を出てゆく男あり

「認められない」「とはいへない」を繰り返す声を聞きをり夢のごとくに

「平和とは抽象的な概念」と言ひ捨つるごとき口調忘れず

市民の暮らしと命は戦争に行かせるためにあるのではありません

高木　美和（都城市在住）

私は、１９８４年（昭和59）に生まれ、高校、専門学校を卒業後市役所に勤め、以降現在に至るまで地方公務員として働いてきました。長らく、両親と妹と４人で実家で生活してきましたが、妹が結婚して家を出た後、私も３年ほど前に実家を出て、現在は一人暮らしをしています。

私は、物心ついたころから、父親の言葉による暴力にさらされ、父親を恐怖し、衝突してきました。理不尽さを感じ、誰かが誰かに支配されることはあってはならないと思いながら育ちました。

そんな暮らしの中で、幼心にも、私に、大人や世の中は捨てたものじゃない、世界は生きる価値のあるものだと思わせてくれたのは、アニメや特撮の世界でした。理不尽はおかしいと、こんなに手間のかかる方法を使って子どもたちに教えてあげようとしている賢明な大人がたくさんいるということが、私にとって大きな安心であり、誇りでした。

毎日の恐怖と悔しさと不安に押しつぶされそうになりながら、学校と家を往復するだけの人生では知ることのできないさまざまなことを、アニメや特撮を観ることを通して疑似体験して学び、感じることができました。例えば人生で大切なものは愛や平和であり、命は地球の重さであること。主人公だけでは巨悪に勝てないこと、すなわち世の中はできる人たちだけで回しているのではなく、さまざまな力を持ったそれぞれのみんなの微力の集まりで大きな力が発揮されること。死ぬ間際には家族や愛しい人や毎日の繰り返しの中の細やかなことにこそ、幸せがあったと描写されること。意見が違って衝突し合っても最後は、「こうなったら優しい世の中だよね。こうなったらいいよね」という理想に向かってみんなが心を一つにし、ハッピーエンドを迎えられると胸が熱くなり幸せだと感じることなどです。

日本のアニメや特撮は世界に誇ることのできる財産だと思っていますが、私は、このアニメや特撮の心優しい理想は、きっと日本国憲法があるから醸成された、日本ならではの感覚ではないかと思っています。日本国憲法で大切にされている、多様性や個人の人権の尊重も描かれていると思います。日本は、このような素晴らしい物語が描ける素晴らしい社会だと信じて生きてきました。

毎朝NHKの朝ドラを見ています。どんなにのどかな物語でも、昭和何年とナレーションが入るたび、「そろそろ戦争が来るぞ」と戦争の足音がひたひたと近付いてくることを頭の中でカウントしながら見ている視聴者は、私だけではないと思います。いざ戦争になり、主人公にも周りの登場人物にも壮絶な悲しみが降りかかり、人生にとても耐えられないような大きな暗い影とハンデを与えられ、人生が狂わされてしまうことを心に刻み付けてきました。

2016年（平成28）に広島に旅行に行った際、宿でご飯を食べていると、たまたまテレビで戦争特番をやっていて、広島に日本軍の毒ガス製造工場があったことを伝えていました。

テレビの戦争特番と言えば、2003年にTBSで沖縄戦を描いたドラマが放送され、沖縄の普通の家庭が戦争に巻き込まれていく様を見せつけられました。私はそのとき19歳だったと思いますが、テレビで放送するだけではあまりにももったいないと思い、せめて私の家族や友だちなど身の回りには伝えなければと思い続けた数年後、偶然DVDを見付け、手に入れたということがありました。

日本はこのように、折に触れて、戦争反対と、愛と平和と、個人の細やかな暮らしの尊さを伝えてきた素晴らしい国だと思って生きてきました。

しかし、最近、そうした流れが崩されようとしているとの大きな危機感を覚えます。ついに安保法制法の制定が強行され、私の危機感はさらに強まっています。

自衛隊員が海外の武力紛争で死傷する可能性が出てきました。自衛隊も参加したアフガニスタン紛争では、他の参加国に死傷者が出ましたが、戦闘より後方支援で死ぬことが多かったと本で読みました。無事に紛争から戻って来ても、自衛隊員がＰＴＳＤやそれに近い心理的なダメージを受ける可能性は高くなります。

集団的自衛権の行使まで容認する日本の自衛隊を、他国が見たとき、軍隊ではないと思ってくれるのでしょうか。現状の自衛隊はすでに、他国から〝軍隊〟だと考えられても仕方がないものになっていると思います。他国から見て、脅威の国の一つに入ってしまい、テロの標的にもなってしまう可能性があると考えます。

そうした自衛隊への応募が減っているそうです。奨学金の返済ができない人や社会的弱者に対するいわゆる経済的徴兵制が、日本でも現実になるのではないかと感じます。昔読んだＳＦ漫画で、新人の兵士たちが塹壕《ざんごう》の中で和やかに話していた会話が、「この戦争に参加したら良い学校への入学が約束されている」というような内容でした。その新人の兵士たちは爆風などに襲われ命の危険にさらされました。奨学金返済が困難な人が「志願」という形で徴兵されるのはすでに外国では現実になっていると本で読み、ビックリしとても悲しく思っていましたが、日本も他人ごとではなくなってきました。有事の際に、社会的弱者から狙われて、義務ではないけれど逃れられないという不幸な状況に追い込まれるのではと、とても心配しています。

原発の除染作業に、何も知らない外国人技能実習生が従事させられていたことが報道されました。信じられず、とても悲しく思いましたが、日本はもう、すでにそうした社会的に弱い立場の人たちを危険なところへ送り込むことを平気でやってしまう国になっているのではないかと思います。安保法制に徴兵制のことは書いていないと言っても、到底安心することはできません。

安保法制が強行されることによって、日本が今まで大切にしてきた、平和の松明《たいまつ》のような意識が失われていき、国民に対して戦争に向かう方への意識の醸成がなされ、戦争ができるための仕組みづくりがエスカレートしていくことがとても恐ろしく感じます。

最近、私が、行きつけの飲食店でくつろいでいたとき、同席になった初対面の中年男性客と戦争の話になり、大きなショックを受けた出来事がありました。

男性客が「戦争になっても戦わないのでは、じゃあ、やられてもいいのか」と言うので、私は「でも、戦っちゃダメだと思います。戦争に行ってたとえ勝って戻って来られたとしても、PTSDなど心の病を抱えてその後の人生が狂ってしまうかもしれず、生きていても苦しみながら生きる悲しい人生になってしまうことが心配です」と言いました。すると男性客は、強い口調で怒り出し、最後には「何か？　こいつ、韓国か？」と、店主と私に捨て台詞《ぜりふ》を吐いて帰って行きました。韓国は関係ないし、韓国に対しても失礼な物言いです。戦争に反対するごく当たり前だと思う意見を述べただけなのに、怒鳴られて恐怖を感じました。

何よりショックだったことは、その後、店主が「私が悪い」と言ってきたことです。明らかに男性客の方が口調が激しく、一方私は激しい口論にならないよう抑制的に話をしたつもりでしたが、店主は男性客をかばったのです。男性客の方が「一般的な意見だから」だそうです。日本人の「一般的な意見」が、もはや、こんな状態になっているなんて、私は自分でどう消化すればよいか分からず、受け止めようにも受け止められず、戦争はしてはいけないよね、平和が良いよね、という、こんな簡単な話も強引に封じられ、できなくなってしまった日本の危機的な現状に、怒りや不安や悔しさでいっぱいになりました。

安保法制法の成立・施行は、他国の脅威をことさら煽《あお》り、韓国など周辺国を見下し、戦争もいとわないという空気を、日本国内にいっそう広げているように感じます。そうした中で私は、「平和が良い」という当たり前のことすら口にしにくい息苦しさを強く感じるようになっています。

以前、戦時中に市民に赤紙を持っていくのが、郵便局員ではなく役所の職員だったのを、何かのドラマで見ました。労働組合でもそのように習いました。私は、以前、こども課で乳幼児医療と未熟児養育医療、一人親医療の担当をしたことがあります。今も、国民健康保険をはじめ、さまざまな給付の事務に携わっています。市役所のあらゆる事業によって、大切に守ってきた、市民一人一人の暮らしと命は、戦争に行かせるためのものではありません。また、私は、市民を戦争に行かせるための事業に絶対加担したくありません。

市の職員である私は、当然ながら市民の幸せを願って日々仕事をしています。市民が戦争に行かなければならない事態や戦争に巻き込まれる可能性のある世の中の流れには、断固反対します。

私は、学校で三権分立を習ったころからずっと、裁判所は三権分立の中で一番、市民に近く寄り添ってくれる要だと思っています。アメリカのトランプ大統領のニュースを観ているときによく思うのですが、アメリカは大統領が国民に対しておかしなことをすると、ちゃんと司法が出てきて制止してくれると、深く感心します。日本でも、どこの国でも、そうあってほしいと思います。

私が原告として参加するこの訴訟が、日本の平和にとって強く大きな意味のあるものになるように願っていますし、裁判官にはぜひ、そうした力のある判決を出していただきたいと思います。

「日の丸・君が代」強制の重圧が雷撃されて沈んだ伯父の恐怖と重なります

伊東　千朋子（宮崎市在住）

安保法制が成立したことによって、私はたいへん精神的に悩みました。

私は、4年前の、2013年（平成25）3月まで、大阪府の特別支援学校の教諭として29年間勤めていました。私は、宮崎県で育ち、小中高では入学式や卒業式で、壇上の日の丸に頭を下げ、君が代を歌う教育を受けました。ところが、大阪の教育現場では最初の10年間はこうしたことはまったくなく、教師の手作りの生徒の節目・旅立ちを祝う温かい式をやってきました。

しかし、その後、元号法制化、日の丸・君が代の国旗・国歌化や、大阪府教育委員会からの通達・締め付けにより教員の強い反対があったにもかかわらず、日の丸が式会場に持ち込まれ、君が代が流れるようになりました。国家斉唱時に教職員も立つように強制され、2012年には立たない場合は処分するという大阪府教育委員会の通達が出ました。それまで、私は立ちませんでしたが、それでも大変な勇気がいることでした。いつも私の思想信条や内心の自由が侵された状態だったと思います。その都度私や他の教員は悩み、式は苦痛を強いるものでした。ちなみに式には、教育委員会から指導主事などが必ず出席し、私たち教職員が通達に従っているかどうかを監視していました。

東京都の支援学校の教師が処分され裁判で闘っていますが、いよいよ大阪にもと思うと、ほんとに悩み悩み、「立つ」ことの強制の次には、「歌え」がくるなと思い、2013年の卒業式では君が代斉唱時には立ちましたが、同時に教員を退職することを決意しました（退職を決意したのに、宮崎にいる母の介護のこともありました）。

私が、なぜ、これほど「君が代」斉唱だとか、「起立」にこだわるのか。私は、高校卒業まで、日の丸や君が代の意味を知らずに過ごし、大学時代に初めて先の戦争でアジアの人たちに日本が残酷なことをし、たくさんのアジアの人たちの命を奪ったこと、その反省もなく日の丸を掲げていること、国民主権なのに君が代を学校教育の中でまさしく強制されていることを知り、そんな教師にはならないと決心したからです。

支援学校で、教師が生徒に、立つように、また歌うようにと言えば、また教師自身が歌えば、生徒はそのとおりにするようになります。それは、まだ判断できない生徒たちに賛否両論のあることの一方の立場を押し付けることになります。また、何より、私たち教師にも思想信条の自由があり、それが侵されてしまいます。内心の自由もそうです。

こうした動きの間に、事実を載せている社会科の教科書が攻撃されて書き換えられたりなど、教育の分野が国策として変えられ、戦争に少しずつ近づいてきていることを感じていました。日の丸や君が代の障害児教育への押し付けも戦争への道の一環です。一昨年、誰が考えても違憲とわかる安保法案がわけのわからないやり方で通り、とうとう恐れていることがやってきたと恐怖感や絶望感で何日間か眠れませんでした。また、安保法制が成立したことで私が精神的にとてもつらい思いをしているのは、私は、伯父二人を第二次世界大戦で失くしているからです。

母方の伯父は、日南の役所に勤め、中国で戦病死だったそうです。日常の記憶が曖昧になった母が今でも、「戦争中は、兵隊に行って病気になっても治療してもらえなくて放ったらかしだったらしいね」とときどき話します。遺骨も戻らず、異国の地に眠っている伯父のことを戦後生まれの私も考えて心が痛みます。

父方の伯父（伯母の夫）は軍人ではなく海員（船長）で、終戦の10カ月前に徴用船を攻撃されて船や66人の乗員とともに沈み36歳で亡くなりました。どういうふうに沈んだのか、叔母や親せきにも知らされなかったようで、南太平洋で沈んだとだけ聞いていたようです。一昨年の夏、安保法案が論議されていたころに、神戸市の「戦没した船と海員の資料館」に、「広島の船ですが」と尋ねてみたところ、伯父の名前と戦没した年から調べてくれ、伯父の乗っていた船の詳細が初めてわかりました。

その経過は、昭和19年（１９４４）10月29日15：00奄美大島発、呉向け航行中、30日16：20分ごろ北緯30度13分、東経１３２度49分（都井の岬南東１８０キロ付近）において、豪雨のなか、右舷機械室に米海軍潜水艦（SS-182Salmon）からの魚雷２本を受け航行不能となり、さらに、16：35船体前部に受ける。31日00：17左舷中央部に米海軍潜水艦（SS-392Sterlet）からの雷撃を受け重油に引火、大火災となり00：39ごろ沈没。乗船員全員（内船員66人）戦死。船長畠山一雄。たかね丸（１００２１総トン、日本海運戦時型標準油槽船）と書かれていました。

伯母は、子ども２人を連れて故郷日南に戻り、魚の行商をしながら暮らし、働いていた魚市場で右手を手首から失い不自由しながら88歳まで生きました。私のことを何かとかわいがってくれた伯母が、亡くなる11年前に、「戦争が1年早く終わってくれていたら死なずにすんだのに。こんなことを言ってもせんないね」とぽつんと言ったのが忘れられません。戦後45年経っても伯母は死んだ夫のことを思い続けていたのです。伯母は九州の沖に伯父が眠っていることを知らないまま亡くなりました。

これだけ詳細が記録されていたのは、軍の船が近くで見ていたからだと思いますが、伯父の船は見殺しにされたのか。初めの攻撃から沈むまでの８時間、この間伯父たちは想像できない恐怖の中にいたことになります。船長の伯父はほんとにつらかったと思います。やはり燃料を運ぶ船だったから、執拗に攻撃されたと思います。この資料を見て、民間人が恐怖の中で死んでいった事実に涙が出て止まりませんでした。

これから先、自衛隊の人をはじめ民間人などが亡くなることがあれば、誰が死んでも肉親はつらい悲しい思いを、伯母やいとこたちのようにすることでしょうし、肉親は亡くなった人を思い続けることになると思います。また、安保法制があのとき成立しなかったら死ななくて済んだのにと思うことになると思います。誰かが死ぬ可能性のある、また自衛隊員が死んでも仕方がないという前提の安保法はいりません。その存在そのものが苦痛です。

私の長い教員生活の間、毎年日の丸・君が代の強制に苦しめられ、退職後にはずっと恐れていた戦争につながる安保法制が制定・施行され、耐え難い恐怖感や絶望感による苦痛を受けています。憲法に保障されている自分自身の思想信条・内心を守ることが処分につながるというおかしさ、また起立しないと教員を処分するという脅しに等しい通達を出してまで君が代を歌わせようとした異常さや恐ろしさを経験したからこそ、集大成のような安保法に恐怖心や絶望感を持つのだと思います。

人は誰でも家族や友人とともに幸せに過ごしたい、いい人生を送りたい、人生を全《まっと》うしたいと願っていると思います。命はひとつしかありません。裁判官の方には、ごく普通に過ごしている人間の立場で考えていただくことを願います。

不条理を感じながら生きてこられた先輩の思いを込めて

長田　寛（宮崎市在住）

私は新安保法制が絶対許せません。国会が強行採決によって作った法律ならなんでもいいというのなら、それは第二次世界大戦前の日本やドイツなどと同じではないかと思います。国民一人ひとりの信託を受けた国会議員であれば、多数意見が少数意見よりなぜ優れているのかを徹底的に議論し、しっかりと説明すべきであるのに、まともに説明をしませんでした。

そして、新安保法制は、どう考えても憲法の考え方に立てば明らかに違憲であるのに、与党議員は、数の力だけで無理やり採決し、すべての価値を個人におき個人を大事にする憲法をないがしろにし、民主主義を踏みにじり、そして、少数意見者の人権を踏みにじったのです。腹立たしく、声の届かないところで決まったことは非常に恐ろしいことです。

私は写真を趣味にしていますが、その趣味の知り合いに90歳の方がいます。その方は1943年（昭和18）、17歳で故郷の長崎市を離れ海軍航空隊に入隊し、鹿児島で訓練生活を始めました。翌年、10日間の長崎市への帰郷が許され家族と楽しく過ごすもあっという間に時は過ぎ、再び列車で鹿児島に向かうことになりました。途中、親戚の女の子が見送りのために浦上の駅に来て立っていたそうです。知人は、その女の子と少し世間話をしてから、手を振って別れました。知人は、鹿児島の隊に戻った後、高知に移り、1945年春に高熱を出して松山の海軍病院に入院しました。その後、軍人として訓練を受けていた鹿児島、高知が空襲に見舞われ、間もなく広島と長崎に特殊爆弾（原爆）が投下されたということを聞きました。

敗戦後の昭和20年8月29日、列車で長崎市に帰る途中、広島駅のホームから焼け野原を見たそうです。そのとき、「長崎もだめか」と不安を抱きながら、翌日、長崎市に到着しました。知人の家族は無事だったものの、浦上で見送ってくれた女の子の一家は誰一人生存していなかったそうです。

その知人は、「戦争に行ったはずの自分が助かり、見送ってくれた人が死ぬとは」と今も不条理を感じながら生きておられます。その知人は、その不条理を写真に落とし込み数多くの作品を発表しています。ずっと忘れ得ない身体に刻まれた記憶なのだろうと思います。


戦争の惨禍を繰り返してはいけない。暴力には暴力が返ってきて、簡単には終わらないのが戦争であり、日本はそのことを身をもって経験し、その後の未来に対して平和であり続けようという目的をもって存立していこうと決意したのではなかったのでしょうか。

憲法前文には、「われらは、平和を維持し、専制と隷従、圧迫と偏狭を地上から永遠に除去しようと努めている国際社会において、名誉ある地位を占めたいと思う。われらは、全世界の国民が、ひとしく恐怖と欠乏から免かれ、平和のうちに生存する権利を有することを確認する」と謳っているではありませんか。

私は自分をありのままに受け入れ、「そこに居ていいんだ」「そこに居ることできっと誰かの役に立っているんだ」という気持ちを常々持ちたいと思っています。ありのままの自分を受け入れたとき、他者も大事にしたいという気持ちが湧いてきます。日本国内だけではなく世界中のどの人に対しても、間接的にでも「役に立ちたい」と思っています。なので、そもそも他人を殺傷するような仕組みや行為は非常に許しがたく、私の信条とは絶対に相容れないものです。

グレーでもいい、お金による解決でもいい。仮に税金が倍になっても、外交によりいろんな国に対し喜んでもらうことで世界から戦争や紛争がなくなれば、自分の命も子どもたちの命も大事な人たちの命も他国の人たちの命も傷つかずにいられる、そっちの方が安上がりであるし、はるかに役に立つと確信します。

しかし、現状がそうなっていないことにもどかしくまた腹立たしく、自分の生命の危機を感じながら生きている毎日が精神的につらく悲しいものになっています。相手が武器を持ったから武器を持ち、核をもったから核を持ち、軍事的圧力をかければ相手も同じだけの軍事力を持とうとします。ずっとその繰り返しになることがわかっていて、なぜ日本からでもその悪循環を止めようとしないのでしょうか。日本国憲法下の日本は悪循環を止めようとした最初の国だったのではないんでしょうか。これでは、ドイツがヒトラーの暴走を止められなかったのと同じ状態じゃないのでしょうか。

すべての裁判官は、「その良心に従い独立してその職権を行い、現憲法及び法律にのみ拘束される」という司法権の独立が保障されています。浅はかな一部の国民の「仮装された民意」に恐れず、違憲立法審査権を正しく行使するのが、裁判官だと信じています。

どうせミサイルを打ち込まれたらそれを防ぐすべはありません。世界第5位の軍事力を保つ予算があるなら、近隣の国々に毎年1000億円ずつでも配る方がまだましだと思います。

日本の平和への武器となり得るのは、日本の様々な技術を駆使して世界にワクワク感を与えることと、必要とされるところへの分け隔てない援助です。

世界で人道活動をしている日本人を危険にします

山下　朋子（宮崎市在住）

私は、カトリックを信仰しています。私の妹は、修道女（シスター）としてこれまで海外で活動を続けてきました。彼女はスペイン語が話せることを買われ、現在はボリビアの乳児院で働いていますが、これから先、また別の国に移動することも十分にあり得ます。たとえば、南スーダンに行く可能性もゼロではありません。そして、妹に限らず、今まさにこのときも、南スーダンで活動しているシスターがいます。

新安保法制が成立したことで、私の妹と同じように世界各国で活動しているシスターたちの置かれる状況が大きく変わりました。シスターたちのうち、看護師の資格を持っている人は医療支援に従事していますし、それ以外の人は、難民の生活支援などを行っています。活動地によっては、危険なところも少なくありません。そういう状況で、彼女たちのような人道的な活動をしている人も含めて、日本人に対する見方が変わり、殺されてしまう可能性が出てきました。これまで、日本は非軍事に徹しているということで、いわば丸腰だからこそ安全に過ごせてきたのです。しかし、日本が集団的自衛権を行使できるようになったことで、武装勢力から見れば他の国の者と同じように見られてしまうことになりました。

新安保法制は、妹たちのように、世界で人道的な活動をしている多くの日本人を危険にさらすことになったのです。

私の信仰しているカトリックは、武器ではなく平和で手をつなごうという考えです。カトリック教会は、集団的自衛権の行使容認の閣議決定に対し反対声明を出すなどしています。

新安保法制を私は絶対に許せません。

新安保法制が成立したことがきっかけで、私は憲法について考えるようになりました。そして、憲法のことを子どもたちにしっかり教えないといけないと強く思うようになりました。

私は、子どもを対象にしたプレイパークというイベントを企画したりしています。これは、子どもたちに自然の中で自由に遊んでもらい、健やかに育ってもらいたいという思いで行っている活動です。

そうした活動を通して、子どもたちとふれあう中で、どうしたら憲法の理念である幸福追求権や自己決定権、民主主義の大切さというものを学べる機会になるだろうかと考えるようになりました。特に、現代の子どもたちには、「自分を大切にする」という自己肯定感を十分に持てていない子が多いように感じています。自己肯定感がしっかり育って初めて、他者のことを大切にできますし、社会を大切に、平和を大切にできると思います。また、自分の力を信じて行動すれば変えられるという考えも持てるようになるのではと思います。私自身にも、小学校4年生の子どもがいますので、子育てをする中で子どもの自己肯定感を育てたいという思いが強くあります。

憲法が、国民一人ひとりの幸せを実現するためにあるということ、そのために平和を大切にしなければならないと定めていることを、子どもたちにしっかり伝えたいと思っています。

70年にわたって憲法が支えてきた日本の平和を、自ら壊すような今の政府の振る舞いは、まったく理解ができません。戦争をしたがっているのではないかとさえ思ってしまいます。戦争は、例外なく弱い立場の人が最初に犠牲になるものです。子どもや、お年寄りや、障がいを持つ人など弱者にしわ寄せが来るのです。そのような何の罪もない人々が多く犠牲になる戦争は、絶対にあってはならないと思います。考えただけで涙が出ます。

新安保法制が成立したとき、私は反対するデモに参加しました。しかし、その後いわゆるネトウヨ（ネット右翼）という人たちから、「死ね」などのひどい言葉で中傷されました。街頭で子どもと一緒にチラシを配っていたときも、若い人から声をかけられ、冷たい言葉や、戦争を肯定するようなきつい言葉を言われました。

周囲のママ友には、今の日本の状況を見て、戦争への危機感を感じている同じ思いの人が案外多くいます。しかし、先ほど述べたようなつらい思いをするリスクを考えてなのでしょう、声をあげられないという人が多数です。

私自身も、実際に誹謗《ひぼう》中傷される経験をするうちに、つらい思いをしてまで、声を上げ続けなくてはならないのだろうか、いくら自分がデモに参加したり、街頭でチラシを配ったりしても、社会を変えることはやっぱりできないのかもしれないと思うようになってしまいました。

しかし、今回、裁判を起こすという話があり、裁判所であれば、憲法違反の新安保法制は許されないとはっきり判断してくれるのではないか、そして、今の流れを止めてくれるのではないかという期待を感じて、原告になりました。

裁判所は、行政、国会、司法の三権分立の一翼であって、憲法の番人として憲法違反を判断できる特別な権限を持っている立場です。どうか、毅然とした態度で、正面からこの問題に向き合った判決をしてくださるよう、お願いします。

戦争に向かっているのではないか。胸が苦しく、怖くなります

西村　礼子（木城町在住）

私は7歳と10歳の娘の母親です。夫と子どもと4人で暮らしています。

串間市で生まれ、祖父、祖母、父、母、兄弟、叔父、叔母、従兄弟等の大家族の中で、自然に恵まれた環境で育ちました。実家は家族で製茶業を営んでいます。長男だった祖父が、終戦後故郷に戻り、家族そして末永く子孫が生計を立てていけるようにと、長期的な展望のもと、一から製茶業を学びながら規模を拡大したと聞いています。祖父は20年前に他界し、現在は父母と弟夫婦が跡を継いでいます。

祖父の片目は義眼でした。召集され、中国大陸に渡り、戦争で負った傷の痕だと幼いころから聞いていました。祖父は、仕事熱心で真面目で無口な人でした。普段は戦争の話はしませんが、夕方仕事を終え、ひと り晩酌を始め酔いが回り始めると、ときどき、話さずにはいられないというように、重い口を開き自分の戦争体験を語り出すことがありました。

幼い私は、祖父の戦争体験の話を聴くのが嫌ではありませんでした。むしろ、祖父の話をしっかり聴きたいと思っていました。しかし、戦争の話が始まると、台所で夕食の準備をする母に話の途中で呼び出され、料理の手伝いをするようにと言われるのが常でした。母としては、娘である私が怖い思いをしないようにという親心だったのかもしれません。

私は直接戦争を体験した世代ではありませんが、祖父の体験談や当時の恐ろしさを思い出す様子から、戦

争が、その最中だけでなく、その後もずっとその人に重大な精神的衝撃を及ぼし続けるのだと感じ取りながら育ちました。

また私は、その後も、戦争の恐ろしさや残虐さ、平和の大切さ、日本国憲法9条のこと、自衛隊の集団的自衛権の行使が禁止されていることなどを、親戚や近所のおじいさん、学校の先生の戦争体験、学校の授業や書籍、演劇、映画など様々なかたちで知り、私自身の身体に根付かせてきました。


新安保法制法案が国会で審議されていたころ、私は、戦争状態の日本と世界の状況を想像し夜に眠れなくなる日が続きました。自衛隊が海外に赴き、戦争できる状態になってしまうこと、日本に残ったとしても「銃後」を守るような事態を、想像したくなくても想像してしまうのです。

私の従兄弟は、自衛官です。新安保法制法の成立で、自衛隊の活動範囲が大きく広がり、これまでできなかったことまでできるようになりました。従兄弟が、海外での戦争に駆り出されていくこと、そして戦争に巻き込まれていくことを想像し、胸が苦しくなります。また将来、私の娘たちの恋人や夫、子どもたちが戦争に駆り出されること、娘たちでさえ巻き込まれていくことを想像し、気が気ではありません。

戦争で傷つき泣き叫ぶ子どもの姿を、私も、周りの母親も、世界中のどの母親も、見たいはずがありません。成立した新安保法制法は、私を苦しめ続けています。

秘密保護法や共謀罪ができ、世の中がだんだんおかしくなっていると感じます。子どもたちが学校で授業を受ける道徳が教科になりました。昔のように、国に奉仕すること、国のために個人が犠牲になることが尊いことだと教え込まれて、戦争に利用されるのではないかと怖いです。こうした制度改正が組み合わさって、ゆっくりと戦争に向かっている気がします。

約30年前、私は、今はもう廃校となった故郷の中学校の「公民」の授業で、いまの日本国憲法の理念を学びました。また、立法・行政・司法の「三権分立」の制度がなぜ必要なのかも学びました。

この新安保法制法は、多くの憲法学者や法律家の方々が憲法違反であると指摘し、私もそう考えます。にもかかわらず、新安保法制法は世の中に存在し続け、莫大な武器の購入や新たな自衛隊の活動拡大の根拠として存在感を発揮しつつあるように思います。憲法を無視するこうした行政や立法の暴走に、歯止めをかけられるのは、司法の役割だと思います。

私は、裁判官のみなさまに心から期待しています。平和と子どもたちの健やかな成長を望むひとりの母親として、日本国民そして地球市民として、公正で賢明な判断を望みます。

「平和安全法制」と国がいふ時の「平和」はどんな概念ならむ
旗出しの墨黒ぐろと達筆の「不当判決」を裏より見つむ
押印ののち三つ折りにたたみたる訴訟委任状つばさのごとし

母親として、戦争は理不尽でしかありません

久保田　早紀（宮崎市佐土原町在住）

私は、２人の子を育てる母親です。「安保関連法案に反対するママの会」のメンバーとして、活動してきました。私たちママたちは、安保関連法案に反対して、大切な子どもとの時間である育児や家事の時間を削って活動してきました。しかし、安保関連法が立憲主義、民主主義を無視して、制定されました。その過程に到底納得ができず、私は安保法制違憲訴訟の原告になりました。

安保法制が施行され、集団的自衛権が行使され、自衛隊が国の防衛とは関係のない戦地へ派遣されること、それをきっかけに、日本が自国の防衛とは関係なく、あらゆる戦争に積極的に加担していくのではないかと思うと、日々不安で、安心して子どもを育てられません。どんな理由があろうと、理屈を述べようと、戦争はただの理不尽でしかないと私は思っており、それは歴史的にも証明されている事実です。

戦争は、個人の意思とは関係なく有無を言わさず、国民を巻き込み、国民は巻き込まれるのであって、戦争は過去の出来事ではありません。安保関連法が制定されてしまったので、今の自衛官、この日本国で暮らすすべての人が、戦争に巻き込まれる状況に陥っても不思議ではありません。実際、南スーダンでは、自衛官の人たちが武力の行使を行い、大変危険な状況に置かれました。

次に戦争を体験するのは、自分たちや子どもたちではないかと、日々大変不安に思っています。

このような、私たちの平穏な暮らしを害する安保関連法を、最後の砦《とりで》である司法の場で、きちんと違憲であると判断してほしいです。お願いします。

長崎原爆で兄と姉を失った祖母の悲しみを思う

黒木　美智子（宮崎市清武町在住）

私には息子が2人おります。今の流れのままいけば、いずれは徴兵制でも始まりそうな不安にかられます。自衛隊が命懸けの任務が増えれば、希望者は減り、徴兵制を取り入れないと自衛隊だけではすまなくなるでしょう。大切な息子たちが、人を殺したり、物を壊したりの訓練を日々しなければならない時代がくるかもしれない、という不安を強く感じます。

私の親族など身近な人が戦争や戦地を体験しています。

私の夫の祖母（以下、祖母といいます）は、10歳のときに長崎で被爆しています。それを夫が聞いたのは、私が聞いたのと同じ、戦後60年のときでした。それまで、祖母は、孫にも言えないほどの深くてつらい悲しみを背負っていたのです。

戦後60年もたっていたのに、涙を流しながら、つらそうに、でも何か決意したように、以下のとおり話してくれました。

長崎に原爆が落とされたとき、10歳の祖母は、兄、姉、母親と、坂の上にある親戚の家に行っていました。母親は、10歳の祖母が靴を履くのを待っている間に、兄と姉を先に家に帰らせました。ちょうどそのとき、原爆が投下され、母親と祖母は助かりましたが、先に帰った兄、姉は行方知れずになりました。坂の途中にある、兄、姉の友人宅に問い合わせても「来ていない」と言われましたが、数日後、その友人宅の玄関に、兄、姉がいたと連絡があったそうです。倒壊してしまった建物の片付けが進むまで、いたことすら分からなかったようです。おそらく、危険を感じて友人宅の玄関に入ったところで、原爆の被害にあったのではないかということでした。

母親が確認しに行くと、髪は伸びて逆立ち、爪の伸びた別人のような我が子が、立ったまま、友人宅の玄関で亡くなっていたそうです。

祖母の母親は、「私が先に帰っておけと言わなければ」と、一生後悔し続けたと聞きました。戦争は、多くの大切な人を失うだけでなく、生き残った人のその後の人生も、生き地獄に変えます。戦争で幸せになる人はいないと強く思った出来事でした。

私が、我が子や家族を何よりも大切に思うように、世界中の人に、大切な誰かがいて、その人を守りたいと思う気持ちは、皆同じです。しかし、戦うことで守るという考え方は、自分以外の誰かの大切な人の命は、平気で奪うということです。憎しみの連鎖しか生みません。

どうか、裁判所におかれましては、私たち市民が、子どもたちが、将来にわたって平和に暮らしていけますよう、今の平和憲法に沿った判断を心からお願いします。

戦争の現実を想像する力がなくなっている世代の一人として訴えます

白江　好友（宮崎市在住）

日本は事実上70年間戦争をおこなうことがなかったかわりに、戦争がどのような影響を社会にもたらすのかという想像力を失ってきたのではないかということを、私は路上に立ち、新安保法制に反対するデモをおこないながら感じてきました。

私は昭和63年（1988）生まれの29歳ですが、私たちは戦争体験を聞く機会がどんどん少なくなっていることを肌で感じてきた世代だと思います。そうした世代の中の一人として、私が考え感じてきたことを述べさせていただきます。

私には双子の兄がいましたが、平成23年（2011）3月に病気で急死しました。兄が亡くなったのは東日本大震災とその後におこった福島原発事故の1週間ほど後のことであり、これらの出来事は大きなショックとしてないまぜとなり、私の中に記憶されています。社会とどうかかわるかを自分なりには考えていても、兄の死のショックは大きく、「個人がどれほど努力しても死んでしまえば意味がないのではないか。ならば社会がよくなってほしいと思って行動することにも意味がないのではないか」という思いにとらわれることになりました。

こうした考えに変化があったのは、兄が生前気にかけていた大学の後輩のAさんが実家に遊びにきてくれた際に、Aさんが平和のための運動の中で成長し、今では先輩として後輩のためにがんばっていることを聞いたことがきっかけでした。

Aさんが運動していることを聞いて、自分が死んでも他の人の人生は続いていくのだということに気づかされました。そして、「平和な社会に生きたい」「個人の尊厳が大切にされる社会になってほしい」という当たり前の願いを大事にして運動し、人間的な関係も大事にする努力を重ねていくことで、たとえ自分が何もできなくなったとしても残していけるものがあると思えるようになりました。

人間は生きているからこそ、他の社会や目の前にいる人に対して役割を発揮することができるのではないでしょうか。生きてさえいれば、これからどのように生きていくのかを考えることができると思います。

日本国憲法に反してまで新安保法制を成立させたことによって、自衛隊が戦争や武力行使に参加する可能性が高まってしまいました。戦争をする主体となるのは国家ですが、その下で犠牲になるのは一人ひとりの個人であり、悲しむのは残された家族や友人です。このような新安保法制は、「平和な社会に生きたい」「個人の尊厳が大切にされる社会になってほしい」という当たり前の願いを踏みにじるものです。安倍政権が、このように個人の尊厳をすりつぶすような法律を、勝手に決めてしまったことを私は許すことはできません。

新安保法制に反対する運動の中で、「たとえ戦争が起きて自衛官が死んでも、それは自衛官になった人の自己責任だ」という意見の男性と話す機会がありました。その男性が小さい子どもをつれていたことが私を余計に困惑させました。同じ考えを大学生の男性からも聞いたことがあります。

これが、戦争の影響をリアルに想像することができなくなってしまっている人が私を含めて多くなってしまっているのではないか、と考え始めたきっかけでした。本当に戦争が起きたときに、そのような自己責任論に染まった考え方を彼らが維持できるとは思いません。自衛官の命が奪われたとき、戦争により一般市民の命が奪われる事態になったとき、また、日本の自衛隊により他国の方の命が奪われたとき、そのあとで初めて気づくのでは、あまりに犠牲が大きすぎるのではないでしょうか。

新安保法制を廃止して憲法が守られる国に戻し、主権者として私たちが日本をどういう国にしたいのかと議論をしなければ、「自分とは関係ないことだ」という態度は、「いつのまにか戦争は始まった」「想定外だった」という言い訳に直結してしまうのではないかと思います。

私は原告の一人として、違憲の法律を認めない、「平和な社会に生きたい」「個人の尊厳が大切にされる社会になってほしい」という私の気持ちを裁判所に届けたい。それとともに、違憲の法律を認めないという若い世代が、国会前やニュースの中だけではなく、この宮崎にもいることを知らせたい。新安保法制が成立し運用されているからといってあきらめる必要はないし、「平和な国で生きたいというあなたの思いは当たり前のものだ」と伝えたいのです。それが、目の前の人にとって憲法や平和について考えるきっかけになるのではないかと思います。

裁判所が、「平和な社会に生きたい」「個人の尊厳が大切にされる社会になってほしい」という私の気持ちを受け入れてくださり、新安保法制が違憲と判断され、廃止されることを求めます。

国と国の信頼を築くことこそを。残暑の路上に立って考えたこと

大迫　雄大（小林市在住）

２０１５年（平成27）９月19日に安保法制が成立したとき、私は宮崎市内の路上にいました。そこには、憲法違反の法律を政府が数の力で強行的に成立させることに反対の声を上げる市民が、多数集まっていました。私もその一人としてその場に立っていました。

戦後、日本の自衛隊員が他国の人を一人も殺さず、自衛隊員の戦死者も出してきませんでした。憲法９条は武力による紛争の解決を否定し、そのために武力を持たないと明確にしています。この憲法の条文のとおり日本が武力を持たずにきたかということに対しては様々な議論がありますが、これまでの政府の解釈のもとでも、日本が平和だったということは事実です。にもかかわらず、政府が集団的自衛権を認め、海外での武力行使を可能にすることで、日本の平和主義が壊され、自衛隊で働いている友人が戦地に行き、他国の少年兵などに銃を向け、殺し殺されることになります。

また、全国で、特に国会前に大学生や主婦、若者、サラリーマン、弁護士、宗教者が集まり、反対の声を上げているのを見て、「平和を守る道は、武力による他国の統治や抑止論ではなく、民主主義とは何かを体現し、政府が危険な道に行こうとしていくときには声を上げ、平和を国民がつくっていく」ことが大切であると感じました。本当に多くの国民が法案の中身だけでなく、解釈で改憲するということを含め、反対の声を上げていたのです。

私は、路上で意見を発信したことはそれまでなく、できれば人前に出たくないと思っていました。しかし、声を上げなければ平和は守れないと立ち上がる全国の若者に励まされ、安保法制に反対する青年団体に加わり、デモや集会で意見を述べてきました。私と同じように、そこまでしてでも平和を守りたいという人がたくさんいました。それなのに、政府が数の力で強行したことは本当に許せません。

優れたリーダーがスピーディに物事を決めることに称賛を与える若者もいます。テレビで東大生が「安倍さんは、決定力があってすごい」というような発言をしていたのをときどき思い出します。しかし、本来、民主主義が機能している国では物事はそんなに素早く進んでいくものではないと思います。どんなことを決めるにしても反対の声や不安の声はあります。そういう人も納得し、理解できるよう徹底的に議論して決めようとすれば、時間がかかります。

国防ということに関してはなおさらだと思います。少なくとも、安保法制に関しては多くの人が納得していないと反対の声を上げていたにもかかわらず、納得のいく説明もせず強行採決したのです。「民主主義って何だ」「民主主義ってこれだ」と国民が民主主義を蘇らせ、正常な国にしようと努力をしていたのに、民主主義を踏みにじり、解釈で憲法を変えたのです。平和主義の理想を追求し、声を上げてきた私たちの思いを踏みにじり、勝手に決め、平和を破壊したことを許すことができず、直接訴えるべく、訴訟に参加しました。

戦時中、衣食住に乏しく、ひもじい思いをした話を多くの戦争体験者から聞いてきました。多くの人が、戦時中は、国を守るため、国民の生活は困窮し、様々な権利が制約されたという話をしていました。戦争になれば、あるいは戦争に向かえば、国のお金は戦争のために使われます。それは国を守るためという理由ですが、現代では国という言葉ではなく「国民を守るため、国民の『安全』を守るため」と響きのいい言葉にすり替えられています。

今、北朝鮮と韓国が歩み寄ろうとしています。北朝鮮や中国からの攻撃が心配だから、武力を強化する必要があるという意見も聞きます。しかし、理由もなく他国を攻撃することがあるのでしょうか。そう考えたとき、自分の国を他国からの視点で考えました。安保法制の成立、「敵基地攻撃能力を持ちたい」などの最近の政府の考え、憲法9条改憲、防衛予算の増額など、「他国を攻撃しない。平和の国」である日本の軍事的な動きをアジアの国々はどうとらえるのでしょうか。

「他国の脅威に対して軍事で備える」という考えが日本政府だけでなく当然他国にもあるとすれば、軍事対軍事による軍事力の増大は止められません。その上で、政府は自国が与えている脅威を無視し、他国からの脅威を煽《あお》って社会保障や教育から防衛予算へ国の金が使われていく。今、日本政府がとっている方向は私たち日本人を幸せにするものとは到底思えません。

何よりも、軍事力を背景に他国と交渉するという考えは、他国との対等で真に友好な関係を諦めていると思います。日本は、外交で他国と対等な関係を築ける一番有利な立場にいたのではないでしょうか。それは、国民が憲法9条を政府に守らせ、他国を攻撃することはない、平和を愛する国だという70年間築き上げてきたものがあったからではないでしょうか。

私たち国民が自分で考え、社会をつくっていく。国民の努力で平和と民主主義をつくり上げていくことを否定されたということ、私たちの意思決定が否定されたことは、権利を否定されたに等しく、これ以上の苦しみはありません。

声を上げたくともあげられない者の一人として

井手　円（高鍋町在住）

私の祖父は、海軍の南方方面軍通信隊の通信隊長でした。真珠湾攻撃の暗号「ニイタカヤマノボレ」を中継したと聞いています。祖父は、本当は進学して学校の先生になるのが夢だったそうです。経済的な理由で、海軍に入り、若者を指導する役職に就いたときはとても嬉しかったと祖母に語ったそうです。

終戦後は、戦争中の話は一切せず、魚の干物を加工する工場を経営していました。私は祖父が亡くなってから生まれたので、祖父にまつわる話はすべて、祖母や家族から聞きました。

私は、幼いころから「おじいちゃんは海軍の偉い人で立派な仕事をした」と聞いて育ったので、学校で習う「平和」と実際の市民の「生活感覚」とは次元の違うものなのかもしれないと思っていました。そこには、どうやら「お金」が関係しているようだとも思いました。誰しも平和が望ましいと思うし、戦争を心から望む人などいないと思います。でも、生活のためにお金が必要なとき、平和を願いつつも、心ならずも生活のために軍事関係の仕事に就くことが、昔も今もあるのです。

本当は学校の先生になりたかった祖父。経済的な理由で海軍に入り、憧れの「先生」にはなったけれども、指導した教え子たちをどんな気持ちで戦場に送ったことでしょう。終戦後、戦争中の話を一切しなかった祖父の気持ちを思うと、胸が締め付けられます。

私は、高校卒業後に神戸で10年暮らして、２０１０年（平成22）に宮崎に帰郷しました。それからいくつかの職業に就きましたが、学歴もなく毎日の生活をギリギリ過ごせる額の賃金を得るために一生懸命働いて、心身ともに疲れてしまいました。私は独身で女性であるけれど、家庭を持った働き盛りの男性も同じ労働条件で働いていました。どんなに大変な日常生活なのだろうといつも思っていました。

今、戦争のことをリアルに考えてみると、どこからそのお金が出ているのかわからないけれど、もし戦争に従事する職業に就けば、大学卒業の一般の企業で正社員をしている人たちと同じくらいの賃金と社会保障が得られるのなら、当時の私の祖父のように、その仕事を喜んで選択する人はたくさんいるのだと思います。

戦争が起こると、今まで発生しなかった「お金」がどこからか湧いて出てくるのでしょうか。戦争に賛成すると、その人にお金が流れる仕組みなのでしょうか。今、米国や日本が圧力と言って、軍事力を高め、どんどん軍事費を上げる方向に動いているのは、本当に私たち一人ひとりの国民のためなのでしょうか。

中学生のとき、社会の授業で「国民主権」「基本的人権の尊重」「平和主義」という日本国憲法の三大原則を学んだとき、素直に感動したことを覚えています。私たちは生活を営むために何らかの組織に所属します。中学生の日常でも、成人しても、一人ひとりの権利は強い力を持つ組織に侵されやすいところがあると思います。だからこそ、憲法によって基本的人権が守られている日本はいい国だと思いました。これが約束されているから社会的に弱い立場にあっても人間の尊厳を守ることができます。

でも、安保法制が成立してから、個人の尊厳や基本的人権を守っているはずの憲法が、力のある人たちによって歪められ、まるで紙くずのような扱いをされていると感じます。私たち国民一人ひとりの日常生活が脅かされていることをひしひしと感じます。

最近、インターネットで太平洋戦争のときの「本土決戦」「ダウンフォール作戦」「オリンピック作戦」について調べてみて、驚きました。なぜなら、私の実家のある串間市の海岸線が、家から歩いて1分もかからない海岸が、アメリカ軍の関東上陸作戦である「コロネット作戦」の飛行場を確保するために占領される予定だったからです。あのとき、本土決戦が行われていたら、私は今存在していなかったかもしれません。

戦争が終わり、ずっと戦争のできない国に生まれ育ったからこそ、今の私があります。日本が戦争のできる国になってしまうことは、これから生まれるかもしれない人のいのちを奪い、危険に晒《さら》し、心ならずも戦争に関係する仕事を押しつけることになってしまいます。

日本を戦争のできる国にしないことは、偶然にもいのちをつなぎ、この戦争をしない国で生を受けた私の、未来への責任だと感じています。戦争の時代を生きた祖父や生きたくても生きられなかったすべての人への誓いでもあります。安保法制の成立は、そのような私の生き方や思いを踏みにじり、私に耐え難い苦痛を与えています。

今、私は新しい職場を得たばかりです、正直、原告になることも、法廷で裁判官の前で意見陳述をするのも不安でした。若い世代は世の中のことに関心を向けないといわれますが、私は違うと思います。様々な理由で声を上げたくても上げられない人はたくさんいるのだと思います。私はそのような立場の人たちの分も今声を上げなければならないと思い、原告となり、裁判の期日での意見陳述にも臨みました。

日本が戦争のできる国になって幸福になる人など、本当は誰もいないと思います。裁判所は、最後の最後に私たちの権利とささやかでも幸せな生活を守ってくれるところだと信じています。

いつの間にか戦場へと掬《すく》いとられる風潮を恐れます

峰田　知恵子（延岡市在住）

私は、戦後生まれなので私自身の戦争体験はありません。先日、宮崎市内の居酒屋で知人と飲んでいるときに、「自衛隊の憲法への明記」の話題になりました。知人と話をしていたところ、隣に居合わせた若い夫婦がわれわれの話を聞いて、話しかけてきました。

若い夫婦の夫の話では、その人は昨日自衛隊を除隊してきたとのことでした。そして二人で明日、故郷の石垣島に戻るということでした。私が、「なぜ、除隊したのですか？」と尋ねても夫は戸惑ったように笑ったまま答えませんでした。

すると夫に代わって妻が、「騙《だま》された気分です」と口を開きました。「入隊するときは、まさかよその国に出かけて行って、戦争に行く……なんて全然知りませんでした」と言われたのです。私は、お二人の話を聞いてとても現実的な声だと思いました。まさに、自分自身が外国で戦争をするかもしれないのです。その夫は、「安保法制成立後、除隊者は増え続け、入隊者は減り続けている」とも話してくれました。

『自分の国は自分たちで守る』とか『守ってもらうばかりでは国際的に云々』は、実際に外国に行って戦争をすることになるかもしれない若者にとっては、まやかしなのではないでしょうか？

新安保法制の成立の経緯もとてもひどいやり方で、ごり押しをしました。国民が言うことを聞かなさそうだと、安倍政権が反対意見も聞かず強行したのはルール違反にしか思えません。そのうえで、中国や北朝鮮の脅威をことさらに強調して、対話によって解決しようとする道を握りつぶそうとしています。

このままでは、政権はこの次何をするのか、と大変怖い思いをしています。

私は、延岡市内で「こども食堂」をしています。ここに来る中高生の中には、いわゆる「やんちゃ」な子どもも多く、親にあまり構ってもらえない、おそらく経済的に貧しい子どもも少なからずいると感じています。彼らを見ていると、「やったらやりかえす。それが骨のある人間だ」と勘違いをしている傾向があるように見受けられます。

新安保法制を盾に政府は、彼らの気持ちを利用していつ戦場へと掬い取られるか気が気ではありません。

原発を売り武器を売るこの国に所属してわが紫蘇を摘む朝
産めと言ひ殺せと言ひまた死ねと言ふ国家の声ありきまたあるごとし
万緑になじみたる日本国憲法九条、九十九条を読む

自分の意思と関係なく戦場に行かされるのは嫌です

宇戸　健（都城市在住）

私の父親は警察官で、警察社会では上司の命令は絶対であることを聞いていました。そのなかにおいても家庭、家族は大切に育ててもらい、命の大事さを学んで育ちました。

社会人となり、組合活動を通じてマスコミだけでなくいろんな方の生の意見を聞き、変える必要のない憲法をあえて変えることで、今とはちがう国になる可能性を秘めていることを学びました。

安保法制法により日本人が戦地にいけるようになり、巻き込まれ死亡する危険が出てきていると感じています。

自分の意思と関係なく戦場に行かされるのは嫌です。絶対に戦争に行く人がいない国にしてもらいたいです。争いがないのは理想だ、甘いとか、そういう考え方の子どもたちが増えないようにしっかり教育できる国を期待します。

判決後・裁判所前での判決報告
（2021年5月26日）

「立憲主義」のルール無視の暴挙と横暴には怒りを禁じえません

實政　壽次（日南市在住）

安倍首相はいわゆる「安全保障関連法」をめぐる国会審議で、「国民の命と平和な暮らしを守る」意義を強調しました。しかし、太平洋戦争末期、日本の軍事費は国家予算の８割を超え、国民生活は困窮し、300万人余の人命が奪われ国土は焦土と化しました。武力で国を守るどころか、国民の命も平和な暮らしも失われました。今回の「安保法制」も武力紛争加担という泥沼への一歩と考えるのは思い過ごしでしょうか。

いわゆる「改正武力攻撃事態法」で、「存立危機事態」と称して米軍が関わる紛争に自衛隊参加を容易にする内容を盛り込み、さらに「周辺事態法」では法律名も「重要影響事態法」として従来の「日本周辺」という地理的制限を外し、自衛隊の活動を地球規模に拡大する等、「戦争法」そのものです。憲法13条には、「生命、自由及び幸福追求に対する国民の権利については（中略）立法その他の国政の上で、最大の尊重を必要とする」とあります。およそ「平和的生存権」「幸福追求権」の侵害はだれにも許されないはずです。

南スーダンにおける陸上自衛隊のＰＫＯ活動に関する「黒塗り日報」で「宿営地付近で戦闘が起き、流れ弾に注意が必要」（詳細は黒塗り）、「武装グループによる襲撃」で「宿営地周辺より射撃音」（弾薬の使用状況は黒塗り）、さらに、関係悪化の場合、「国連の活動停止、活動の制限に追い込まれる可能性」に言及しています。今回の南スーダンにおけるＰＫＯ活動は、日報の隠蔽工作と黒塗りの処分に関して「行政機関の保有する情報の公開に関する法律」５条３項（情報公開の除外事項）の「国の安全が害されるおそれ」というより、憲法９

条2項に抵触する実態を国民に知られることを恐れているのではないでしょうか。同時に「黒塗り日報」は国民主権に裏付けされた「知る権利」を侵害する疑念を禁じ得ません。

さらに、最近、緊迫の度を増す北朝鮮の動向も国民の不安を掻《か》き立てています。北朝鮮の度重なるミサイル発射実験はエスカレートの一途を辿《たど》り、日本領空通過が常態化し始めており、核実験の実施も含めて国民の不安は増幅しています。北朝鮮の狙いはアメリカにあり、核保有国として米朝の「対等な交渉の場」を求めることにあるようです。そうだとすれば、日本は日米安保条約という軍事同盟を基盤とする「安全保障関連法」によって、無用な紛争に巻き込まれることにならないでしょうか。

安倍首相は「安保法制」の審議の過程で「いかなる事態でも、国民の命と平和な暮らしを守り抜いていく。私にはその大きな責任がある。万全の備えをすることが日本に戦争を仕掛けようとする企みをくじく。これが抑止力だ。」（2014・7・1）と述べています。

国民は、今、不安と困惑そして危機感すら抱き始めています。安倍首相は、その発言に重大な政治的責任を負わなければならないと考えます。

日本は明治以降、富国強兵を国是として、日清、日露戦争時の軍事費は国家予算の7〜8割、太平洋戦争末期には9割ちかくを占めていました。国民生活の困窮は想像に難くありません。挙句の果てに、幾多の人命被害と、焦土と化した国土を残して軍事国家は壊滅しました。日本人は「軍事力で国は守れない」ことを思い知り、同時に、「不毛な戦争を繰り返さない」という強い決意を日本国憲法に託してきたのです。無論、今も、紛争が世界各地にあって、武力衝突がされていることも事実であるが、そうした紛争が武力で解決できず、憎悪が憎悪を生んでいるのが現実です。強大な軍事力で多くの紛争に介入してきたアメリカは、いずれも根本的な解決はできなかったのです。

日本の自衛隊は「自分の国を守る個別的自衛権」の枠内で増強され、国際的軍事力資料によれば、すでに世界有数の「実力組織」を有しているといわれています。国民の多くは自衛隊の災害復旧への貢献も含めて現在の在り方を是認しているが、これ以上の強大化は望んでいないと思います。私たちが若者に伝えるべきは、日本が生き残るために必要なのは偏狭な考え方に拠《よ》る軍事力ではなく、紛争を未然に防ぎ平和的共存を確立する交渉力ではないでしょうか。

「安全保障法制」11法案は国民多数の反対の中、強行採決の上、可決されました。「集団的自衛権行使容認」の閣議決定をはじめとする「立憲政治」のルール無視の暴挙と、異議を唱える民意を意に介さぬ安倍政権の横暴には怒りしかありません。しかし、今回の法案をめぐる国民の反対運動では大きな収穫もあったと思います。

私の住む地方でも波状的な反対デモが行われ、長年、平和運動に関わってきた人たちに一般市民も加わり運動は高まりを見せていましたが、今回は、特に大都市圏を中心にこれまで政治に無関心と思われてきた若い世代が、そのエネルギーを全開し、「安保法制」反対の意思を爆発させたことは画期的でした。さらに、国会審議等を通じて、「安保法制」が安倍首相の「日本の平和のための備え」の言葉とは裏腹にその本質が「対米追随の自衛隊海外派遣法」であり、「集団的自衛権」が「米軍加担の集団的交戦権」であることを国民多数が理解するに至った意義は大きいと思います。今回の「安保法制違憲訴訟」では、その非なることを強く訴えていきたいと思います。

日本国憲法前文の冒頭に「日本国民は、正当に選挙された国会における代表者を通じて行動し、われらとわれらの子孫のために、諸国民との協和による成果と、わが国全土にわたって自由のもたらす恵沢を確保し、政府の行為によって再び戦争の惨禍が起ることのないようにすることを決意し、ここに主権が国民に存することを宣言し、この憲法を確定する」とあります。

今回の「安全保障法制」が強行採決されたのは2015年（平成27）9月であるが、その前年（2014年）に実施された衆院選では自民党は定数475のうち、290議席（小選挙区222、比例区68）を得て、単独過半数を占めました。ただし、全有権者に対する得票の割合を示す絶対得票率は、小選挙区で24・49％、比例区では16・99％に過ぎません。明確に支持を示した人は小選挙区で4人に1人、比例区では6人に1人だったのです。その自民党が全議席の6割を占めたことになります。

国民の側から見れば、自民党の多数とは多数の民意を封殺した「小選挙区制」および「重複立候補制」を導入した改正「公職選挙法」（1994年）の結果生まれた「虚構の多数」と言っても過言ではありません。議会制民主主義が形骸化する今、国民が、その意思を発現できる最良の場は「裁判所」です。言わずもがなであるが改めて、日本国憲法76条3項には「すべて裁判官は、その良心に従い、独立してその職権を行い、この憲法及び法律にのみ拘束される」とあります。本訴訟に関わる裁判官はじめ司法関係者の方々は国民多数の意思を真摯《しんし》に汲み取られ、公平かつ公正な判断を下されることを切に期待します。

判決後の報告会
（弁護士会館　2021年5月26日）

おわりに

私たちの安保法制違憲訴訟では、安保法制に反対する多くの方々の思いを代表して、279名が国家賠償請求訴訟の原告となり、うち103名の原告が、裁判所にそれぞれの体験や思いを綴った陳述書を提出しました。そして、毎回3名の原告が、裁判期日ごとに法廷で意見を述べました。また、審理の終盤では、22名の原告が法廷での原告本人尋問に臨みました。

私たちが、このような形で裁判所に訴えてきたことを、何らかの形で記録にとどめ、この体験と思いを、裁判に関わらない広く多くの人にも知ってもらえないか、そして、それを契機にして新たな運動を展開できないかと考え、思い立ったのが、裁判所に提出したそれぞれの陳述書を書籍としてまとめ上げ出版することでした。

そして、2021年5月26日、憲法判断を回避し、憲法解釈に政府や国会の大幅な裁量を認める不当な一審判決が出されたのを機会に、陳述書のとりまとめの作業に入りました。作業を進めるなかでそれぞれの陳述書を改めて読み返し、陳述者の気持ちを世に広く知らしめたいとの思いが一層募りました。

収録にあたっては、陳述書を陳述者の生年をもとに、戦前から戦後にかけての年代順に整理し、五つの章に分けて編集しました。また、それぞれの陳述書には、その思いをまとめた標題を記しました。それぞれの方の収録のご了解と再度の確認をいただきました。

力作ぞろいで400頁を超える大変な分量になりましたが、原告で歌人の大口玲子（宮下玲子）さんの歌や、学習会等の写真を織りまぜながら、読みやすい書籍にするよう心がけました。

8月は、我が国では戦争に思いを致し、これを語る季節です。

この書籍の表題「私は平和の中で生きたい」は、原告の小牟田ユミ子さんの陳述書の一節からとりました。私たちの思いがこの言葉に凝縮されています。そのような私たちの思いを伝え、平気で憲法違反の法律を作り、いつでも戦争のできる国家にしていく、政府の動きの歯止めとなることを願うものです。

陳述いただいた皆さんはもとより、原告となられた皆さんをはじめ、ご支援いただいた多くの皆様に感謝申し上げます。

安保法制違憲訴訟みやざきの会

安保法制違憲訴訟みやざきの会

共同代表　樋口のり子　前田裕司　宮下玲子

事務局　〒880-0872　宮崎県宮崎市永楽町182番地6

弁護士法人えいらく法律事務所（担当弁護士　松田幸子）

電話　0985-23-1355　FAX　0985-23-1356

声をあげた279人

私は平和の中で生きたい

安保法制違憲訴訟・宮崎原告の陳述書集

二〇二一年八月十五日初版印刷
二〇二一年八月三十日初版発行

企画 編集 安保法制違憲訴訟みやざきの会 ©

発行者 川口敦己

発行所 鉱脈社
〒八八〇－八五五一
宮崎市田代町二六三番地
電話 〇九八五－二五－一七五八
郵便振替 〇二〇七〇－七－二三六七

印刷 製本 有限会社 鉱脈社